西点精英 男人精神

兰晓华◎编著

中国纺织出版社

内 容 提 要

西点军校历来是打造成功男士的五星军校，是男人膜拜和向往的精神殿堂。西点军校具有无穷的魅力，在男人的心中，它是一个充满神秘色彩的地方。

本书对西点军校培养精英的理念和方法进行了系统梳理和全面阐释，结合西点毕业生的成功案例，将成功男人所要具备的各种基本素质和所应遵循的行为准则详细解读，告诉男人如何向西点精英学习，怎样才能不断完善自己，提升素养，成就卓越的自我，实现自己的理想。

图书在版编目(CIP)数据

西点精英男人精神 / 兰晓华编著. —北京：中国纺织出版社，2016. 1 （2022.6重印）

ISBN 978-7-5180-1995-3

Ⅰ. ①西… Ⅱ. ①兰… Ⅲ. ①男性—成功心理—通俗读物 Ⅳ. ①B848. 4 -49

中国版本图书馆 CIP 数据核字(2015)第 221320 号

责任编辑：闫 星 责任印制：储志伟

中国纺织出版社出版发行

地址：北京市朝阳区百子湾东里 A407 号楼 邮政编码：100124

销售电话：010—67004422 传真：010—87155801

http://www. c-textilep. com

E-mail：faxing@c-textilep. com

中国纺织出版社天猫旗舰店

官方微博 http://weibo. com/2119887771

三河市延风印装有限公司印刷 各地新华书店经销

2016 年 1 月第 1 版 2022年6月第2次印刷

开本：710 × 1000 1/16 印张：20. 5

字数：227 千字 定价：59.80元

前言

提到“男人”这个词，人们很快会联想到刚毅、责任、担当、事业，的确，这些要素组成了一个男人的生命。也许在每个男人的心里，在他们年少的时候，就曾憧憬过去那个人才济济的地方，将自己历练成为一个真正的男人，这个地方就是——西点军校。

西点军校就是成功的代名词。这个神秘的地方，拥有着和美国一样悠久的历史，它坐落在距离纽约市约 90 千米的哈德逊河西岸橙县的西点镇。

西点军校建立于 1802 年 3 月 16 日，一直被称为美国陆军军官的摇篮。西点军校在其 200 多年的辉煌历程中，以它的不同凡响，造就了一大批征战沙场的将领、指点江山的国家元首。西点军校有“将军的摇篮”之称，许多美军名将如罗伯特·李、潘兴、巴顿、麦克阿瑟、布莱德雷等 3700 多名将军均是该校的毕业生；美国第 3 任总统杰斐逊、第 18 任总统格兰特、第 34 任总统艾森豪威尔也都是从西点出发，走向顶峰的；还有更多的人成为了美国的政治家、教育家和科学家。

西点军校因为其培养出很多著名将领而为世人所知，同时，西点军校更是造就商界领袖的摇篮。第二次世界大战后，在世界 500 强企业里，西点培养出来的董事长有 1000 多名，副董事长有 2000 多名，其他各类高级管理人才超过 5000 名。因此，西点军校堪称美国最优秀的“商学院”。

西点军校流传着这样一句豪言：“美国的大部分历史是由我们所培养出来的人才创造的。”到底是什么使西点取得如此骄人的成绩？是什么使西点毕业生成为成功者的代名词？

可以说，西点军校本身就是一部值得所有男人们学习和研究的书，隐藏着许多成功的大智慧，我们不妨来推敲一下。

没有任何借口：这是西点军校200多年来奉行的最重要的行为准则，是西点军校传授给每一位新生的第一个理念。一个真正的男人，是需要做到无所畏惧的，因为成功和失败乃至整个人生都没有任何借口。正是在这一理念的指引下，西点培养出了一代又一代真正的男人，并在各行各业取得了成就。

服从：每个军人必须以服从为第一要义，只有服从，才能做到自制，才能克服人性的很多弱点，成为一个具备领导力、执行力的人。

品德：西点要求学员具有良好的个人品德。这也是任何一个成功者达到人生目标的品质。

敢争第一："不想当将军的士兵不是好士兵"，西点人永远有超出众人之外的、敢于力争第一的心态。在他们身上所体现出来的这种精神，是一个人不断进取的标志，它不允许人懈怠，它召唤每个人向更高层次的方向去努力、去进取。

团结：在西点，有一些我们无法想象的训练制度，比如，一人犯错众人担，树立共同的敌人。但西点也强调个人的奋斗，为自己而奋斗。

……

只要你用心研读一下这些西点成功人士的成功之路，你的心中就会生出许许多多感慨。

本书以西点理念为出发点，并结合西点的经典事例进行深入阐述，还配以大量贴近西点、极其深刻的职场故事和睿智哲理加以延伸说明，本书从20多个方面为读者揭示了西点人的制胜法则，如执行、细节、方法、训练、责任、敬业、品格、主动等，旨在帮助生活中的男人们以西点人为榜样，重塑一个全新的自我，为向未来进发做好准备！只要你走进西点人的精神殿堂，并有着改进的强烈愿望，为此奋斗不息，那么，你终将和西点人一样，拥有一个卓越的人生。

兰晓华

2015年7月

目录

《第1则》

保持个性:做男人霸气外露不甘平庸

西点人认为,仅有高智商和高情商还不足以使你成为伟大的成功者,必须要同时具有高胆商才行。什么叫胆商?就是有冒险精神,能够抓住机遇。对于每一个渴望成为赢家的人,胆商都是一种重要的素养。任何一个男人,都要像西点军人一样霸气外露,要敢想敢做,走出自己的路。如果一味地迁就、顺从别人,实际上是软弱的表现,最终也只能庸庸碌碌过完一生。

拒绝平庸,男人不要敷衍的人生

生活中,我们从不少人口中听到“真男人”三个字,那么,什么是“真男人”?不同的人对此的看法不同,但无论如何,真男人就是要敢想敢做,就要敢于追求自己想要的人生。

我们先来假设一下,假设有这样两个男孩,他们同时从学校走入社会,他们能力不相上下,也都一无所有,一个总是积极向上,每天干劲十足,努力充实自己,每每遇到挫折,他依然鼓励自己不能消极;另外一个年轻人,他目标模糊,满足于现状,每天浑浑噩噩、得过且过。想象一下,五年后,他们会有什么不同?

的确,尽管只是五年的时间,他们的差距已经显现出来了;前者通过自己的奋斗,已经小有财富,做人办事顺风顺水,事业越做越大、春风得意;而后者,稍微遇到一些问题,便慨叹自己解决不了,每天活在抱怨中,常常为生计、金钱而苦恼。

这两种人,你想做哪种?当然是第一种!任何一个男人,都想拥有灿烂的人生。为什么不同的男人会有不同的命运?曾经有人说:“人们往往容易把原因归结于命运、运气,其实主要是因为愿望的大小、高度、深度、热度的差别而造成的。”可能你会觉得这未免太过绝对了,但事实上,这正体现了心态的重要性,废寝忘食地渴望、思考并不是那么简单的行为。不想平庸,你就要有强烈的成功的愿望,并不知不觉地把它渗透到潜意识里去。

有人说,世界就如同一个棋盘,而人就像一个“卒”,冲过“楚河汉界”之后方可横冲直撞,实现自己的人生价值。的确,每个人都被一个无形的界限

约束着、限制着，一些平庸的男人不敢突破界限，只是规规矩矩在界内生活、工作，最终也只是碌碌无为。而有的男人却最敢于突破界限，摆脱那些繁文缛节的束缚，因而他们也欣赏到了界外不一样的风景，领略了界外不一样的精彩，活出了非同寻常的精彩人生。

在西点，新生从一进校起，就被不断地排出名次来加以区别对待，以资鼓励。不仅每个军校生在校期间的待遇和权利，都因排名而不同，更重要的是，西点军校学生毕业以后的出路，与该生在毕业时的排名也直接有关。排名高者可以在毕业分配时选择自己想去的军兵种、工作单位和驻扎地点，甚至还可以选择直接由美军送去上研究生院。

排名根据比较透明而固定的标准，按学习成绩、军事训练成绩、体育能力大小、守纪律听命令和完成任务的记录、违规的点子多少、军风军纪和个人风貌以及上司和教官的评语来进行。在这个基础上，每隔一段时间，就会有一个建立在学习成绩、军事科目和体育体能这三项内容上的排名榜公布出来！

很多美军里叱咤风云的名将，当年都是西点军校里某一项乃至综合排名的佼佼者。最出名的当属各门全优的标准西点人道格拉斯・麦克阿瑟了。作为一个特殊的荣誉，每年凡是排名在前百分之五的最佳西点军校毕业生，都会从毕业典礼的演说主宾（通常是美国总统或美军最高首长）的手上，直接接受毕业证书。

在我们的身边，我们常常听到一些庸庸碌碌的男人感叹命运的不好，他们总习惯于把自己的艰难归咎于命运。事实上，世上真正的救世主不是别人，而是自己。你完全可以摆脱曾经消极的想法，成为一个积极向上的人，培养自己的热忱，找到自己的目标，为现在的自己做一个准确的定位。现在一家外企做人力资源主管的乔治的一次经历，或许可以给我们一些启示：

我刚应聘到这家公司供职时，曾接受过一次别开生面的强化训练。

那是在青岛的海滨度假村，我和同伴们沉浸在飘忽而又幽婉的轻音乐声里，指导老师发给每人一张16开的白纸和一支圆珠笔。这时，主训师已在一面书写板上画了一个大大的心形图案，并在图案里面写上了三个字：我无

法……

然后，要求每个成员在自己画好的心形图案里至少写出三句“我无法做到的……我无法实现的……我无法完成的……”，再反复大声地读给自己、读给周围的伙伴们听。

我很快写出三条：

我无法孝敬年迈的父母！

我无法实现梦寐以求的人生理想！

我无法兑现诸多美好愿望！

接着，我就大声地读了起来，越读越无奈，越读越悲哀，越读越迷茫……在已变得有些苍凉的音乐里，我竟倍感压抑和委屈，泪眼模糊起来。

就在这时，主训师却把写字板上的“我无法”改成了“我不要”，并要求每位成员把自己原来所有的“我无法”三个字画掉，全改成“我不要”，继续读。

于是，我又接着反复地读下去：

我不要孝敬年迈的父母！

我不要实现梦寐以求的人生理想！

我不要兑现诸多美好愿望！

结果，越读越别扭，越读越不对劲儿，越读越感到自责和警醒……

在轰然响起的《命运交响曲》里，我终于觉悟到：我原来所谓的许多“我无法……”其实是自己“不要”啊！

而此时，主训师又把“我不要”改成了“我一定要”，同样要求每位成员把各自所有的“我不要”三个字画掉，全改成“我一定要”，继续读。

我一定要孝敬年迈的父母！

我一定要实现梦寐以求的人生理想！

我一定要兑现诸多美好愿望！

越读越起劲儿，越读越振奋，越读越有一种顿悟后的紧迫感……在悠然响起的激荡人心的歌曲里，我豪情满怀，忽然有一种天高路远、跃跃欲试的感觉和欲望。

真正改变人生的，往往就是我们的态度。甘于平庸，最终也只能平庸。

西点有句话说得好,“要把命运掌握在自己手里”。他们认为,如果一味地将自己的命运交由别人主宰,在逃避掉所有的责任与打击的同时,我们还将失去作为一个人的自信,以及依靠自己努力获得成功之后的幸福感和成就感。

因此,生活中,任何一个男人都应该明白,最大的危险不在于别人,而在于自身。作为一个男人,如果你总是意志消沉、不思进取,那么,即使曾经的你有再大的雄心和勇气,也会被抹杀,你最终也会滞足不前,一生碌碌无为。任何一个男人绝不能甘于平庸,为自己的人生负责,做与众不同的人,你才有可能触及理想与幸福。

西点男人精神

从平庸到优秀只有一步之遥,但有的人终其一生也无法跨越。身为男人,只有当你拒绝平庸,并产生强烈的渴望,你才能做到卓越。有了尽最大的努力把事情做好的志向,不断对自己提出严格的高标准,你就会赢得别人的尊敬,做出令人吃惊的成绩。

“疯狂男人”没有什么不敢做

当今社会,人与人之间的竞争越发激烈。每个人都必须要具备竞争意识。我们都知道,在男人的血液里,天生就有股不服输的劲头,没有哪个男人甘愿做失败者。但如果你想提升竞争力,在竞争中脱颖而出并走向成功的话,还必须具备一个前提条件,那就是“疯狂”,也就是要敢想敢做,这是你不断努力、不断进取的动力。相反,不想做得更好,就会做得更差。如果你自甘沉沦,不追求卓越,懒得提高自己能力,那么,你是不会有所进步的。

美国人派吉曾写过一段著名的话,题目叫《只为今天》,在美国广为流传。其中一点他特别强调“只为今天,我要用三件事来锻造我的灵魂:我要为别人做一件好事;我还要做一件我并不想做的事;更重要的我要做一件我

不敢做的事。”西点人就是这么做的。

在西点学员眼中,从来就没有什么不敢做的事情,任何困难在他们面前都不是问题。没有经历过严酷训练的人,永远都无法体会训练的艰难。学员们在训练中不断战胜自己,他们总能敢于挑战原来不敢做的事情,也许,这也是他们能够在日后有所成就的一个重要原因。

西点培养的人都具有一种强悍的英雄之气,他们相信:“没有雄心的人不能成为英雄。大凡英雄身上都有一股狂放不安的野性,这不一定表现在外表,而是存在于他们的内心深处。”

那么,生活中的男人们,你有这种“狂放的野性”吗?的确,人生需要冒险,维持现在也只能甘于平庸。

在第一次世界大战期间,法国有个很著名的上校叫泰勒,当时,他任第六师师长,他的处事方式很令人钦佩。

有一次,在他的儿子向他告别时,他告诫儿子说:“孩子,记住:你的姓是泰勒,泰勒这个姓代表着做事能力。你永远不可以靠边站,让出路给其他敢于冒险的人走。你要冒险向前使他们让出路来给你走。”

接着,他继续说道:“大街上行人拥挤,交通阻塞。但呼啸的消防车飞驰而过时,大家都自动地让出路来。当然你偶尔也会感到沮丧、软弱,但这正是你需要鼓起战斗勇气的时刻。只要你迈步向前,沮丧、软弱都会躲开你。”

勇敢地尝试新事物,可以发现新的机会,使你迈进从未进入的领域。生命原本是充满机会的,千万别因放弃尝试而错过机会。我们并不是推崇无厘头的冒险,但安全绝不会实现突破,要想获得不一样的人生,就要疯狂一点。

英国新闻界的风云人物、伦敦《泰晤士报》的老板来斯乐辅爵士,在刚进入该报时,就不满足于90英镑周薪的待遇。经过不懈的努力,当《每日邮报》已为他所拥有的时候,他又把取得《泰晤士报》作为自己的努力方向,最后他终于猎狩到他的目标。

来斯乐辅一直看不起生平无大志的人,他曾对一个服务刚满三个月的助理编辑说:“你满意你现在的职位吗?你满足你现在每周50镑的周薪金吗?”当那位职员答复已觉得满意的时候,他马上把他开除,并很失望地说:“你应了解,我不希望我的手下对每周 50 镑的薪金就感到满足,并为此放弃自己的追求。”

平凡的人之所以没有大的成就,就是因为他太容易满足而不求进取,他一生只会盲目地工作,挣取足够温饱的薪金。不甘于优秀,超越优秀,成为卓越者,我们可以把事情做到最好。

据社会学专家预测,未来的社会将变成一个复杂的、充满不确定性的高风险社会。如果人类自由行动的能力总在不断增强的话,那么不确定性也会不断增大。生活中的男人们,你应该意识到,各种变化已经在你身边悄然出现,勇敢地投身于其中的人也越来越多了,而如果你不积极行动起来,缺乏竞争意识、忧患意识,安于现状、不思进取,如果你还没被惊醒的话,就会被时代所抛弃,被那些敢于冒险的人远远甩在后面。敢于争第一、充满冒险精神,是每个成功的西点人给我们的启示。

为什么在现实中有些男人受人敬重,有些男人却被人看不起?前者是因为他们有野心,凡事努力;而后者,他们得过且过,即使掉在队伍后面,也不奋起直追,这就注定了这类人无法成大事。有野心,是一种积极向上的心态,它为所有人创造了一种前进的动力。在很多时候,成功的主要障碍,不是能力的大小,而是我们的心态。

不难发现,一些男人不愿意改变自己,往往是舍不得放弃目前的安逸状况。而当你发觉不改变不行的时候,你已经失去了很多宝贵的机会。因此,即使你现在每天衣来伸手、饭来张口,但你必须要明白,未来社会,你必须要一个人生存、参与社会竞争,你必须要有随时改变自己、更新自己的意识。

另外,无厘头的冒险总会增加失败的风险,疯狂的男人也应该思虑成熟。为此,你应该丰富自己的知识结构以开阔视野。人们常常用视野比喻人的眼界开阔程度,眼光敏锐程度,观察与思考的深刻程度等。可以说,视野是不是开阔,是衡量人的综合素质的重要标尺。而视野开阔与否,取决于对知识掌握多少,取决于思想理论水平的高低。常言道,学然后知不足。勤于学习的人,越学越能发现自己的不足,于是想方设法充实自己、提高自己,

学到更多的东西,视野会随之越来越开阔,跟上前进的步伐。

总之,任何成功都源于改变自己,你只有不断地剥落自己身上守旧的缺点,才能做到敢为人先,才能抓住第一个机会,才能实现自己的进步、完善、成长和成熟。

西点男人精神

每个男人都渴望与众不同,渴望成功,但成功者往往是少数。这些少数人,与众不同之处是,他们敢想敢做,有自己的个性,在规划后,一鼓作气取得胜利。

男人要敢于走在别人前面

我们听过一句话:第一个成功的人,往往是那个第一个“吃螃蟹的人”!人们也常说:“没有人能随随便便成功”,这句话是说,成功需要很多因素。而我们又发现,任何一个成功的人,他之所以成功的原因并不是都来于自他自身的勤奋,而是因为他们善于找到一条属于自己的成功路,他们拥有与众不同的思想和快人一步的行动;而那些失败的人,也并全是因为他不够努力,而是因为他人云亦云,总是在走别人的老路。

生活中的男人们更应该清楚的是,男子汉就应该敢于出头,做有个性的人。事实证明,那些畏畏缩缩、走在他人身后的人是没有什么大作为的。

西点军人都知道,与金钱、势力、出身、亲友相比,自信、勇敢是更有力量的东西,是他们从事军人职业最可靠的资本。自信、勇敢能排除各种障碍、克服种种困难,能使事业获得完满的成功。在《哈得逊周刊》的成功箴言版里,史迪威将军这样说:“我打了那么多次胜仗,其实说起来毫无秘密,因为我总能看到希望。”

两军对阵训练中,西点的学长们总是冲在最前面。最危险的位置,对西

点学员来说，是一个象征荣誉的位置。恺撒说："如果我是块泥土，那么我这块泥土，也要预备给勇士来践踏。"

在西点的训练课程中，学员们总是一次次挑战自己以前从来不敢做的事情，这样的训练经历得多了，对于任何事情都不会再有惧怕感了，在遇到问题的时候，就总是能够迎难而上，不会再有半点犹豫了。

在现代社会，不敢冒险就是最大的冒险。没有超人的胆识，就没有超凡的成就。生活中的男人们，你也需要和西点军人一样，勇敢地冒险，勇于尝试，这样，你就有了做第一个成功者的机会。胆量是使人从优秀到卓越的最关键的一步。海尔总裁张瑞敏先生说："如果有 50% 的把握就上马，有暴利可图；如果有 80% 的把握才上马，最多只有平均利润；如果有 100% 的把握才上马，一上马就亏损。"

很多成功者为什么能白手打天下，就是因为有敢为天下先的超人胆识。比尔·盖茨靠什么法宝建立了他的微软帝国？他为何在竞争激烈的现代经济中独占鳌头而历久不衰？

在比尔·盖茨看来，成功的首要因素就是冒险。在任何事业中，把所有的冒险都消除掉的话，自然也就把所有成功的机会都消除掉了。他自己的一生当中，最持续一贯的特性就是强烈的冒险天性。他甚至认为，如果一个机会没有伴随着风险，这种机会通常就不值得花心力去尝试。他坚定不移地认为，有冒险才有机会，正是有风险才使得事业更加充满跌宕起伏的趣味。

他是一个具有极高天分、争强好胜、喜欢冒险、自信心很强的人，他在本行业的控制力是惊人的，以致有评论说：微软公司正在屠杀对手，看来似乎几近垄断软件工作。

事实上，对冒险精神的培养，比尔·盖茨从学生时代就开始了。他在哈佛的第一个学年故意制定了一个策略：多数的课程都逃课，然后在临近期末考试的时候再拼命地学习。他想通过这种冒险，检验自己怎么花尽可能少的时间，而又能够得到最高的分数。他做得很成功，通过这个冒险他发现了一个企业家应该具备的素质：如何用最少的时间和成本得到最快最高的

回报。

他总是在培养自己好斗的性格,因而被人骂做“红眼”(人在紧张时肾上腺素冲进眼睛,导致眼睛通红)。久而久之,他成为令所有对手都胆怯的人物,因为他绝对不服输,绝对不会退缩,绝对不会忍让,更不会妥协,直到他自己取得了胜利。这种个性成为他创业时期的最明显的特征,他令一个个对手都败在了自己的手下。

但是他同时又是一个最不满足的人。到了 20 世纪 90 年代,他已经成了世界首富,但是不满足的心理依然驱动着他继续自己的冒险事业。他在一次接受记者的采访时说:“我最害怕的是满足,所以每一天我走进这间办公室时都自问:我们是否仍然在辛勤工作?有人将要超过我们吗?我们的产品真的是目前世界上最好的吗?我们能不能再加点油,让我们的产品变得更好呢?”

生活中,总是有这样一些男人,他们认为自己心智成熟、考虑周全,但却什么都不敢做,不敢去冒险。的确,风险可能会导致你失败,但也会使你获得意想不到的收获,不冒风险看似安全,但它只会使你的一生在平庸中度过。

席巴·史密斯曾说:“许多大才因缺乏勇气而在这世界消失。每天,默默无闻的人们被送入坟墓,他们由于胆怯,从未尝试着努力过;他们若能接受诱导起步,就很有可能功成名就。”任何人,一旦甘于平淡和默默无闻,那么其结果也就是平淡。哀莫大于心死,只有积极进取,才能勇于尝试。

当然,男人们,你还应该注意的是,勇气常常是盲目的,因为它没有看见隐伏在暗中的危险与困难,因此,勇气不利于思考,但却有利于实干。所以,林肯说:“对于有勇无谋的人,只能让他们做帮手,而绝不能当领袖。”

总之,敢于走在人前的男人是有勇气的,但敢于冒险并不等于有勇无谋,有道是:“富贵险中求,成功细中取”。冒险绝不等于蛮干,它是建立在正确的思考与对事物的理性分析之上的。

西点男人精神

人不能改变环境,但却可以改变自己。成功只青睐于那些敢想敢做、有

独立思维能力和创造力的男人。只要你换一种思路去对待人生，那么你的世界将无限畅达。

男人要有主见，绝不人云亦云

我们可以说，任何一个男人，都是渴望成功的，但最终成功的男人毕竟是少数，而这些少数者身上有其特殊的品质，其中就有一点——有主见。事实上，成功的往往是那些走“小道”的人，人云亦云者、混迹于人群中的人即使有天赋的才能，最终只能泯然众人。生活中的男人们，如果你希望走出一条与众不同的成功路，就要有与众不同的思维。当你认为自己选择的路正确时，请坚持你的选择，别太看重别人怀疑和反对的态度，坚持自我，你会有更大的突破。可以说，每一个西点人都是个性的代表。

西点军校将军蒙哥马利在他的回忆录中这样说：“要取得成就有很多必要条件，其中两条非常重要，那就是苦干和正直。现在得再加上一条：勇气。”他还说：“要战胜别人，首先须战胜自己。”勇敢的人到处有路可走。西点军校正是看到这点，所以把勇气的培养放在了关键的位置。当然西点所培养的并非是不顾一切、不计后果的莽夫，而是临危不惧、沉着冷静的勇者。

“勇敢”是一个想获得成功的人必不可少的品质。马克·吐温说：“一般人缺乏独立思考的能力，不喜欢通过学习和自省来构建自己的观点，然而却迫不及待地想知道自己的邻居在想什么，接着盲目从众。”一个独立性强、思维清晰、有主见的人是绝不会盲目从众的。

我们不难发现，那些真正的男人多半都是特立独行的。在追求成功的道路上，他们也听到了来自各方的反对的声音，但他们始终坚持自己的信念，无论别人反对的态度有多么强烈，他们都坚持自己的意见，这才使他们有了更大的成就。

其实，许多事例证明，别人给予你的意见和评价，往往不是正确的。

音乐家贝多芬在拉小提琴时,他宁可拉自己的曲子,也不愿做技巧上的变动,为此,他的老师曾断言他绝不可能在音乐这条道路上有什么成就。

20 世纪最伟大的科学家爱因斯坦 4 岁时才会说话,7 岁才会认字。老师给他的评语是"反应迟钝,不合群,满脑袋不切实际的幻想"。

大文豪托尔斯泰读大学时因成绩太差而被劝退学。老师认为他"既没读书的头脑,又缺乏学习的兴趣"。

如果以上诸位成功人士不是走自己的路,而是被别人的评论所左右,那他们就不会取得举世瞩目的成就。

我们再来看下面一个故事:

曾经有个叫理查德·何塞的哈佛学生,他的名字经常被教授们引用。

理查德是哈佛毕业的高材生,但令别人感到惊讶的是,他并没有和其他毕业生一样就职于某家大企业或者成为某一行业的技术骨干,而是成为了一个出类拔萃的油漆匠。

理查德的父亲也是一位手艺很好的油漆匠,在他年轻的时候,他成功偷渡到了洛杉矶,但移民生活是辛苦的,而他正是凭借这一手好手艺在洛杉矶站住了脚,后来,因为一个大赦,他拿到了绿卡,他一家人也就成了名正言顺的美国公民。

理查德是个懂事的孩子,在他很小的时候,为了减轻父亲的工作压力,他常常会帮父亲干一些油漆活。几年下来,他不但掌握了父亲所有的手艺,还在很多方面有所创新,这让他的父亲感到很诧异。

理查德在读书方面也表现出了与众不同的天赋,他在学校的成绩一直是前三名,他在社区服务的记录一直是最好的,而且,他还获得过全美中学生美术展油画铜奖,这就使得他轻而易举地被哈佛大学录取了。

在哈佛读本科的四年,理查德虽然成绩一直名列前茅,但他似乎一直忘不了油漆工作,他觉得自己只有在摸油漆的过程中,才是快乐的。为此,一到周末,他就赶紧回家,然后摆弄油漆。

很快,四年大学毕业,他坚持不继续深造,而是在洛杉矶找了一份不错的工作。

理查德在工作中也一直很努力,为此,老板嘉奖了他很多次,但他就是忘不了油漆。一次,当老板问及他对公司有什么建设性意见时,理查德不假思索地说:“公司经常要把一些零部件拿到外面去油漆,这样,浪费了成本不说,每次油漆的质量也不怎么样,如果公司能成立这样一个专门的油漆部门,那么,这个问题便能很好地解决。”

老板笑着说:“这简直太难了吧,买设备倒是小事,但我们去哪找那些优秀的油漆工呢?”

理查德说:“用不着找了,你面前就有一个。”

于是,接下来,理查德道明了自己的想法,以及自己过去的经历。他还说,自己想招收一些年轻人,由自己亲手培训。这个想法打动了老板,于是,老板当即决定成立油漆部,由理查德任经理兼技师。

回家后,理查德兴冲冲地告诉父亲自己被提升了。听完儿子的话,老父亲半天没说出话来,他当然反对儿子这么做,但他也知道,自己是阻止不了儿子的。事实证明,理查德是对的,经过几年的经营,这个油漆部的工作非常出色,白宫有些用品都指定在这里加工。

为什么理查德的故事在哈佛大学被广为传颂?因为哈佛希望学生们能明白,一个人,只有走自己的路,坚持自己的想法,才能真正走出一条与众不同的康庄大道。这个故事的主人公之所以能摘取成功的果实,就是因为他能坚持听自己内心真正的声音,为此,他能抵挡住来自外界的怀疑和反对,最终获得了成功。

可见,任何一个希望获得成功的男人,面对日益激烈的竞争趋势,你都应该明白,最好的不一定是适合自己的,别人拥有的不一定是你所需要的。千万不要盲从别人的经验和社会大潮,任何时候,一定要根据自己的客观情况去做决定。比如,在择业上,很多男人对热门职位盲目追逐,选择大城市、大企业,而不考虑自己的气质、性格、特长,没有对自己进行认真而综合的分析,对于自己要从事哪种职业、去哪里就业,完全“随大流”。结果很难在工作中找准自己的位置,不利于自己将来的发展。

总之,男人们,一旦选定了自己人生的目标,选定了想要的生活方式,就

不要用别人的观念来衡量自己的价值。做自己喜欢做的事情,坚持不懈,终成正果。

西点男人精神

男人要想成功,就要走自己的路,你不必过于在意别人的看法。盲目听信别人的评论,不假思考地采纳别人的观点,只能导致自己无所适从,迷失最初的方向,最终一事无成。

《第2则》

捍卫尊严：做男人坚持原则珍惜荣誉

著名西点学子、美国第18任总统格兰特说："非常情况下能否坚持原则，常常是判断一个人道德水准的重要依据。"判断一个人人品高下最重要的一个标准是，在关键的时刻能否坚持原则。在市场经济的今天，生活中的男人们，要做一个让人尊敬的男子汉，你就要有高度的荣誉感，要坚决坚持原则和捍卫自己的尊严，从而以人格力量去影响他人。

尊严是男人立世之根本

有人说,要想得到他人的尊敬,首先就要自尊。“男子汉一定要顶天立地”,尊严是一个男子汉立于世之根本。的确,无论干什么,在社会生活中,男人都要捍卫自己的尊严,如果一味地迁就、顺从别人,实际上是软弱的表现。过于软弱,就会逐渐失去自信力,而没有自信的人是很难成就什么大事业的。事实上,我们敬仰的每个西点人都是把尊严和荣誉看得比生命还重要的人。

西点军校马修·李奇微将军表达了同样的观点。他说:“西点军校一直是美国陆军高尚道德精神的无穷无尽的源泉,是陆军军官中的西点毕业生,把这种精神反复灌输给了全体军官军士。我认为,再没有什么别的东西可以代替这种道德力量。我们绝不能为向某种低下的社会道德让步而放弃西点军校的荣誉道德准则。”

自 1898 年西点军校把“职责、荣誉、国家”正式定为校训以来,西点军校特别重视对学员品德的培养。他们反复强调,西点仅仅培养领导人才是不够的,必须是“品德高尚”的领导人才。一位商界的西点人士,对于西点的独特之处他曾这样说:“美国前五百大企业是教给人伦理,而西点是教给人品德。”

西点要求学员具有良好的个人品德,这是当学员时或成为军官后,在下级、同事和上级心目中树立自己良好形象的基础。美国陆军军官的个人品德,是使美国公民确信哪里有陆军哪里就有安全的根本原因。西点学员的个人品德,更是他们学有所成、按时毕业、获得好评的保障。

西点的领导者指出,学员要成为军官,应该也必须赢得别人的尊敬,得到别人全心全意的合作,才有可能完成肩负的使命。作为军官队伍中的一员,将来你也许会发现,“你必须做出关于民族存亡、民众安危的决定。对民族的生存和安全来说,每个军官的个人品德和行为品德都是至关重要的。”

其实,除了西点军人外,自古以来,人们都在为捍卫自己的尊严而努力,其中,就包括哲人苏格拉底。

在渴望获得真理的雅典公民的心理,苏格拉底之死一直是他们心中的隐痛。据记载,苏格拉底被判处死刑的罪名是,不信神和腐蚀雅典青年思想。尽管他曾获得逃亡的机会,但苏格拉底仍选择饮下毒堇汁而死,因为他认为逃亡只会进一步破坏雅典法律的权威,同时也是因为担心他逃亡后雅典将再没有好的导师可以教育人们了。

在他被处死前朋友悲伤地说:“我亲爱的苏格拉底,我是多么不希望你被如此不公正地处死啊!”苏格拉底平静地说:“朋友,难道你希望看到我被公正地处死吗?”

的确,苏格拉底的“自以为无知”的聪明、牛虻般的叮咬、对权贵的蔑视和对诸神的不敬,引起了人们内心的极大恐慌。

处于统治地位的神的信奉者和当局统治者称,有一个传播瘟疫的大忙人叫苏格拉底,他把错误的观念灌输给青年!

接下来,苏格拉底就被告上了法庭,他们把罪名强加到苏格拉底身上,他被判处死刑。在去留选择上他决定留在狱中,用死亡来对抗他们。但是,死也要死得明白,苏格拉底要为自己进行最后的申辩。

在《申辩篇》里,苏格拉底并非为了免于一死而进行辩白,而是为了真理、正义和良心而申辩,他说:

“使我被处死的不是缺乏证据,而是缺乏厚颜无耻和懦弱,事实上,我拒绝用讨你们喜欢的方式讲话。”

“我也不认为自己由于面临危险而必须放弃耿直,我对我的申辩方式并不后悔。作为这种申辩的结果,我宁可去死也不愿用别的方法来换得活命。在法庭上,就像在战场上一样,我和其他任何人都不应当把他的智慧用在设

法逃避死亡上。”

“先生们,逃避死亡并不难,真正难的是逃避罪恶,这不是拔腿就跑就能逃得掉的。”

“如果你们指望用把人处死的办法来制止对你们错误的生活方式进行指责,那么你们的想法错了。这种逃避的办法既不可能又不可信。最好的、最方便的办法不是封住别人的嘴,而是自己尽力为善。”

“我离开这里的时间到了,我去死了,你们活着吧,但是无人知道谁的前程更幸福……”

其实,只要是明眼人都能看出来,所谓的不信神和腐蚀青年思想并非处死苏格拉底的真正原因。他们决心将苏格拉底放逐或处死的真正原因在于:他们无法容忍苏格拉底的聪明与他们的愚昧之间形成的巨大反差,他们无法忍受嫉妒和仇恨的毒蛇的啃咬与折磨。不但如此,他们还恐慌于他向青年人宣扬真理,把自己的本事教给青年人。这也就意味着,不处死苏格拉底,就会有更多的苏格拉底洞悉他们的无知与浅薄,使他们尊严尽失,无地自容。

所以,他们唯一的选择是:将其处死!所以,苏格拉底的唯一出路是:死路一条,在劫难逃!2000 多年了,这句话依然掷地有声:我去死了,你们活着吧!

现实生活中的每个男人,都要像西点军人和苏格拉底一样,视尊严和荣誉如生命。那么,什么是尊严?尊严是指人和具有人性特征的事物应有的权利,并且这些权利被其他人和具有人性特征的事物所尊重。简而言之,尊严就是权利和人格被尊重。苏霍姆林斯基曾说:“没有自我尊重,就没有道德的纯洁性和丰富的个性精神。对自身的尊重、荣誉感、自豪感、自尊心——这是一块磨练细腻的感情的砺石。”一个男人,只有将尊严放在第一位,才能坚持做人的原则,而不至于在社会大潮的洗礼中倒戈。

西点男人精神

一个懂得自尊和捍卫自己尊严的男人,才是正直的、积极的、向上的,也才有可能获得别人的尊敬,成为一个顶天立地的男人。

男人绝不能卑躬屈膝，时刻维护尊严

我们都知道，中国人素来推崇低调的处事方式，谦逊谨慎才能赢得他人的尊敬。身为男人，更应该要做到不卑不亢，与人交往，不能一上台面就充大，妄自尊大，目中无人，但也不能卑躬屈膝，失了尊严。在市场经济的今天，生活中的男人们，你依然要记住，自尊依然是最高尚的人格力量，是一个男子汉必须具备的道德品格。一个男人假如卑躬屈膝，连自己的尊严都可以放弃，那么，他再怎么优秀，也难以形成内在统一的完备的自我，而且很难发挥自己的潜能和取得成功。

每一个西点人都是男人们学习的对象，因为西点对个人品质的要求很高，它要求学员能够严于律己，认清正确的道路，并沿着它走下去。这就是为什么西点能培养出众多世人敬仰的伟人。

然而，不能不承认，我们周围也有这样一些男人：为了达到自己的目的，他们奉承谄媚、卑躬屈膝，这样的人通常都是被人们瞧不起的。可见，身为男人就要挺直腰杆，顶天立地，当尊严受损时，绝不含糊。相信很多男人都知道“完璧归赵”的故事。

战国的时候，赵惠文王有一块叫做“楚和氏璧”的宝玉，被秦国的昭王知道了，昭王便派了位使臣到赵国来，希望可以用15座城池交换，可赵惠文王害怕秦国食言，在大家不知如何是好的时候，找来了蔺相如。蔺相如自告奋勇地说：“假如大王实在找不出合适的人，臣倒愿意前往一试。秦国如果守信把城给我们赵国，我就把璧玉留在秦国；如果秦国食言，不把城给赵国，我一定负责将原璧归还赵国”。

蔺相如到了秦国以后，见到了秦昭王，便把璧玉奉上。秦昭王一见到璧玉后，非常高兴，不断地把璧玉捧在手上仔细欣赏，又把它传给左右的侍臣和嫔妃们看，却都不提起15个城池交换的事。蔺相如一看情形不对，马上向

前对秦王说:“大王,这块璧玉虽然是稀世珍宝,但仍有些微的瑕疵,请让我指引给大王看看!”

秦王一听:“有瑕疵? 快指给我看!”蔺相如从秦王手中把璧玉接过来以后,马上向后退了好几步,背靠着大柱子,瞪着秦王大声说:“这块璧玉根本没有瑕疵,是我看到大王拿了宝玉以后,根本就没有把 15 个城池给赵国的意思,所以我说了个谎话把璧玉骗回来。如果大王要强迫我交出璧玉的话,我就把楚和氏璧和我自己的头,一起去撞柱子,砸个粉碎。”蔺相如说完,就摆出一副要撞墙的样子。秦昭王害怕蔺相如真的会把璧玉撞破,连忙笑着说:“你先别生气,来人呀! 去把地图拿过来,划出 15 个城市给赵国。现在你可以放心把璧玉给我了吧!”

蔺相如知道秦王不安好心,就骗秦王说:“这块楚和氏璧,是天下人都知道的稀世珍宝,赵王在交给我送到秦国来之前,曾经香汤沐浴,斋戒了五天,所以大王在接取的时候,也同样应该斋戒五天,然后举行大礼,以示慎重呀!”。秦王为了得到璧玉,只得按照蔺相如所说的去做。蔺相如趁着秦王斋戒沐浴的这五天内,叫人将那块璧玉从小路送回赵国。

五天过去了,秦王果真以很隆重的礼节接待蔺相如。蔺相如一见秦王便说:“大王,秦国自秦缪公以来,二十多位君王,很少有遵守信约的人,所以我害怕受骗,已差人将璧玉送回赵国! 如果大王真的要用城池来交换楚和氏璧,就请先割让十五个城池给赵国,赵王一当遵守誓约将玉璧奉上。现在,就请大王处置我吧!”

秦昭王一听璧玉已经被送回赵国,心里虽然很生气,却也佩服蔺相如的英勇,不但没有杀他,还以礼相待,送他回赵国。

秦王百般刁难蔺相如,为的就是希望能强占和氏璧,用十五座城池交换只不过是一个借口,他之所以能以强凌弱,正是因为秦国强、赵国弱。而蔺相如自然能明白其中的道理,所以,他以必死的决心保护和氏璧,而秦王对此无可奈何,只能“完璧归赵”。

这个故事也让我们感受到了古人的人格力量。生活中的男人们,你也应有所启示,面对那些强者,倘若表现出一副软弱之态的话,只会纵容对方

的嚣张气焰,而你的尊严也将会被践踏。

任何人都应该懂得:人格是一生最重要的资本。一个人要想赢得别人的尊重,首先就要自尊。

男人是力量的代名词,男人的世界里充满了角逐,但如果你丢掉了自尊,你连竞争的砝码也失去了。因此,无论何时,你都要记住,顶天立地的男人在尊严面前从不妥协。

西点男人精神

一个男人如果不先改正自己的缺点和不足之处,使自己成为一个人格完善的人,就很难获得成功,更谈不上去影响并改变别人。

男人要有崇高追求,视荣誉为生命

人都是社会的人,都希望得到认可,男人们更要担起社会、家庭和国家的责任,更需要用荣誉来证明自己。因此,每个男人都需要具备荣誉感,要有崇高的追求,把荣誉视为生命。这一点,是西点军校培养学员的目标之一。

事实上,西点的荣誉准则和荣誉制度所构成的荣誉体系,的确是西点军校最重要的特色之一,也是西点对学员进行道德灌输和培养的主要内容之一。“每个学员绝不说谎、欺骗或偷窃,也决不容忍其他人这样做。”这就是西点荣誉体系的基石——学员荣誉准则。这看似平常但实际上要持之以恒必得付出极大努力的条款,是学员道德行为的最低标准。违反荣誉准则的行为是不光彩的,并且要接受相应的处罚。

与荣誉准则密切结合在一起的是荣誉制度。荣誉制度有两重使命,其中最重要的是荣誉教育。西点军校认为,作为学员和未来的军官,培养个人荣誉道德行为的强烈意识,是非常必要的。西点新生一入学就要首先接受

16 个小时的荣誉教育。

并且,荣誉教育将以不同的方式系统地贯穿于四年学习生活的始终,是西点所有道德教育中安排最频繁的项目。其目的是要让每一个学员逐步树立起一种坚定不移的信念:荣誉是职业军官行为的标志和赢得他人尊重的道德准则;为此他要有高度的责任感和牺牲精神;绝对忠于"责任、荣誉、国家"的西点校训。

在男人们的身体里,都有着想当英雄的心,但随着时间的推移,很多男人那些雄心壮志逐渐被磨灭,被取代的是甘愿平凡。而在这种心态,是很难取得成功的,也终将碌碌无为。正如西点人说的:"没有雄心的人不能成为英雄。大凡英雄身上都有一股狂放不安的野性,这不一定表现在外表,而是存在于他们的内心深处。"所以,西点培养的人都具有一种强悍的英雄之气。

生活中的男人们,从现在开始,不妨具备一点野心吧,有了获胜的念头,才有可能获胜,一个没有胜利欲望的人,又怎么可能获得胜利呢?

汉斯从哈佛大学毕业后,进入一家企业做财务工作,尽管赚钱很多,但汉斯很少有成就感,他不喜欢枯燥、单调、乏味的财务工作,他真正的兴趣在于投资,做投资基金的经理人。

在一次旅途的飞机上,汉斯与邻座的一位先生攀谈起来,由于邻座的先生手中正拿着一本有关投资基金方面的书,双方很自然地就转入了有关投资的话题。汉斯特别开心,总算可以痛快地谈论自己感兴趣的投资,因此就把自己的观念,以及现在的职业与理想都告诉了这位先生。这位先生静静地听着汉斯滔滔不绝的谈话,时间过得很快,飞机很快到达了目的地。临分手的时候,这位先生给了汉斯一张名片,并告诉汉斯,他欢迎汉斯随时给他打电话。

回到家里,汉斯整理物品的时候发现了那张名片,仔细一看,汉斯大吃一惊,飞机上邻座的先生居然是著名的投资基金管理人!自己居然与著名的投资基金管理人谈了两个小时的话,并留下了良好的印象。汉斯毫不犹豫,马上提上行李飞到纽约。一年之后,汉斯成为一名投资基金的新秀。

这个故事中,汉斯的人生的改变来自于他和这位基金管理人的结识,但

如果他没有下定决心再次寻找这位投资人，想必他还有可能在做着单调的财务工作，更不可能实现自己的梦想。

同样，任何一个男人都应该明白，人生不能没有目标。如果没有目标，你就会像一艘黑夜中找不到灯塔的航船，在茫茫大海中迷失了方向，只能随波逐流，达不到岸边，甚至会触礁而毁。当然，在为自己树立崇高的目标后，你应该做的就是努力拼搏，只有做到最好，才可能做到“杰出”。做到这点，你也能成为一颗众人瞩目的“明星”。

西点人认为，只有竞争，只有夺得第一才能带来荣誉。的确，最终胜利的人才能与荣誉有缘，因为，荣誉是与结果挂钩的。当然，这并不是说为了结果而不择手段。正如西点人一样，尽管注重胜利，要求所有的学员都努力争取第一，但是西点并不提倡“胜者王侯败者寇”的观念。追求胜利，重视胜利，同时也关心胜利中的道德因素，或失败中的道德评价，这表现了西点人的豁达和宽容。

现代社会，竞争日益激烈，甘当人后的男人是终将被残酷的竞争淘汰的。只有荣誉才会谱出人生精彩的华章，试想，手捧荣誉的奖章的你与碌碌无为的你是不是两种不同的人生状态呢？

西点男人精神

世界著名博士贝尔曾经说过这么一段至理名言：“想着成功，看看成功，心中便有一股力量催促你迈向期望的目标，当水到渠成的时候，你就可以支配环境了”。每个男人都应该有自己的目标，人世中的许多事，只要想做，并坚信自己能成功，那么你就能做成。

荣誉是对自身努力的肯定

我们知道，任何成功都是建立在不断进取、不断突破的基础上，只有进

步,才有不断的荣誉。也就是说,荣誉就是对自己的不断挑战。荣誉也是每个男人所向往的,也是每个男子汉所重视和捍卫的。但正是因为如此,荣誉,它也是一个沉甸甸的词语,它是一段奋斗历程的写照,是汗水和眼泪浇灌而出的花朵;是人们努力的结晶。荣誉的得来,是需要人们脚踏实地去争取的,成功不是靠任何不实和投机取巧的行为可以获得的。这一点,每个从西点军校出来的学员都深有体会。

西点 87 届毕业生、Free Markets 公司高级副总裁戴夫·麦考梅克说:“西点军校是最能打消傲气的地方。我来自一个小镇,在那里,我是优等生,而且还是一个运动队的头。我来到西点后发现,我的同学中 60% 是运动队的头,20% 是所在中学的尖子。今天你还是一个地方明星,明天你就只是数千强者中微不足道的一个。”

当新学员进入到西点的时候,他们就开始处于舒适区之外了。从怎么擦皮鞋开始,挑战无所不在。当然,西点会给他们设定一些不太容易达到的目标,迫使新学员学会化解矛盾,并且不断适应自己新的角色定位。

在一项测验中,学员被要求进入催泪毒气室。“只有在艰苦和恶劣的条件下,学员才能发展。”这样的指导方针下,新学员得到了一次发展的机会,在毒气室内回答若干问题,然后了解防毒面具过滤毒气的效果。

“极限”是一个关键词,在体能和智力上,新学员都频频受到上述挑战。“成长中的领导者,必须被加以拓展其能力的挑战人物。”领导者伊德这样理解这些挑战。“当我们处于舒适区之外并尝试新东西时,我们才能学习。”在这个过程中,领导者也会不停地激励新学员解决问题,同时去严格评估他们的成果。

新学员训练由高年级的学员主持,所进行的每一项活动都是经过精心策划的,不允许新学员在时间上有一分一秒的误差。高标准一度让不少新学员无法适应,他们中间有一部分人甚至私下里考虑离开西点,去一所普通的大学完成学业。毕业于西点军校的艾森豪威尔将军,在回忆起他刚入学时的情景说:“我想如果容许我们有时间可以坐下来想一想,大部分的学员可能都会搭乘下一班的火车离开这里!”但西点的领导者们不会放弃他们,这些领导者会对团队里那些打退堂鼓的人进行辅导，让他们消化自己学习的内容，反省自己，推动成长。

立志要当特种兵的格雷格·贝索齐在课堂上表现积极，十分活跃，而且还经常发表独到见解，因而受到教官的称赞。例如，他对校内等级森严的规定颇有不满："总贬低我们毫无意义。"而班克斯少校却反问他："你们真的不相信军官的训练要比普通士兵严格10倍吗？""我要告诉你们的一点是，战场上的形势复杂和危险得多，而你们现在毕竟还有自由。"格雷格·贝索齐立即明白了其中之意："自由有点儿危险。"

是的，自由有点儿危险。全力拼搏，不断超越，才能在激烈的竞争中赢得自己的位置。任何一个渴望获得成功的男人，都要有强烈的荣誉感，因为荣誉催你奋进，这样，即便在恶劣的环境里，你仍然能一如既往地保持不断向前超越的观念。

成功，在于不断超越。只有勇于超越，不停地调整生命的目标，才能从一个高峰跃向另一个高峰，在生命的巅峰之上，领略壮美的风光。美国学者爱默生说："永远做你害怕的事！"毕业于哈佛大学的美国哲学家詹姆斯也说："你应该每一两天做一些你不想做的事。"这两句话讲的都是同一个永恒不灭的真理，它是人生进步的基础和上升的阶梯。的确，谁不想安安稳稳地走完人生之路，谁愿意累死累活地跟自己过不去呢？可是，如果不这样，我们就不可能进步。

世界球王贝利在20多年的足球生涯里，参加过1364场比赛，共踢进1282个球，并创造了一个队员在一场比赛中射进8个球的纪录。他超凡的技艺不仅令万千观众心醉，而且常使球场上的对手拍手称绝。他不仅球艺高超，而且谈吐不凡。当他个人进球纪录满1000个时，有人问他："您哪个球踢得最好？"贝利笑了，意味深长地说："下一个。"他的回答含蓄幽默，耐人寻味，像他的球艺一样精彩。

世界著名的大提琴手巴布罗·卡沙斯，在取得举世公认的艺术家头衔后，并没有为此而不再去练习，不再去努力，而是和以前一样，依然每天坚持练琴6小时，养成了"行动再行动"的良好习惯。有人问他为什么仍然还要

练琴,他的回答很简单:“我觉得我仍在进步。”

因此,男人们,即便你已经小有成就,也不能因为那点“小成绩”而沾沾自喜,贪图安逸享受,放弃了努力奋斗的过程。满足现状的人,永远也享受不到人生的真正乐趣。只有不断超越,才能领先竞争对手,才能在竞争中赢得更大的胜利。不要以为自己很聪明就不努力,你应该把聪明看作自己的一个新起点,而不是终点。一切都会成为过去,迎接你的将是一个个新的挑战。

西点男人精神

一个男人一旦满足于自己目前获得的成就,便失去了继续前进的动力,不再追求更高的目标。而在这个竞争日趋激烈的社会,不前进便意味着后退,就可能被无情地淘汰。一旦你停止前进,便会被别人所赶超。

《第3则》

心系责任:做男人本色为人勇于担当

“责任”一词对于每个人来说并不陌生,从年幼的儿童到长大的成人,从普通百姓到身居高位的各级领导,不同的人承担着不同的责任。责任与每个人的生活都是密切相关的。我们平时所说的社会责任、民族责任、家庭责任、环保责任等,就是责任心的不同表现形式。但无论对于谁,负责都是身为人的基本立场。生活中的每个男人也应记住这点,男人最重要的品质就是责任感。无论是家庭、社会还是国家,都需要你承担作为一个男子汉应该负担的责任,负责任的男人才是真正的男子汉。

没有不成功的事,只有不负责任的男人

人是一种社会性的动物,责任是一种对人的制约。所谓责任心。是指个人对自己和他人,对家庭和集体,对国家和社会所负责任的认识、情感和信念,以及与之相应的遵守规范、承担责任和履行义务的自觉态度。身为男人,每个人都肩负着责任,对工作、对家庭、对亲人、对朋友,正因为存在这样或那样的责任,才能对自己的行为有所约束。社会学家戴维斯说:“放弃了自己对社会的责任,就意味着放弃了自身在这个社会中更好的生存机会。”

事实上,每个男人,都应该有这样的态度,哪怕是再小的一件事,你也要敢于负起责任。责任心往往驱使我们做一件事,而且会把它做好。每个人都要明白,只有你认为那件事很重要,是你的责任,你就会调动全身的力量去干好这件事,千方百计地争取收获最好的结果。因此,有人说:“没有不成功的事,只有不负责任的男人”。

西点人的责任意识是所有人所公认的。西点人对待自己的任务或是工作的那种强烈的责任感是一种无价之宝。责任感是一种使命,没有了责任,那一切都只是空谈。人生所有履历都排在勇于负责的精神之后。西点强调:没有做不好的事情,只有不负责任的人。想证明自己的最好方式就是去承担责任。不管做什么事情,都要时刻记住自己的责任,无论在什么样的工作岗位上,都要对自己的工作负责。

西点人强调要时刻把国家、集体和人民的利益放在首位,从不过分计较个人的得失。西点学员不论在什么时候,无论穿军服与否,无论是在西点校内还是校外,不论是担任值勤或宿舍值班员,都有义务、有责任履行自己的

职责,而这一出发点不是为了获得奖赏或逃避惩罚,是出自内在的责任感。

作为西点学员,他们必须承担起西点人的责任,履行自己的义务。他们深知,责任与义务是相辅相成的。西点人每天都在起床时自觉提醒自己记住,要承担起神圣的职责,它远高于个人感情或友情。

社会生活中,任何一个男人,都要有西点人的这种责任心,一个没有社会责任感的男人是很难有大的作为的。回顾人类文明的发展史,哪一个响当当的名字不是与他们对社会、对人类的杰出贡献紧密联系在一起?

1920 年,有个 11 岁的美国男孩在他家门前的空地上踢足球,一不小心,踢出去的足球打破了邻居家新装的玻璃。愤怒的邻居向惊慌失措的小男孩索赔 12.5 美元。

在当时,12.5 美元是一笔不小的数目! 闯了大祸的男孩没有其他办法,只好向父亲讲述了这件事,希望父亲会替他担起这样一份他无论如何也负担不了的责任。没想到,一直很宠爱他的父亲让他对自己的过失负责。男孩为难地说:“我哪有那么多钱赔人家?”

父亲拿出了 12.5 美元,严肃地对儿子说:“这笔钱我可以借给你,但是一年后你要还给我。因为,承担自己的过错是一个人的责任,是责任你就不能选择逃避。”男孩把钱还给邻居后,开始了艰苦的打工生活。他放弃了平日里热衷的各种游戏,把课余时间统统利用起来做所有他力所能及的工作。经过半年的不懈努力,男孩终于挣够了 12.5 美元这一“天文数字”,还给了父亲。平生第一次,他通过自己的顽强努力承担起了自己的责任。

后来,在这个男孩的一生中,他遇到了很多次必须做出选择的情况,每次他都选择负担起自己的责任,从不逃避。经济大萧条时期,他的父亲破产了,他大学刚毕业,就主动负担起整个家庭的生活。后来他投身政界,在他取得了自己梦想的职位后,他负担起了引领当时世界上第一强国走出困境的责任。他成功了,8 年后,他把一个开始复苏的美国交到了继任者手中。

他的名字是罗纳德·里根。

由此可见,责任不是只会压弯人脊梁的重担,更不是只会阻碍人前行的负累。对于只想随心所欲生活的人而言,承担责任会让他毫无头绪的人生

变得目的鲜明,让他在人生之旅上迈出的每一步都有意义。

一天,某户人家的门铃响了,开门的是男主人公汤姆。

汤姆发现,一个大概十来岁的小男孩站在门口,并且,他开始自我介绍:“你好,先生,我的名字叫亨利。”然后,他指着斜对面那栋漂亮的房子,告诉汤姆那是他家。

然后他问:“我可以帮你剪草坪吗?”汤姆打量了一下这个身材瘦小的小男孩,再看看自己家的花园,有前后院,还有个大的草坪,不过,既然是他主动要求做,就点点头说:“好啊!”

随后,男孩很高兴地推来剪草机,开始工作。他把笨重的机器推来推去,剪得相当整齐。

等他剪完所有的草后,按照事先说定的,汤姆给了他 10 美元的报酬,但汤姆很好奇的是这小男孩为什么要挣钱。对此,男孩说:“上个星期我过生日,爸爸送我半辆自行车,我要赚另一半的钱。如果下个星期再让我给你剪草坪,我就可以去买了。”

从那以后,汤姆家剪草的工作就给男孩承包了。慢慢地,附近几家的草地也都包给他去做……

的确,作为一个男人,应该拥有许多品质,其中衡量一个男人是否成熟的标准就是责任心。无论你从事何种职业,都应该尽心尽责,尽自己最大的努力,求得不断进步。这不仅是工作的原则,也是人生的原则。如果没有了职责和理想,生命就会变得毫无意义。无论你身居何处,即使在贫穷困苦的环境中,如果能尽职尽责地工作,最后就会获得成功和快乐。

西点男人精神

没有做不好的事情,只有不负责任的人。男人想证明自己的最好方式就是去承担责任。无论在任何的工作岗位上,都要对自己的工作负责。

敢于担当,主动肩负责任才能称之为男人

曾经有人通过互联网调查关于真正的男子汉应该有什么样的能力和素质这一问题。而答案五花八门:爱心、勇敢、真挚、坚强、成熟、坦率等,什么都有。但几乎都有的网友都表明,有责任感是衡量一个人是否是男子汉的最基本原则,即使以上其他的要求不能达到,只要是一个有责任感的男人,在别人心中,你仍然是一个高大的男子汉形象。生活中,每个男人都希望自己在别人眼里是个真正的男子汉,那么,你就必须让自己成为一个敢于担当、有责任感的人。在男人们敬畏的西点军校里,责任感是每个学员必须培养的品质。

西点的校训:责任、荣誉、国家,正是西点最核心的理念所在,激励着一代又一代的西点人竭尽所能去报效祖国,也是影响美国200年国运的三个关键词。

在西点,无论教官还是学员,都具有坚固的信念,他们坚信:没有责任感的军官不是合格的军官,没有责任感的经理不是合格的经理,没有责任感的公民不是好公民。责任感,无论是对自己、对国家、对社会还是对民族,任何时候都是不可或缺的。

1962年6月麦克阿瑟在西点发表演说,曾清楚地阐述了西点的荣誉责任观:“诸位是西点所培养的伟大将领和军事精英,肩负着战时的全国命运。这一长列穿着灰色制服的军士,从没有辜负过国人的期许。倘若你们辜负过人的期许,立刻会有上百万的军魂,穿着草黄色、棕色、蓝色、灰色制服的军魂,从白色十字架下翻身起来,对着你们齐声高喊‘责任、荣誉、国家’。”

西点人十分强调学员责任感的培养。一进入西点,学员就接受了与职务相符的所有特权,也必须承担应尽的义务。摆在学员面前最棘手的标准是“不容忍”条款。这一条款每天都提醒学员记住,要承担起神圣的职责,它

远高于个人感情或友情。

西点军校 5 月 27 日举行 2006 年度毕业典礼,取得全年级第一名成绩的毕业生是 21 岁的华裔女学生刘洁。刘洁说,她之所以能够取得这样的成绩,要感谢老师,以及所有指导她的人。“我从来不是个外向的人”,刘洁说:“正是在西点军校,我学会站起来,学会承担责任。”

许多从西点走出来的大人物都对西点赋予学员的责任感赞赏不已,不少人还将其提到国家利益的高度对此加以肯定。

在这方面,艾森豪威尔的观点具有一定代表性。他说:“根据我想象中的制度,美国的每一位年轻男子,不论他在生活中的地位如何,也不管他对将来有什么计划,都应受到 49 周——一年扣去 3 周假期——的军事训练……这一年不仅是他对国家的贡献,也是他们受教育的一部分。政府当然将为他们提供膳宿、服装和其他必需品,但是受训人员只能得到少量津贴,比如说每个月 5 ~ 10 美元,作为零用钱……这样做对于抵制不负责任的行为和防止犯罪大有好处。让我们的年轻人受一年的纪律训练,使他们懂得正确的生活态度,无疑将使一大批潜在的制造麻烦的人明白过来。与此相关——我完全清楚我这样说是把自己摆在旧派人的地位——我反对“垮了的一代”派的衣着、披头散发、肮脏的颈项和指甲,这些现在在许多男孩子中流行的时髦。即使这些训练别的都没有学到,只要能使这些人整齐清洁,衣着正派,我看也就值了……我认为邋遢的外表标志着精神上的萎靡不振。”这段话是 1966 年说的。

敢于担当是一种积极进取的精神。罗兰说,性格决定命运。作为一个男人,绝不可优柔、懦弱,缺少魄力和担当,恐怕很难成就大事,也很难赢得贵人的赏识。主动要求承担更多的责任或自动承担责任,是男性必备的素质,这也正是成功的西点人给男人们的启示。从西点毕业的他们能继续在各个行业和领域独占鳌头,也应归功于他们在西点历练的责任意识。

20 世纪初的美国金融危机中,著名投资者李文史顿在股市大萧条时果断将所有的巨额空单平仓,缓解了市场卖压;20 世纪末,香港金融危机时,李嘉诚不仅承诺不卖出股票,而且在市场陷入恐慌的时候,回购公司股份;美

国9·11事件中,股神巴菲特曾明确声称将不会卖出一股股票……这些似乎都与商人投资获利的宗旨相悖,但他们在市场出现危机时敢于承担责任的做法,最终获得了人们的赞扬,得到市场的丰厚奖励。

无数的例子表明,无论是工作还是生活,勇于负责的人最终都会得到人们的赞赏。所以,每个男人都要秉承负责到底的精神,努力培养自己良好的品质,这才是成功者应有的心态。也只有这样,在你最需要的时候,才会有人站出来为你说话,助你一臂之力。

那么,从现在起,你该重新审视一下自己的责任意识了:你有让自己承担义务、发奋图强的责任心吗?比如:

(1)你尽到一个丈夫和父亲的责任了吗?

(2)你认为自己可靠吗?

(3)你会为了人生的大事而提前做准备吗?

(4)你曾经做过错事而不敢公之于众吗?

(5)你会经常为自己和他人的健康提出一些必要的建议吗?

(6)你永远将学习或工作放在第一位,然后再去进行其他的娱乐和休闲活动吗?

(7)"既然决定做一件事情,那么就要把它做好。"你同意这句话的观点吗?

(8)答应别人的事就一定会真心实意地,尽全力去做,你做到了吗?

当然,这些只是责任感的一些表现而已,要做到敢于担当,还必须把责任心贯穿于生活中的每个部分,做到有意识地担当,才能逐渐把自己历练成一个可以肩负得起未来家庭、社会乃至国家的责任!

西点男人精神

没有责任就没有尊重,没有责任更不可能有成功。一个逃避责任的男人注定失败,而一个勇于承担责任的男人,即使没有傲人的成就,也是一个生活中真正的强者,真正的赢家。

有责任感的男人才值得被信任

责任,对于任何人来说都是不可推卸的,它体现了一种社会必然性。人活着,就意味着要承担责任。对于男人来说,责任心的树立尤其重要,一个责任心强的男人,即使经受再大的困难,也不会抛下责任,这样的男人才是值得信任的。每一个男人,也只有积极把责任心的培养融入到日常生活中,才能在未来担起家庭、社会乃至国家的责任,才能成为一个有担当的人。

所有的西点人坚信,没有责任感的军官不是合格的军官,没有责任感的公民不是好公民。责任感,对自己、对国家、对社会、对民族,任何时候都不可或缺。司令官要为士兵树立榜样,要为下级的行动负责,甚至还有更多的责任。士兵、下级也要以相同的责任意识和行动回报长官,这是做成任何一件事的基本条件。因此,西点在教育中,一刻也不松懈对学员责任的灌输。每有对此攻击者,都会遭到毫不客气的回击。

当然,在现代社会,任何一个男人,若想获得他人的信任,首先就要树立自己的责任心,把这一品格的培养贯彻到生活和工作中。曾经有这样一个小故事:

杰克和汤姆是一对兄弟。在一个风雪交加的下午,杰克从家里的邮筒中取出了一封信。可是这信不是他家的。信上赫然写道:K 市大河沿路 60 号,而杰克的家是在 K 市小河沿路 60 号。

“哥哥,这可怎么办?”汤姆问。“回去叠飞机吧,反正是寄错了的。”杰克说。说着,杰克准备拆信。

汤姆一下子夺过信,说:“怎么能这样呢?这是别人的东西,我们不能据为己有。而且,要是有什么急事,我们不就犯了大错了吗?”

“那你说怎么办?爸爸妈妈又不在家。”

兄弟俩一时也不知该怎么办?送去,外面风雪交加,两个孩子有些胆

怯,因为汤姆9岁,杰克也只有11岁。不送,要是人家有急事耽误了可怎么办呢?“我觉得我们还是应该送去,虽说和他们是陌生人,但我们收到了别人的信,理应给别人送去,这也是我们应该做的,你说呢?”汤姆说。虽然不情愿,但是杰克还是答应了和汤姆一起送信。

他们走了很长时间,终于来到了大河沿路60号。

在他们把事情的原委向信件的主人说清楚后,他们如释重负。就连杰克也感激弟弟帮自己做了一个正确的决定。

这件事情过了一个月之后,有一天,一个陌生的男子来到了杰克的家。爸爸妈妈并不认识这个来访的人。这个陌生人说:“我是住在大河沿路60号的,一个月前,我的信被误送到你家,是你的两个孩子冒着大雪给我送回家的。多亏了这两个孩子,当时我的父亲病重急需一笔钱,那封信是让给家里送钱的,晚了我的父亲就活不了了。太谢谢孩子们了。”

爸爸妈妈笑了,他们并不知道自己的孩子做了一件这么伟大的事情。

“还有一封你家的信。”这个男人掏出了一封信,“如果没有这两个孩子的这种责任感,我想我是不会给您送过来的,而是要等到邮递员来取走,您的孩子让我懂得了什么是责任。”

这是一个感人的小故事。人与人之间的这种责任心,的确是可以传递的。两个小男孩尚且可以做到如此有责任心,心智成熟的男人们呢?

有担当的男人更有魅力。美国第一位总统华盛顿是西点人的偶像,不仅因为他为美国做出的贡献,更因为他身上恪尽职守的精神。华盛顿始终有一种坚强的使命感,他意识到自己的奋斗仅仅是因为这是他应该做的正义的事业,为此,他自愿尽心尽力地将事情办好。无论担任什么职务,他在履行自己的职责时都是坚定不移的,从不计较别人或是或非的争议,从不在乎自己的声望。在日常的工作中,如果你也能自动自发地完成一些义务,那么,你得到的不仅仅是心理上的坦荡和安然,你的精神和责任会感染别人,然后别人会因为你的感染也更有责任感。责任作为卓越的原动力,具有传递的效果。

责任心的强弱,能够反映一个人品德的优劣。一个责任心强的人,即使

经受再大的困难,也不会抛下责任。任何一个男人,在任何时候都要心系责任,只有这样,才能成为一个值得信赖的人。

当然,责任不需要整天挂在嘴边,这是一种意识,你需要明白,在遇到事情的时候必须承担后果。

男人们,了解自己所承担的各种责任,是履行责任、养成责任心的基础。不同的社会角色,就意味着承担不同的社会责任。但无论如何,在承担各种责任前,你都需要明确这些责任。

1. 对自己的责任

在认识自己独一无二的价值的基础上能满意地接受自己;能利用一切条件和各种机会发挥自己的潜能;关心自己的健康,谋求必要的生活条件;自尊、自爱、自制、自强。

2. 对家庭的责任

尊重、体贴、帮助父母;关心、照顾长辈和兄弟姐妹;热爱家庭,夫妻平等互助,努力创造和谐的家庭气氛,履行和担负起家庭的各种责任。

3. 对他人的责任

接受和信任他人,富有深厚的怜悯心、同情心;尊重他人的人格、宗教信仰和风俗习惯,尊重并愿意考虑他人的不同意见和看法;平等待人,有事大家商量;同学、朋友团结友爱、和睦相处;谦恭礼让,敬老爱幼,尊重妇女,关怀残疾人;珍惜时间,信守诺言。

4. 对集体的责任

关心集体,积极参与学校社区的各项集体活动,行使好自己的各项权利,承担并完成集体赋予的任务;为集体的建设和集体活动的开展出主意、想办法。

西点男人精神

责任就是颗渺小的种子,一旦把它播种在你的心中,随着时间的推移,它会生根、发芽。要不了多久,它会成为小树苗,最后成为参天大树。经过努力,它会开花,点缀你的人生,最后结果,这是对你尽责任的回报。

责任引领男人抛开迷雾与诱惑

英国王子查尔斯曾经说过:“这个世界上有许多你不得不去做的事,这就是责任。”责任不是一个甜美的字眼,它仅有的是岩石般的冷峻。如果你是一个男人,当你真正地成为社会一分子的时候,责任作为一份成年的礼物已不知不觉地卸落在你的背上。这样的一个十字架,我们为什么要背负呢?因为它最终带给你的是人类的珍宝——人格的伟大。这一点,每个西点人都深有体会。

作为西点学员,他们必须承担起西点人的责任,履行自己的义务。他们深知,责任与义务是相辅相成的。

作为男人,相信你曾有过迷茫的时候,你深知自己应该寻找目标、努力奋进,但却找不到具体的方向。此时,你不妨问问自己,我身上有什么责任,从这一点出发,也许能帮助你拨开迷雾。

沃尔特·克朗凯特是美国著名的电视新闻节目主持人,他从孩提时代就开始对新闻感兴趣,并在 14 岁的时候,成为学校自办报纸《校园新闻》的小记者。

休斯敦市一家日报社的新闻编辑弗雷德·伯尼先生,每周都会到克朗凯特所在的学校讲授一个小时的新闻课程,并指导《校园新闻》报的编辑工作。有一次,克朗凯特负责采写一篇关于学校田径教练卡普·哈丁的文章。由于当天有一个同学聚会,于是克朗凯特敷衍了事地写了篇稿子交上去。第二天,弗雷德把克朗凯特单独叫到办公室,指着那篇文章说:“克朗凯特,这篇文章很糟糕,你没有问他该问的问题,也没有对他做全面的报道,你甚至没有搞清楚他是干什么的。”接着,他又说了一句令克朗凯特终生难忘的话:“克朗凯特,你要记住一点,如果有什么事情值得去做,就得把它做好。”

在此后七十多年的新闻职业生涯中,克朗凯特始终牢记着弗雷德先生

的训导,对新闻事业忠贞不渝。

1963 年 9 月,克朗凯特报道了一个关于约翰·肯尼迪总统在得克萨斯州的达拉斯遇刺的消息。整个美国都在观看这一报道。整个国家都看着这同样的一幕,整整三天,三大新闻网没有报道其他任何消息,只有总统身故,以及肯尼迪总统为他举行的葬礼的最后之旅的报道。整整三天没有任何商业广告。这是美国无法忘记的关于尊严的一幕。自此以后,美国人授予克朗凯特一种荣誉——接受他播报的任何新闻,无论好坏。

他总是为公民了解世界上到底发生了什么的权利和责任呼号。他为读者,同时也为记者坚守着一种单纯的道德准则。记者关心的不是权力的自高自大。克朗凯特的职业生涯证明了一点:一个优秀的记者只有一件事要做——讲述真相。导演西德尼·鲁梅特说:"对我而言,他是在一个最容易堕落的行业里最不同流合污的人。"这就是克朗凯特期望的一切,而他做到了。

是什么让克朗凯特成为一个美国公民敬仰的人?是责任!责任让他找到毕生应该奋斗的方向。责任就像人生路上的指明灯。微软公司首席执行官史蒂夫·鲍尔默曾经说过:"责任感,就是成就神话的土壤和条件。"男人们,在你感到前路漫漫的时候,也应该先扛起身上的责任,只要你做到这一点,你就是赢家。

责任的存在,是上天留给世人的一种考验。许多人通不过这场考验,逃匿了;许多人承受了,自己戴上了荆冠。逃匿的人随着时间消逝了,没有在世界上留下一点痕迹;承受的人也会消逝,但他们仍然活着,死了也仍然活着,精神使他们不朽。因为责任是一种强大的人格力量。

除了这点,责任还能让男人们找到自己的为人处世的立场。毕竟,在这样一个充满诱惑的环境中,如果你不能站稳自己的立场,就很容易被诱惑打垮。

曾经有一个男人,英俊潇洒,按部就班地生活,他原本的生活本很平静、很幸福。在他的内心世界里,只有家的温馨。年少时的梦已经在他的心里消失了。他很现实,很现实地过着和所有的普通人一样的生活。

有一天,他遇到了她,在网络中遇到了她,一个很安静的她。那个她曾

经是他年少时候的梦。

男人每天都会在网络中等待她,对她倾诉自己的心事,他把她当成了知己,再后来,她要求和他见面,男人拒绝了,因为男人知道,他已经有了妻子,有了孩子,这是一份责任,他告诉她:“责任比什么都重要。”

这里,是什么让男人抵挡住了来自婚外情的诱惑?是责任!他深知自己已经拥有家庭,有自己的妻子和孩子,这就是一份责任。在我们的身边,经常听到女性在择偶时明确地提出要有责任心,这足以见得责任心是一个男人最应有的品质。

意大利哲学家马志尼说过这样的话:“我们必须找到一项比任何理论都优越的教育原则,用它指导人们向美好的方向发展,教育他们树立坚贞不渝的自我牺牲精神……这个原则就是责任,这种责任是他们终生的责任。”梁启超也曾经说过:“凡属我受过他好处的人,我对于他便有了责任。凡属我应该做的事,而且力量能够做到的,我对于这件事便有了责任。凡属于我自己打主意要做一件事,便是现在的自己和将来的自己立了一种契约,便是自己对于自己加一层责任。”

责任不是说出来的,是用行动来体现的!男人们,安逸的生活很容易使你的心失去方向,被周围光怪陆离的风景迷惑,只有找到自己的责任,才会让毫无头绪的你找到鲜明的目标,让人生的每一步都走得有意义。

西点男人精神

在前行的路上,男人只有随时看到自己的责任,将责任定为行为的准则,才不会让心偏离方向,才能走得更踏实、稳健。

《第 4 则》

不找借口：做男人勇于担当果敢行动

“没有任何借口”是美国西点军校 200 多年来奉行的最重要的行为准则，是西点军校传授给每一位新生的第一个理念。它强化的是学员要想尽一切办法完成任何一项任务，而不是为没有完成任务去找借口，哪怕看似合理的借口。每一个男人也应该懂得：无论做什么事，失败是没有任何借口的，人生也没有任何借口。要努力、敬业、尽责、服从、诚实，凡事不找借口，寻找出口，你就能不断实现卓越。

男人要甩掉借口,才能找到出口

人生在世,每个人都必须具备责任感,这不仅是对他人负责,也是对自己负责。而借口与托词,则是责任的天敌。一个成熟的男人,就要有责任心,也就要能做到毫无借口地行事。

而现实生活中,缺乏责任感的男人并不少见。无论做什么事,难免都会失职,但缺乏责任感的人总是为自己的失职找寻借口,而不是坦率地承认自己的失职;出现问题不是积极、主动地加以解决,而是千方百计地寻找借口,致使工作无绩效,业务荒废。可想而知,这样的男人怎么可能有工作和事业上的突破?但男人们口中常常提及的西点人,则完全不是如此。他们除了“无条件执行”任务外,还从不为自己找借口。

“保证完成任务!”是西点军人的标志性话语。“保证完成任务!”绝不是一句简单的口号,它是一名军人对命令的承诺,它是勇士对责任的崇敬,它是全世界的军人、战士对理想的执着。在西点军校中,任何命令都是言必信、行必果的军令状,只有执行,没有任何借口。因为西点军人的字典里从来没有“借口”两字,在执行任务中,遇到困难总是想尽办法克服困难,不惜一切代价坚决完成任务。

有命令就要去执行,这是军人的准则,也是一个普通人处世的智慧。男人们也应该谨记。无论你做什么事,如果只知抱怨,则永远也不会做好。而总给自己找借口的人,也许那些借口能为你带来一时的安逸,些许的心灵慰藉,但是却让你付出更昂贵的代价。

的确,在工作和生活中,你总会遇到一些困难,并且,有时候这些困难是客观存在并不以人的意志为转移的，但是你却可以通过自身的努力来克服它。你并不能等所有的外部条件都完善了再开始着手做事，你能做的唯有立刻行动，不找任何借口。

1952 年，堪萨斯州托皮卡的奥利弗布朗黑人夫妇，提起诉讼，要求托皮卡教育委员会允许他们的孩子在专为白人开办的学校上学。一审判决原告败诉。1954 年，原告布朗以同样的理由，上诉到联邦最高法院，同时，一组分别来自堪萨斯、南卡罗来纳、弗吉尼亚和特拉华四州的关于中小学种族隔离教育的案件也上诉到联邦最高法院，联邦最高法院合并审理了包括布朗诉托皮卡教育委员会案在内的六个案件，并做出原告胜诉的最终判决：在公立学校中实行种族隔离是不平等的，是违反宪法的；公立学校应实行黑白合校。

布朗案的顺利执结，使美国黑人学生与白人学生取得了同等的受教育权，它为后来几十年美国在种族平等问题上取得实质性的进展奠定了基础，推动了社会的进步，在司法推动人权发展的宪政史上写下重要一页。同时，美国调动军队协助法院执行的做法也得到人们的一直称赞和推崇，在世界司法执行史上留下了浓墨重彩的一笔。

这次美国历史上带有划时代意义的执法事件，给每个男人都上了一课：无论做什么，一旦决定做，就要做好，不找任何借口，这才是勇者的表现。

然而，无论在生活还是工作中，我们总是能看到一些男人在为自己找借口：

"因为我资源不足，所以我做不了。"

"我没有完成这些工作，是因为这段时间太忙，毕竟我是一个人，不是机器。"

"我做错了，但是大家不都是这么干的吗？"

"我没有去克服困难，因为我从来没有过这方面的培训。"

"如果其他人更好地配合我的话，我想我会做得好些。"

……

无所不在的借口变成了一面挡箭牌，事情一旦办砸了，他们就能找出一

些冠冕堂皇的借口,以换得他人的理解和原谅。找到借口的好处是能把自己的过失掩盖掉,心理上得到暂时的平衡。但长此以往,因为有各种各样的借口可找,人就会疏于努力,不再想方设法地争取成功,而把大量的时间和精力放在如何寻找一个合适的借口上。

从古至今,成大事者,都有担当大任的品质,这其中就包括责任心。这一点,同样适用于竞争日益激烈的现代社会。比如,一流的企业需要一流的员工,只有一流的员工,才能担当企业赋予的重大责任。而这里的"一流",是必须包含强烈的责任心、集体荣誉感和爱岗敬业的,也就是"一流"的完成工作任务的能力和态度。

处在平凡岗位的男人们,或许你经常感叹为什么成功的机遇总是不关照你?为什么领导不愿意让你担当重大事件的处理工作?为什么同事们不愿意信任你?那么,不妨从现在开始反省,你是否有推脱责任、找借口的习惯?如果有,就从现在开始,像西点军人那样,彻底把借口从你人生的字典中永远剔除,不要再做只想"如果"的人,而是做一名只想"如何"的人。"如果"和"如何"虽只是一字之差,但却代表两种迥然不同的态度,"如果"只会让你推脱责任,逃避困难;而"如何"是一种积极的思维方式,它会让你从失败中找根源,会积极寻找更有效的办法和措施来解决问题。

总之,你需要记住的是,只有一个不负责任的人往往会找很多的借口为自己辩解,而一个有责任感的男人应时刻要求自己:责任面前没有任何借口。

西点男人精神

每一个男人都要学会忍受不公平,学会恪尽职责,明白表现不达到十全十美是"没有任何借口"的。只有秉持这种信念,才有可能激发起你内心无比的毅力,产生出最大的效果。

男人不要让借口成为自己的挡箭牌

大浪淘沙,百舸争流。面对竞争日益激烈的人生职场,好男儿如何才能把握先机,脱颖而出?世界首富比尔·盖茨说得好:“人和人之间的区别,主要是脖子以上的区别——大脑决定一切。”思路和方法都是源自大脑,不过,大脑并不是自然而然就会产生解决问题的思路和方法的,关键是要靠我们的自发性和自主性。人们常说“一流的人找方法,末流的人找借口”、“想办法才会有办法”“聪明人更要下笨工夫”“生气不如争气”等,可见,借口都是废话,改进才是良方。

生活中的男人们,你要明白,无论做什么事情,都要记住自己的责任,无论在什么样的工作岗位上,都要对自己的工作负责。不要用任何借口来为自己开脱或搪塞。

在那些成功的西点人身上,都有共同的特点,那就是对待生活和工作中的目标“没有任何借口”。而同时,他们善于发掘自身的能量与价值,并将这种内在的潜能充分运用到解决问题上。这是一种负责、敬业的精神,一种服从、诚实的态度,一种完美的执行能力,秉持着这一重要的行为准则,无论在什么岗位所表现出的良好的团队精神、合作能力、强烈的责任心、荣誉感和纪律意识,自信、诚实、主动、敬业,从而成为了可信赖和承担重任的素质。

的确,如果你把精力都放在问题本身上,就很难发现解决问题的办法。而实际上,在困难面前,如果不找借口,而是挖掘如何解决问题的方法,你会发现,人的潜能的确是无限的。国富尔顿学院心理系的一个报告结尾中这样写道:编撰20世纪历史的时候,可以这样写:“我们最大的悲剧不是恐怖的地震,不是连年战争,甚至不是原子弹投向广岛,而是千千万万的人活着然后死去,却从未意识到存在于他们身上的巨大潜能。”但前提是,在问题和困难面前,你要敢于正面迎击,而不是退缩。

普列是一名普通的工程连的士兵,他在服役期间干的是驾驶挂车的工作。一天,普列接到上级的命令,让他们放下正在进行的工作,把所有人员和设备转移到距现在工作地点 30 千米以外去修建一座被损坏的大桥,以便能尽快地恢复粮食和其他供应。

而就在要转移的时候,普列发现他的挂车又出现了故障,挂车的刹车彻底坏了。于是,他迅速把这一情况报告了哈里中尉。得知这一情况的哈里中尉双眉紧锁。他知道,眼下根本没有修好挂车的可能,而且挂车还必须转移,否则的话,那辆重达 40 多吨的挖土机也没法转移。

普列知道,哈里中尉找不到其他办法,他看了看中尉说:"长官,我可以试一下用引擎减速,但如果这样的话,到了那里以后,这辆车就彻底报废了。"普列的话没有说完,哈里中尉已知道他的意思,如果真那样做的话,那就是要让普列用生命的代价去换取这次任务的成功。

队伍开始出发了,普列一路上都心惊肉跳,因为他可能一不小心就会葬身山涧。30 多千米的泥泞山路终于走完了,那辆挂车确实报废了,但普列还活着,而且推土机也完好如初。来不及回顾这段路程的艰险,他们就又开始了新的工作,很快他们就修好了那座大桥,高地的粮食和其他供应也得到了及时的恢复。

没有哪个男人甘当失败者。但如果你总是为自己的行为找借口,那么,它会让你一辈子与成功无缘。如果你想更成功的话,就停止抱怨,把注意力放在解决问题上面,而你只需要给自己的成功找一个理由就够了。

在生活中,只要细心去找,借口总会有的。借口给人带来的严重危害是让人消极颓废。如果养成了寻找借口的习惯,当遇到困难和挫折时,不是积极地去想办法克服,而是去找各种各样的借口。其潜台词就是"我不行"、"我不可能",这种消极心态剥夺了个人成功的机会,最终让人一事无成。

认真想想,成功的过程很简单,只为成功找方法,不为失败找借口,勇于面对困难,认真分析研究,坚韧不拔,变换思维,向细节要创意,把困难当机遇,变压力为动力,那么,成功指日可待。你需要做到以下几点:

1. 要克服懒惰，选择行动

一个人之所以懒惰，并不是能力的不足和信心的缺失，而是在于平时养成了轻视工作、马虎拖延的习惯，以及对工作敷衍塞责的态度。要想克服懒惰，必须要改变态度，以诚实的态度，负责、敬业的精神，积极、扎实的努力，才能做好工作。

2. 要端正态度，直面责任

“积极高昂的态度能使你集中精力完成自己想要的东西”。在工作中，应始终保持平常心态，在任何时候，工作和责任始终捆绑在一起，工作越好，责任越大，没有工作也就无所谓责任，要敢于负责。

3. 要没有借口，立即行动

工作的最终目的就是把工作做好，在相应的时间里，实现最大的效益，任何的借口和拖延都将成为工作的敌人。工作的选择、工作的态度、工作的热情都建立在立即工作和立即行动上，只有行动才会让这一切变成现实。

总之，战场上不需要借口，人生的路上也不需要借口，任何的借口都只是自欺欺人而已。工作无借口，失败无借口，成功只属于那些勇往直前、没有任何借口的人！

西点男人精神

任何一个男人的成功都不是天生的，成功的根本原因是他们开发了人的无穷无尽的潜能。只要你抱着积极的心态去开发你的潜能，你的能力就会越用越强，就能克服工作中的难题。相反，如果、你抱着消极心态，不去开发自己的潜能，而是找借口，那么只有叹息命运不公，并且越来越无能！

男人要记住：没有你做不到的事情

我们都知道，在人生道路上，困难和挫折是难免的，尤其是希望有一番

成就的男人们,更要有心理准备,人生会起起伏伏,你无法预料,但是有一点你必须要记住的是:男人做事不要有借口,摒弃借口,找出方法,就没有你做不到的事。

“没有什么不可能”是美国西点军校传授给每一位学员的工作理念。它强化的是每一位学员应积极动脑,想尽一切办法,付出艰辛的努力去完成任何一项任务。正是这种理念,培养了一代又一代真正的男人,他们带着无所畏惧的心态、冲破任何阻力的力量,走出了西点,走向了各行各业的巅峰,取得了令世人瞩目的成绩。

在西点军校校园里,很少听到“我不行”的话。在工作、学习中,一旦上司有要求,你必须回答:“我一定做到”“我能行”,最起码也要回答:“我执行”或“是”。西点军校教官鲁斯对学生这样说:“没有办法或不可能对你没有任何好处,它只能使事情画上句号,所以请马上删除这样的想法。而总有办法对你有好处,它使事情有突破的可能,所以应该把它加入到你的大脑中。”要相信自己,肯定自己,别人能做到的,你也一定能做到。只要有无限的热情,几乎没有一样事情不可能成功。

十多年前,他在一家建筑材料公司当业务员。当时公司最大的问题是如何讨账。产品不错,销路也不错,但产品销出去后,总是无法及时收到款。

有一位客户,买了公司 10 万元产品,但总是以各种理由迟迟不肯付款,公司派了三批人去讨账,都没能拿到货款。当时他刚到公司上班不久,就和另外一位姓张的员工一起,被派去讨账。他们软磨硬磨,想尽了办法。最后,客户终于同意给钱,叫他们过两天来拿。两天后他们赶去,对方给了一张 10 万元的现金支票。

他们高高兴兴地拿着支票到银行取钱,结果却被告知,账上只有 99920 元。很明显,对方又要了个花招,他们给的是一张无法兑现的支票。第二天就要放春节假了,如果不及时拿到钱,不知又要拖延多久。

遇到这种情况,一般人可能一筹莫展了。但是他突然灵机一动,于是拿出 100 元钱,让同去的小张存到客户公司的账户里去。这一来,账户里就有了 10 万元。他立即将支票兑了现。

当他带着这10万元回到公司时,董事长对他大加赞赏。之后,他在公司不断发展,5年之后当上了公司的副总经理,后来又当上了总经理。

这个精彩的讨账故事,博得了大家阵阵热烈的掌声。大家都很钦佩他凡事主动想办法的精神,而且一致认为:他能有今天的发展,与他这种精神密切相关。

的确,一个男人只有坚持“不找借口找方法”的信念,才能对自己的事业有热情,不管遇到什么事,都能以办法代替借口。西点人把信念比作是生命航船的舵,而热情则是促使船全力前行的帆。从西点军校走出来的每一个学员都认为,对军队、对职责的热情促使他们在战场上克敌制胜,而一旦缺乏热情,就等于失去了信心,那结果就只能是失败。

生活中的男人们,可能在你的心头,也驻扎着许多的“不可能”,它无时无刻不在侵蚀着你的意志和理想,许多本来能被你把握的机遇也便在这“不可能”中悄然逝去。其实,这些“不可能”大多是人们的一种想象,只要能拿出勇气主动出击,那些“不可能”就会变成“可能”。

很多事实证明,“不可能”的事通常是暂时的,只是人们一时还没有找到解决它们的方法。所以,当你遇到难题或困难时,永远不要让“不可能”束缚自己的手脚,有时只要再向前迈进一步,再坚持一下,也许“不可能”就会变成“可能”。而成功者之所以能成功,就是因为他们对“不可能”多了一分不肯低头的韧劲和执着。

2001年5月20日,美国一位叫乔治·赫伯特的推销员,成功地把一把斧子推销给了布什总统。布鲁金斯学会为此把刻有“最伟大推销员”的一只金靴子赠予了他。

在推销斧头之前,正值克林顿当政,当时学会给学生出的题目是:请把一个三角裤推销给克林顿总统。这个题目难倒了所有学员整整8年。基于前8年的失败与教训,许多学员垂头丧气,因为布什是一种典型的美国西部牛仔的性格:刚硬、倔犟、不容易接近。但赫伯特没有轻言放弃,他相信小布什总统得克萨斯的农场肯定有需要斧头的时候。但是仅仅这样远远不够,必须赋予斧头一定的情感价值,才能打动布什的心。于是他开始潜心研究

布什总统的喜好,比如穿衣的风格、特别的嗜好等。渐渐地,他终于准确地掌握了布什的心态。

成功后,面对记者的采访,赫伯特说:“我认为,把一把斧头推销给小布什总统是完全可能的,因为布什总统在得克萨斯州有一个很大的农场,里面绿树成荫。于是我胸有成竹地给他写了一封信:‘总统阁下,有一次,我有幸参观您的农场,发现里面长着许多矢菊树,有些已经死掉,我想,您一定需要一把小斧头……’然后布什总统真的给我汇了15美元。”

很多时候,不是因为有些事情难以做到,而是你没有信心,只要你有信心,没有什么事是不能做到的。男子汉们,把“不可能”从你的词典中删去吧,即使真的碰到了“不可能”,你也应该这样想:“不是不可能,只是暂时还没有找到解决问题的方法。”在成功者的眼里,越是不可能做成功的事,越可能成功。

不可能只存在于你的心中。面对复杂的工作,恐惧和退缩都于事无补。无论在任何时候,你都要坚信,别人能做到的,你也能做到,甚至还比别人做得更好。工程学家乔治·格林说:“不可能只存在于你的心中,只要你能超越自己的心理极限,你会发现做什么事情都会游刃有余。正是这一点成就了百年西点。”

西点男人精神

生活中的许多“不可能”大多是人们的一种想象,任何一个男人,只要能拿出勇气主动出击,那些“不可能”就会变成“可能”。

“没有办法”是庸人和懒人的托词

生活中,人们常说:“成功者找方法,失败者找借口。”任何一个渴望成功的男人,都要记住一点,男人的字典里绝不能有借口,“没有办法”只是庸人

和懒人的托词。诚然,在追求目标的这条路上,总会遇到一些沟沟坎坎,但只要你积极寻找方法,就能跨过去。事实上,在一些男人的眼里,那些困难很容易成为他们懒惰、放弃、改变目标的借口,一段时间后,又常常自责。这种消极情绪一旦循环,就将会限制你的能力的发展。

在西点,"没有任何借口"这句话深入人心。它是美国西点军校200年来奉行的最重要的行为准则。它强化的是每一位学员应想尽办法去完成任何一项任务,而不是为没有完成任务去寻找借口,哪怕看似合理的借口。

"没有任何借口"看起来似乎很绝对、很不公平,但西点就是要让学员明白:无论遭遇什么样的环境,都必须学会对自己的一切行为负责!学员日后肩负的是自己和其他人的生死存亡乃至整个国家的安全。在生死关头,你还能到哪里去找借口?

一位西点军校的教官正在给一批新学员介绍学校艰苦的生活和训练情况。他一本正经地说:"军校的学员一天要练25个小时。"

一个新学员嘀咕说:"但是一天只有24个小时呀!教官。"

教官理直气壮地解释说:"不要找任何借口!不要忘了,我们可以每天提前一小时起床!"

西点告诉它的学员:"没有办法"或"不可能"是庸人和懒人的托词。很多年轻人,总是牢骚满腹,他们总是寻找种种借口拒绝完成任务或为自己开脱。但是,西点的精英们会想尽办法去完成任何一项任务,而不是为没有完成任务寻找借口,哪怕是合理的借口。

生活中的男人们,你在做每一件事的时候,都要像西点军校的学员一样,对自己说一声:没有任何借口。

当美西战争爆发后,美国必须立即跟西班牙的反抗军首领加西亚取得联系。加西亚在古巴丛林的山里——没有人知道确切的地点,所以无法带信给他。美国总统必须尽快地获得他的合作。

怎么办呢?有人对总统说:"有一个名叫罗文的人,有办法找到加西亚,也只有他才找得到。"

他们把罗文找来,交给他一封写给加西亚的信。那个名叫罗文的人,拿

了信,把它装进一个油纸袋里,封好,吊在胸口,3 个星期之后,徒步走过一个危机四伏的国家,把那封信交给了加西亚。

比尔·盖茨曾经说:“为失败找借口的人是懦夫!”为了战胜对手,微软曾两度企图进军小巧的掌上型电脑市场,却都功败垂成。但善于在失败中寻找取胜方法的比尔·盖茨,于 1998 年又率领他的伙伴们挟着手掌大小的个人电脑,重返市场。

微软为什么能发展壮大到今天,而且在世界上夺得了霸主的地位?那是因为在微软,允许你失败。比尔·盖茨这样说过:“失败属于意料之中的事,通向成功的大道上不可能不伴随着失败。聪明的人不是为失败找借口,而是认真寻找失败的原因。”

其实,失败的结果是试图去尝试其他可能。在许多情况下你能够找到足以奏效的另一种方法、另一套系统、另一种解决方案。迅速失败意味着迅速找到另一条成功之路,而不是对项目的完全否定。

优秀的人从不在工作中寻找任何借口。因为他们知道,寻找借口的恶习一旦养成,失败也就接踵而来。杰出人士与平庸之辈最根本的差别,并不在于天赋,也不在于机遇,而在于是否具有成功的态度。这种态度就是失败了不找借口,而是反躬自省,从自己身上找原因。

事实上,“没有任何借口”强调的是执行力,一个人,不找借口之后最重要的是如何去执行。一个有执行力的军队是总能打胜仗的军队,一个有执行力的人才更有竞争力。

在美国内战中,林肯总统曾花费三年时间寻找一位能一统南北的将军。林肯的条件是:这个人勇于行动,敢于负责,向敌人进攻,打败它们。林肯先后任用了四名总指挥官,而他们没有一个人能“100% 执行命令”。最后,任务被格兰特完成。

1862 年 2 月 6 日,格兰特率领 17000 大军在海军准将富特的炮艇护送下,开始了这次历史上最富想象力的战役。惮于格兰特的勇猛,对方派人询问格兰特,如果他开城投降将给予什么条件。格兰特断然回答:“没有任何条件可讲,只有立即无条件投降,否则马上下令进攻!”

当南方军队竖起白旗,15000 名士兵放下武器时,格兰特取得了北方到那时为止的第一次重大胜利,从而收复了肯塔基州。

后来,格兰特将军做了美国总统。有一次,他到西点军校视察,一名学生问格兰特:“总统先生,请问是西点的什么精神使您勇往直前?”“没有任何借口。”格兰特回答。

无论什么工作,都需要这种不找任何借口去执行的人。无论是一支球队、一个企业,还是一个团队或一名员工,如果没有完美的执行力,就算有再多的创造力也可能没有什么好的成绩。

西点男人精神

男人杰出与平庸最根本的差别,并不在于天赋,也不在于机遇,而在于是否具有成功的态度。成功是一种态度,这种态度就是失败了不找借口,而是反躬自省,从自己身上找原因。

《第5则》

全力以赴:做男人勇往直前不留退路

爱默生说:“除自己以外,没有人能哄骗你离开最后的成功。” 柯瑞斯也说过:“命运只帮助勇敢的人。”在很多时候,成功者与平庸者的区别,不在于才能的高低,而在于有没有勇气。有足够勇气的人可以过关斩将、勇往直前,平庸者则只能畏首畏尾、知难而退。男人天生是勇者,如果你也拥有无畏这种杰出的力量,你就会成为一个成功的人。

眼光长远,男人不要怕眼前的苦与累

成功是男人们追求的永恒目标。但无论选择什么目标,你都要有勇气,要勇往直前。在这条路上,你不但要拥有坚韧和耐心,还要做到眼光长远,坚定必胜的信念,这样即便再苦、再累,也会勇敢地与困难拼搏,那么,就一定能有所成就。人们常说,成大事者,必有坚忍不拔之志,胜利只属于坚持到最后的人。成功的人之所以能够成功,就是因为他们有坚忍不拔的毅力,能看到困境中的希望,并把失败化作无形的动力,从而最终反败为胜。

曾任西点军校校长的克里斯曼中将说:“信心和毅力,比西点军校的毕业证书更重要。”

谁都不能否认一个事实,很多西点人都经历着种种苦难,遭受着种种挫折和打击,这的确是人生的不幸。可是,人们也惊奇地发现,无数杰出的西点人都是从苦难中走出来的,正是苦难成就了他们,苦难对于他们来说,是上天的一种恩赐。

西点人的楷模罗纳德·里根生在一个极其普通的家庭,全家四口人只靠父亲一人当售货员的工资维持生活。生活的艰辛磨练了里根的意志,也使他产生了出人头地的强烈愿望。

里根大学毕业后,想试着在电台找份工作,然而每次都碰了一鼻子灰。最后,里根驾车行驶了 70 英里来到了特莱城,试了试爱荷华州达文波特的电台。电台主任让里根站在一架麦克风前,凭想象播一场比赛。由于里根的出色表现,他被录用了。

在回家的路上,里根想到了母亲的话:“如果你坚持下去,总有一天你会交上好运。”

不怕吃苦的男人才会有所成就。在你的人生路上，也许会沼泽遍布、荆棘丛生，也许会山重水复，也许会步履蹒跚，也许，你需要在黑暗中摸索很长时间，才能找寻到光明……但这些都算不了什么，一个男人，应该知道自己该干什么，那么就应该勇敢地去敲那一扇扇机会之门。

格哈德·施罗德出生在一个工人家庭，小时候，父亲在远征苏联的战争中牺牲，施罗德兄妹五人与母亲相依为命。有一段时间里，他们住在一个临时搭建的收容所里，尽管母亲每天工作长达14个小时，但仍然不能满足家里的开支。年仅6岁的施罗德总是安慰母亲：“别着急，妈妈，总有一天我会开着奔驰来接你的。”

逐渐长大的施罗德进了一家瓷器店当学徒，后来又在一家零售店当学徒，在1963年施罗德加入了民主党。在之后的10年里，他读完了夜校和中学，后来到格丁根通过上夜大来攻读法律。大学毕业后，他获得了律师资格，成为了一名律师，不久之后，他当选为社民党格廷根地区青年社会主义者联合会主席。在以后的日子里，施罗德一直活跃于德国政坛，46岁那年，施罗德再次竞选成功，成为萨克森州州长。就是在这一年，施罗德实现了儿时的愿望，开着银灰色奔驰轿车将母亲接走了。也许，是儿时的苦难记忆，使施罗德在人生的道路上丝毫不敢懈怠。8年之后，施罗德一举击败连续执政16年之久的科尔，当选为德国新总理。

童年时期的施罗德曾在杂货铺里当学徒，那时他常说的一句话是：“我一定要从这里走出去！”他成功了，而且，比自己想象中走得更远。即使在成功的路上伴随着困难，但是，施罗德从来没有把困难当成一回事，儿时的记忆让他明白：自己必须忍耐贫穷生活带来的枯燥与痛苦，不断地向前行，这样才能赢得成功。

也许在一些男人看来，吃苦受累是失败的表现。诚然，经历苦难是一种痛苦，因为苦难常常会使人走投无路，寸步难行，苦难常常会使人失去生活的乐趣甚至生存的希望。但目标远大的人，都能看到苦难背后的力量，他们甚至认为吃苦是人生一种重要的体验和千金难买的财富。

西点军校的学员不仅佩服法国杰出的军事统帅拿破仑·波拿巴,更喜欢他的一句名言:“我成功,是因为我志在成功。”

拿破仑幼时的生活是十分清苦的。他的父亲是出身科西嘉的贵族,后来家道中落而一贫如洗。但他仍多方筹措费用,把拿破仑送到柏林市的一所贵族学校去求学。拿破仑破衣敝屣,常受那些贵族子弟的欺负和嘲笑。

就这样,拿破仑忍受着那些同学的作威作福,继续求学了 5 年之久,直到毕业为止。在这 5 年里,他受尽了同学们的各种欺负凌辱,但每受到一次欺负和凌辱,就愈使他的志气增长一分,他决心要把最后的胜利拿给他们看。

他心里暗自计划,决定好好痛下苦功、充实自己,使自己将来能够获得远在那些纨绔子弟之上的权势、财富和荣誉。因此,当同伴们利用闲暇时间娱乐时,他则独自苦干,把全部精神都放在书本上,希望用知识和他们一争高下。

拿破仑读书有着明确的目的,他专心寻求那些能使他有所成就的书来读。他在孤寂、闷热、严寒中,从不间断地苦学了好几年,单单从各种书籍中摘录下来的文摘,就可印成一本四千多页的巨书了。此外,他更把自己当成正在前线指挥作战的总司令,把科西嘉当做双方血战的必争之地,画了一张当地最详细的地图,用极精确的数学方法,计算出各处的距离远近,并标明某地应该怎样防守,某地应该怎样进攻。这种练习,使他的军事知识大大进步。

拿破仑的上级认识了他的才学之后,就将他升任为军事教官。从此,他便逐渐飞黄腾达起来,直到获得全国最高的权势。

拿破仑的成功向男人们证明了一点:在艰难困苦中能否崛起,考验的是你的毅力,压力也会让人产生巨大的潜在力量,所以你要学会挑战自己,让自己面对困难和挑战,这是你前进的动力。

西点男人精神

很多男人之所以不能迈出人生的关键一步,就是因为每当他感到压力的时候,就会一蹶不振,很难把失败的惩罚当做不断前进的新动力。任何要想成功的男人,首先要学会的就是坚忍不拔,要能够超越失败,成功才会与你越来越近。

男人勇往直前,竭尽全力才会有收获

在大多数男人看来,成功只青睐于那些聪明的人。事实上,人和人就资质而言,是差不多的,真正决定一个人是否能有所成就的,是他后天的努力。人生的时间、精力有限,让有限的时间、精力造就人生最大的成功,就必须要专心致志,要拣对成功价值最大的事情去做。选择自己的目标,踏踏实实地去做,不要让别人的成功晃花自己的眼睛,而争一时之短,计一时之荣辱,更不要被眼前的蝇头小利所迷惑。最重要的是确定自己的目标,其次是坚持不懈。

西点军校常教育学员:为自己定下一个要赢取的目标,全力以赴投入到实现目标的行动中去,在没有成功之前决不开始下一项任务。世上所有的成功者几乎都是对于自己的事业极度专注的人,能够专注于一件事是成功者最可贵的品质之一。生活中的男人们,如果你想获得成功,也就应该有全力以赴的精神,应该盯住一个目标不放弃,坚持下去。

西点学子的偶像拿破仑在执政时期的亲密同伴勒德累尔这样回忆他:“他的一个显著特征是持久的注意力。他能一口气工作 18 个小时,也许是做一件工作,也许是几件工作轮流做。我从未见过他不顾手头正在做的事情,将注意力转移到即将做的另一件事上。没有任何一个人能像他那样全身心投入工作之中,也没有任何一个人能更好地分配时间去做他要做的一切。”

专心法则指出:“你专注的事情会在你的现实生活中成长扩大。”那么,男人们,你应该要专注于什么呢?你的目标!你只要一直记得你的目标,就更能发挥精神力量而实现目标。当牛顿被问到,为什么他一生会对物理和数学做出这么大的贡献时,他说:“心无旁骛。当你也到达除了目标之外心

无旁骛的境界时,就不用再去控制目标,你的目标自动会来控制你。”

集中精力才能跑得更快,只有专注于自己的目标,精益求精,才能在平凡的岗位干出别人干不出的业绩来。海尔集团总裁张瑞敏说,如果让一个日本员工每天擦6遍桌子,他一定会一丝不苟地每天擦6遍;而中国员工第一天会擦6遍,第二天也会擦6遍,可是第三天就会擦5遍,第四天可能只擦4遍,这就是为什么我们的企业引进了许多一流的设备,而产品质量却达不到原装水平的原因。无论做什么事,你都要做到永远专注于自己的工作,坚持做到精益求精。只有做到这种程度的人,才能赢得更多的掌声,才能超越自己已有的成绩,让自己的表现永远超越喝彩。

要做到更好,并不一定需要更高明的设计、更尖端的科学。它所需要的,是为了目标心无旁骛、投入所有的时间、发挥所有的才干。世界上有许多很有天赋的人最终没有获得什么成就,相反那些资质平平的人却成就了大事,这是为什么呢?答案很简单,一个资质平平但是却专心致志的人能打败无数个富有天赋但是不肯花心思做好一件事的人。今天这样,明天又那样,这样的人虽然目标很多,但是最终没有一个达成的。其实,专注是一种难能可贵的品质,一种积极的人生态度。事业因专注而成功,人生因专注而美丽。

著名数学家高斯从小就勤奋好学,很早就显示出超人的数学才能。有一次,父亲正在计算账目,小高斯安静地站在旁边看,当他父亲自以为算得很对的时候,小高斯却认真地说:“爸爸,您算错了,应该是……”父亲检验了一遍,发现高斯的答案是正确的。

高斯7岁那年,父亲送他到附近的学校读书。在学校里,高斯是班里最小的学生,但因其数学成绩最好,因而经常受到老师的表扬。高斯十分刻苦,他明白,要想更好地学好数学,自己必须付出更多的努力和汗水。白天在学校里,除了上课时专心听讲以外,他还尽可能地利用课余时间钻研数学,阅读了许多数学的著作。晚上,他将一个大萝卜挖去了心,塞进一块油脂,插上一根灯芯,就做了一盏小油灯。他一个人躲在顶楼上,在微弱的灯光下,专心致志地看书学习,直到深夜才睡。在上学期间,高斯还写了许多

"数学日记",记录了他在解题时的新发现和巧妙的解法。后来,高斯 18 岁那年,他成功地解决了当时自希腊数学家欧几里得以来两千多年一直悬而未决的数学难题,轰动了整个数学界。

有人曾问高斯:"你为什么在科学上能有那么多的发现?"高斯回答说:"假如别人和我一样专心和持久地思考数学真理,他也会做出同样的发现。"

高斯成功的秘诀就是"专心致志,持之以恒"。他研究数学,总是坚持到底,他最反对的就是做事半途而废。当他在对一些重要的定理进行证明的时候,总是经过多种解决、证明的方法,并从中发现最简单和最有力的证明。当然,因为高斯如此持之以恒地钻研数学,为科学事业的发展做出了卓越的贡献。

成大事者一旦立定人生目标,就点滴积累成功资源,一步一步向目标迈进。滴水足以穿石。一生干好一件事,这个标准乍看似乎不高,但细想想,要真正干好一件有意义、有价值的事,也不是那么简单的。达尔文忙活了一辈子,也就是创立了"进化论";麦哲伦终生的杰作,则无非是证实了"地球是圆的"。一次只做一件事,全身心地投入并积极地希望它成功,不要让你的思维转到别的事情、别的需要或别的想法上去。为了你已经决定去做的那件事,放弃其他所有的事。

生活中的男人们,一切从现在开始还来得及,每天努力一点,即使只是一个小动作,持之以恒,都将是明日成功的基础。成功不在于做许多事情,而在于专注。把你的全部精力集中到工作中去,这就是顺利完成一件事的最大秘籍。无论做任何事,都不要企求太多。只要付出全部的精力,以一往无前、专心致志的精神,去努力追求真正的价值,你就会有所收获。

西点男人精神

男人做任何事,都不要企求太多。只要以一往无前、专心致志的精神,去努力追求真正的价值,你就会有所收获。

逼自己一把,男人不要总想着留退路

有人说,只有一条路可走的人往往最容易成功。也许一些男人会产生疑问:这是为什么? 因为别无选择,所以才会倾尽全力朝目标冲刺。有时只有斩断自己的退路,才能把不可能变成可能。男人永远是勇者,如果你希望能闯出自己的一片天,就别总为自己留退路。

在许多西点人看来,西点军校对人的折磨和不合常理的训练的最终结果,不仅使人能驾驭时间,而且能在受到极端压力的情况下,迅速做出决定,积极采取行动。

史密斯上校说:“每个西点军校的新学员都必须在‘兽营’里受煎熬,找窍门适应‘兽营’的环境,否则就待不下来。没有其他哪一所院校会将其学生置于这种压力之下。”结果,留下来的成了精英,成了不只具有高智商、高知识水平,而且是具有能够适应各种艰苦险恶考验的人。

艾森豪威尔将军曾回忆说,他一入学就受到了严酷的“训练”。最让他难以忍受的是高年级学员随意发出的指令。在炎热的阳光下,口令声声:“挺胸! 收腹! 再挺一些! 下巴往里收! 动作要快! 快!”简直令人无法忍受,但又必须忍受。好在艾森豪威尔目标远大,知道西点在培养“真正军人的品质”。思想上的认同和准备,使艾森豪威尔进入第二个月训练后,就不再感到过分吃力了。

美国杰出的心理学家詹姆斯的研究表明:一个没有受逼迫和激励的人仅能发挥出潜能的 20% ~30% ,而当他受到逼迫和激励时,其能力可以发挥 80% ~90% 。许多有识之士不但在逆境中敢于背水一战,即使在一帆风顺时,也用切断后路的强烈刺激,使自己在通向成功的路上立起一块块胜利的路标。

人在绝境或没有退路的时候,最容易产生爆发力,展示出非凡的潜能。

一个真正的男人都具有非凡的毅力，如果你想在最恶劣、最不利的情况下取胜，最好把所有可能退却的道路切断，有意识地把自己逼入绝境，只有这样才能保持必胜的决心，用强烈的刺激唤起那敢于超越一切的潜能。

有一个乡下人在山里打柴时，拾到一只很小的样子怪怪的鸟，他就把这只怪鸟带回家给儿子玩耍。后来人们发现那只怪鸟竟是一只鹰。时间久了，村里的人们对于这种鹰鸡同处的状况越来越害怕，人们一致强烈要求：要么杀了那只鹰，要么将它放生。这一家人自然舍不得杀它，他们决定将鹰放生，让它回归大自然。然而他们用了许多办法都无法奏效。后来村里的一位老人说：把鹰交给我吧，我会让它重返蓝天，永远不再回来。老人将鹰带到附近一个最陡峭的悬崖绝壁旁，然后将鹰狠狠向悬崖下的深涧扔去，如扔一块石头。那只鹰开始也如石头般向下坠去，然而快要到涧底时它终于展开双翅托住了身体，开始缓缓滑翔，然后轻轻拍了拍翅膀，飞向蔚蓝的天空，它越飞越自由舒展，越飞动作越漂亮，这才叫真正的翱翔，蓝天才是它真正的家园啊！

记得一篇文章中有着这样一段话：当面对一堵很难攀越的高墙时，不妨把你的帽子扔过去，然后你就不得不想尽一切办法翻过高墙到那下边去了。“把自己的帽子扔过墙去”，这就意味着你别无选择，为了找回自己的帽子，你必须翻过这堵围墙，毫无退路可言，这就是给自己施加压力，让自己永远不要有退缩的念头，去战胜困难，争取成功。

生活中，有一些男人，他们在开始做事的时候往往给自己留着一条后路，作为遭遇困难时的退路，这样怎么能够成就伟大的事业呢？破釜沉舟，才能决战制胜。

恺撒是一位出色的军事将领。有一次，他奉命率领舰队前去征服英伦诸岛。出发前他检阅舰队，才发现严重的问题。随船远征的军队人数少得可怜，而且武装配备也残破不堪，以这样的军力去征服骁勇善战的盎格鲁撒克逊人，无异于以卵击石。

但军令如山，恺撒决定背水一战。舰队到达目的地之后，恺撒等所有士兵全数下船后，立即命令部属一把火将所有战舰烧毁。同时，他召集全体战

士,明确地告诉他们:战船已全部烧毁,大伙儿只有两种选择:一是勉强应战,如果打不过勇猛的敌人,后退无路,只得被赶入海中喂鱼;二是奋勇向前,攻下该岛,则人人皆有活命的机会。求生是人的本能,士兵们人人抱定必胜的信念,终于攻克强敌,以弱制强。恺撒也因为这次成功的战役而备受重视,直到日后掌握大权。

身为一个男人,无论做什么事,必须具有绝无退路的决心,勇往直前,遇到任何困难、障碍都不能后退。如果立志不坚,随时准备遇难而退,那就很难有成功的一日。

然而,我们不得不承认的是,谁舍得放弃现有的东西呢?谁又能舍弃舒适平稳的生活呢?但你需要记住的是,男人应该志存高远,想让你的人生更辉煌,就必须懂得在关键时刻把自己带到人生的悬崖,给自己一个悬崖其实就是给自己一片蔚蓝的天空。

很多男人往往在一开始就为自己想好了失败之后的退路,这样的人永远都不会有什么成功,只会与目标渐行渐远。所有的成功者都必定有着坚定的信心。信心犹如人生路上的加油站,为你最终达到目标提供源源不断的能量。

人生没有退路,你才会更加努力地探寻出路。退路就是在为不成功找借口,在经历失败后,它就成了堂而皇之的退缩理由。当你为自己留出后路时,你就在失败上投下一枚筹码,你的信心就已经削减了一半。这正如西点军校前校长伊·本尼迪克特所说的:“遭遇挫折并不可怕,可怕的是因挫折而产生的对自己能力的怀疑。只要精神不倒,敢于放手一搏,就有胜利的希望。”

西点男人精神

斩断自己的退路才能更好地赢得出路。男人是勇士,如果你要前行,就不要顾着退路。在关键时刻,有破釜沉舟的勇气,才能给自己创造一个冲向成功高峰的机会。

勇往直前,男人做事不要畏首畏尾

勇气是任何一个男人必备的品质,畏首畏尾的男人只能被称为懦夫。对于这一点,应该是任何一个男人都认同的。新时代的男人,在追求成功的过程中,更不能畏首畏尾,在万事俱备只欠东风的时候,就大胆、努力、自信地完成自己梦想吧,就像西点的学员们一样。

西点尊敬勇者,西点崇尚勇敢精神,西点学员必须明白只有勇敢精神才能让平凡的自己做出惊人的事业。在“勇敢者的游戏”中,想要胜利就不能退缩,只能前进。西点33届学员、著名将军布莱德利说:“面对死亡微笑的勇士将不会畏惧任何危险,勇气会贯穿于他们的一生,牺牲是他们战胜一切困难的武器。”

西点智能发展方针有三个目标,第一个是:“高水平的智能、精神承受力和果断性,带有理性的勇气、正直、责任心和主动性。”在军事教育发展方针中,西点明确提出培养学员“理性的勇敢”。

“理性的勇敢”不是那种路见不平、拔刀相助的勇敢,不是那种“有所不屑”就出手相搏的勇敢,或者说不是简单的血气之勇,不是三分钟热血的冲动。“理性的勇敢”更多地表现为临危不惧、冷静分析、坚持到底的原则。

第二次世界大战中,巴顿创造的战绩是巨大的,也是惊人的。正如驻欧洲盟军总司令艾森豪威尔将军在战后所说:“在巴顿面前,没有不可克服的困难和不可逾越的障碍,他简直就像古代神话中的大力神,从不会被战争的重负压倒。”

在作战方面,巴顿堪称世界现代战争史上最杰出的战术家之一,其主要特点是勇敢无畏的进攻精神。巴顿特别强调装甲部队的大范围机动性,尽一切努力使部队推进、推进、再推进。巴顿在战斗中的一句口头禅是:“要迅速地、无情地、勇猛地、无休止地进攻!”有时,他下令:“我们要进攻、进攻,直

到精疲力竭,然后我们还要再进攻。”有时,他对部下说:“一直打到坦克开不动,然后再爬出来步行……”正是这种勇敢无畏的进攻精神,使得巴顿率领的部队在战场上所向无敌,无往而不胜。

1918 年 9 月,巴顿指挥美军的坦克兵参加圣米歇尔战役。敌人的炮火稍一减弱,巴顿马上指挥大家沿山丘北面的斜坡往上冲。巴顿挥动着指挥棒,高声叫道:“我们赶上去吧,谁跟我一起上?”分散在斜坡上的士兵全都站起来,跟随他往上冲。他们刚冲到山顶,一阵机枪子弹就像雨点般猛射过来。大伙立即都趴到地上,几个人当场毙命。当时的情景真让人有些不寒而栗,大多数人都趴在地上一动也不敢动。望着倒在身边的尸体,巴顿大喊:“该是另一个巴顿献身的时候了!”便带头向前冲去。

只有 6 个人跟着他一起往前冲,但很快,他们一个接一个地倒下去,巴顿身边只剩下传令兵安吉洛。巴顿命令说:“无论如何也要前进!”他又向前跑去,但没走几步,一颗子弹击中他的左大腿,从他的直肠穿了出来,他摔倒在地,血流不止。

鉴于巴顿的杰出表现,他获得了“优异服务十字勋章”,以表彰他在战场上的勇敢表现和突出战绩。

在许多时候,成功者与平庸者的区别,不在于才能的高低,而在于有没有勇气。有足够勇气的人可以过关斩将,勇往直前,平庸者则只能畏首畏尾,知难而退。爱默生说:“除自己以外,没有人能哄骗你离开最后的成功。”柯瑞斯也说过:“命运只帮助勇敢的人。”

无论怎样严苛的训练或是磨炼,在西点人眼里都是“勇敢者的游戏”,只有凭借勇气才能克服这些考验。西点领袖麦克阿瑟的敢于冒险的精神给人留下了非常深刻的印象。他在战争中从不考虑个人安全,总是冲锋在前,不怕危险。这也是他成为美国杰出将领的一个重要原因。他曾经数十次进入日军的火力封锁区,一次又一次地和第一攻击波的部队一起登陆。他曾说:“能打死我的日本子弹还没造好!”

著名的数学家华罗庚曾说:“只有不畏攀登的采药者,只有不怕巨浪的弄潮儿,才能登上高峰采得仙草,深入水底觅得骊珠。”任何一个男子汉,都应该拥有无畏这种杰出的力量，都应该不怕面对命运的多舛，不惧经受风雨的洗礼，永远有直面挫折的勇气，在挫折面前，做个打不垮的强者。

日本著名登山滑雪家三浦裕次郎，曾经在 1970 年率队攀登喜马拉雅山的艾佛勒斯峰，虽然才爬到半途，六位队友就因雪崩而丧生，但是三浦裕次仍然继续向峰顶迈进，终于攀至顶峰，并由艾佛勒斯山谷滑雪而下，缔造了“最高滑雪者”的世界纪录。

在三浦裕次郎最危险的时刻，曾说出几句充满哲理而发人深省的话：“不论成功与否，已经可以肯定的是，此行将不可能有个欣喜的结束（因为队友的罹难）。”

“此刻我已经不畏惧死亡，比死亡更可怕的是失败。”

“我已经无法将‘危险的前进’，转变为‘困难的后退’，所以只有选择前进。”

虽然这只是一位登山者，处于极度危险、已无退路的情况下所说的话，但是何尝不能用在我们的人生中呢？我们可以把自己的一生，看作这样一个旅途：不论成功与否，我们注定要死亡，所以必然不可能有欣喜的结束；但也正因为死亡已无可避免，使成功变得更为重要；而当生命无法倒退时，唯一的选择，就是向前进。同样，还在思虑的男人们，是不是也该行动起来，奋起直追呢？

西点男人精神

一个男人只有控制了怯懦，才会在生活中始终乐观而健康。无畏是灵魂的一种杰出力量，无畏的男人不怕面对命运的多舛，不惧经受风雨的洗礼，永远有直面挫折的勇气，在挫折面前，做个打不垮的强者。

《第6则》

忠诚至上:做男人赤胆忠心为人无悔

关于需要一个什么样的属下,巴顿将军曾对艾森豪威尔将军说,“我不需要一个才华横溢的班子,我要的是忠诚和执行。”任何一个西点人都是忠诚之士,他们视荣誉为生命,时刻把忠诚当成行为的准则。生活中的男人们,你也要记住,做男人就要赤胆忠心,做忠诚的男人,才能获得信任、荣誉和力量。

忠诚是高尚品格,是男人立身之本

忠诚是做人的原则,是一种正直的品格,历来受人推崇。忠诚代表着诚信、守信和服从。对于男人而言,忠诚更是必备的品格。莎士比亚有句名言:“质朴比巧妙的言词更能打动我的心。”现代社会,市场经济日益繁荣,竞争日益激烈,可能有些男人会产生这样的想法:人不为己天诛地灭,忠诚只不过是人际交往中的场面话而已。于是,有那么一些男人,开始质疑,这一品格真的还有那么重要吗?

答案当然是肯定的。一个男人只有做到忠诚,才能称之为真正的男子汉,才能获得他人的信任,才能获得荣誉。要知道,人们在社会交往中,往往以忠诚来判断、决定是否相处和交往,巧言令色、轻诺寡信,是难以取得他人信任的。忠诚是人与人之间沟通和相知的桥梁,诚信能够过滤自私和贪争,消除内心的忧痛,开阔狭窄的心胸,使亲情保持长久、友情增进纯真、爱情经受考验。这一点,西点学校的学员们早就告诉了我们答案。

在西点,让所有西点人最感到自豪的就是西点著名的“荣誉准则”——“一个军校生决不撒谎、欺骗和偷盗;也决不能容忍任何人的这种行为。”

我们再来看看下面这个故事:

一次,有两个年轻人约翰和戴维,他们负责把一件很贵重的古董送到码头,上司反复叮嘱他们路上要小心,没想到送货车开到半路却坏了。如果不按规定时间送到,他们要被扣掉一部分奖金。于是,约翰凭着自己的力气大,背起邮包,一路小跑,终于在规定的时间赶到了码头。这时,戴维说:“我来背吧,你去叫货主。”他心里暗想,如果客户看到我背着邮件,把这件事告

诉老板,说不定会给我加薪呢。他只顾想,当约翰把邮包递给他的时候,一下没接住,邮包掉在了地上,“哗啦”一声,古董碎了。

“你怎么搞的,我没接你就放手。”戴维大喊。

“你明明伸出手了,我递给你,是你没接住。”约翰辩解道。

他们都知道古董打碎了意味着什么,没了工作不说,可能还要背负沉重的债务。果然,老板对他俩进行了十分严厉的批评。

“老板,不是我的错,是约翰不小心弄坏了。”戴维趁着约翰不注意,偷偷来到老板的办公室对老板说。老板平静地说:“谢谢你,戴维,我知道了。”

老板把约翰叫到了办公室。约翰把事情的原委告诉了老板。最后说:“这件事是我们的失职,我愿意承担责任。另外,戴维的家境不太好,他的责任我愿意承担。我一定会弥补我们所造成的损失。”

约翰和戴维一直等待着处理的结果。一天,老板把他们叫到了办公室,对他们说:“公司一直对你俩很器重,想从你们两个当中选择一个人担任客户部经理,没想到出了这样一件事,不过也好,这会让我们更清楚哪一个人是合适的人选。我们决定请约翰担任公司的客户部经理。因为,一个能勇于承担责任的人是值得信任的。戴维,从明天开始你就不用来上班了。”

“老板,为什么?”戴维问。

“其实,古董的主人已经看见了你们俩在递接古董时的动作,他跟我说了他看见的事实。还有,我看见了问题出现后你们两个人的反应。”老板最后说。

这里,这位老板最终请约翰担任公司的客户部经理而不是戴维,源自于约翰具备而戴维缺乏诚信可靠的品质,戴维在面对问题后就推诿责任。的确,任何一个老板都清楚,一个能够诚实、勇于承担责任的员工,才是可靠的员工,对于企业有着重要的意义。问题出现后,推诿责任或者找借口,都不能掩饰一个人责任感的匮乏。

男人们,可能你也发现,无论是商场还是职场,确实有一些人,为了得到名誉、权力、金钱等,做出了违背良心的事,而其实,一个没有忠诚品格的人,也许会获得一些暂时的利益,但迟早会被他人看出,最终会被人们看轻,也

会因此而留下悔恨的痕迹。

因此,从现在起,男人们,开始反省一下自己吧,你是否欺骗过自己的朋友、亲人或者同事?你是否尽心尽力地为你周围的人办过事等?进行反省后,不妨从这些方面努力吧:

1. 凡事诚实,不要敷衍任何人

忠诚品格的一个方面就是诚信,只有诚实才能看清自己的未来,触摸到幸福的温馨。敷衍只能一时,而诚实却是长久之策。走正直诚实的生活道路,定会有一个问心无愧的归宿。

2. 一诺千金

忠诚是力量的一种象征,它显示着一个人的高度自重和内心的安全感与尊严感。而作为一个男子汉,守信更是一种具备荣誉感的表现,也就是说,不要轻易允诺别人,一旦允诺,就要尽力做到!

西点男人精神

真正的大智慧不是手段,而是忠诚。在商场上、职场上,作为男人,你需要聪明,但绝不能缺少忠诚。没有聪明,常常就难以想到好的办法;但没有忠诚,往往就会失去人们的信任,更不会得到荣誉。只有忠诚加上聪明,你的奋斗才可能是道德的,人生也才会是成功的。

男人要做忠诚之士,不做违心的事

人人都在以不同的方式追求成功,相信每个男人也是,但是无论如何,都绝不能靠投机取巧求名利,不能靠掺杂使假骗钱财,不能靠连跑带送谋官位,而必须靠高尚的品行立身做人。马登在《伟大的励志书》中写道:“每个人的一生,都应该有一些比他的成就更伟大,比他的财富更耀眼,比他的才

华更高贵，比他的名声更持久的东西。”这个东西就是高尚的品格，其中就包括忠诚，达到此境界便是做人的成功，而且是人生真正的最大的成功。

西点需要忠诚之士，这是一个人内心最高贵的品格之一，有了它才有了荣誉、幸福与成功的可能。一个正直、诚信的人因为有正义在他的身后做其坚强的后盾，所以能无畏地面对世界。西点学子美国第34任总统艾森豪威尔说：“要做正确的、该做的事，而不是能够赢得别人赞赏的事。”

在西点，让所有西点人最感到自豪的就是西点著名的“荣誉准则”——“一个军校生绝不撒谎、欺骗和偷盗；也绝不能容忍任何人的这种行为。”在这个“四不”最低标准之上，西点军校生无论何时无论何事，都不能有任何撒谎、欺骗和偷盗、剽窃行为，还必须随时报告战友的任何“不道德”行为。如果知情者在24小时内不报告，一旦发现就会被视为同罪。西点军校公关部主任詹姆斯·威利中校举例说，学员在撰写论文时，如果不在脚注中对一些被引用的观点和文字加以说明的话，一经查出，轻者要被严厉批评，重者则被勒令退学。

例如：一个新生走在走廊上，突然碰到学长问他：“你早上有没有刮胡子？”问题来得太过突然，但是他知道必须立刻回答，他眼前浮现了自己一脸泡沫的样子，于是回答说：“报告学长，有。”但是事实上，他想起的影像是前一天刮胡子的情景：18岁的青年并不需要天天刮胡子；然而他所犯的错并不是存心欺骗，所以不叫说谎。而尽管他并没有真的违反《荣誉守则》，学长和其他军官还是会希望他事后能够承认自己弄错了。勇于认错，知错能改，才是真正的修养。

可能很多男人会说：“这样一点小小的无心之过，根本没有欺骗之心，何必如此小题大做呢？我经常遇到这种事儿啊！”而在西点，这就是不诚实，原因就在于如果一个人无须面对自己的错误，无须为自己的错误负责，将来就更有可能故意地说谎，而且会自圆其说，并认为这样做理所当然。

西点军校1929年的毕业生乔治·林肯，38岁就成了陆军准将。战争结束后的1947年，已经是少将的林肯，完全可以向马歇尔将军要求美军中的任何一个职务和岗位。但他竟出人意料地主动要求去西点军校的社会科学系

教书,级别相当于系副主任。但西点的系副主任至多只能是上校军衔,林肯为了能到西点社会科学系任职,不惜向上级要求连降两级,从少将变成上校。马歇尔再三劝阻无效后,只得批准了林肯的请求。这段“能上能下”的佳话,的确显示了林肯为了追求理想抛弃名利地位的卓越品格。林肯后来在西点社会科学系主任的职位上又升为准将。故林肯楼里,有关林肯的记载和牌匾都一直称他为林肯准将。

西点从来把培养学员的品格放在首位。忠诚被西点认为是一名军人的核心品格,并且恰恰是现代社会一些男人所缺乏的。成为西点的学员之后,长官都会多次强调正直谦逊的品格。没有正直的品格就可能背叛,没有正直的品格就没有个人的荣誉。

马歇尔是西点人的偶像。从马歇尔的一生可以看出,恪尽职守的精神一直是他不竭的动力源泉。第二次世界大战时的盟军总参谋长马歇尔是一个“国际组织者”,他之所以胜任这个工作,很大程度上是因为他的不偏私。

马歇尔的小儿子艾伦在北非服役,马歇尔特地给当地长官打招呼,不要因为他的关系而给艾伦以任何照顾。妻子凯瑟琳抱怨说,这对他不公平。马歇尔说,这没有办法,他不能让人们怀疑参谋长为自己儿子谋取好处。

1944 年 5 月 29 日,艾伦不幸在一个名叫韦莱特里的小村被一名德国狙击手击中身亡。在儿子的追悼会上,马歇尔只能握着儿媳妇的手老泪横流。长子克里夫顿也在北非服役,他原本就有脚病,因此想请假回国治病,并乘机调至意大利。

马歇尔闻讯后大怒,立即给驻阿尔及利亚的斯特耶将军去信说:“他在那里还不到一年。我不给张三李四办的事,也绝不给他办。成千上万的军官已在海外服役两年以上,其中有些人多次患病,要求回国,给国家造成很大压力,我决不能为我自己的亲人开后门。”

克里夫顿的事就这样被卡住了。

做人不能没有原则,更不能一味地迁就、顺从别人。没有原则的人还往往禁不住他人的诱惑,经别人三言两语一劝,马上防线就崩溃了。人人应该坚持自己的原则,不要轻易改变立场。在坚持原则的基础上,我行我素,“你有千条妙计,我有一定之规”,以此来抑制那些企图诱惑你、改变你的人。

同样,生活中的男人门,总结许多杰出人士走过的道路,你会看到,他们遭受失败的原因可能千差万别,成功的经历却大多一致:那就是他们在年少时便养成了达到巨大成功的美德,为日后的纵横四海打下了坚实的基础。李嘉诚曾戏言自己不是“做生意的料”,因为他觉得自己不会骗人,不符合中国人无商不奸的标准,令人感叹的是偏偏是他做成了全亚洲独一无二的大生意。你也应该懂得:品格是一生最重要的资本,忠诚就是一种高贵的品格。无论你出身高贵或者低贱,都无关宏旨。但你必须有做人之道,无论何时,都绝不做违心的事。

西点男人精神

有品格的人生是高贵的;丢弃了品格的人生是低下的。男人有做人的品格,这是比金钱、权势更有价值的东西,也是成功的最可靠资本。

面对诱惑,男人要能够坚定忠心

在社会生活中,作为男人,不管干什么,都要有自己的立场和原则。如果一味地迁就、顺从别人,实际上是软弱的表现,最终也会失去行为的方向。然而,如何面对生活中出现的这样那样的诱惑呢?西点学员会告诉你,只要坚定忠心,就能抵挡得住。

西点 87 届毕业生、康帕斯集团总裁约翰·克里斯劳说:“我以前的一个室友违反了荣誉准则。当他把所做的事告诉我时,我并没有网开一面,而是告发了他。这并不是由于我不在乎他;我深深地关心他。但我知道,与他被给予第二次机会相比,原则更为重要。我当时 18 岁,我知道我首要的责任是坚守荣誉的原则。”

然而,在逐步现代化的今天,我们生活的周围,却总是不断上演着“迷失

自己、沦落陷阱”的悲剧。多少为官者在声色犬马中逐渐失去自己当初做人的原则,不惜牺牲人民的利益,最终被绳之以法;又有多少人经不住外界的诱惑,放纵自己,甚至以身试法,最终自食其果。

我们先来看下面一个故事:

南非的沙比亚丛林,至今生活着相当原始的西布罗族人。他们的捕猎方法极为简单,利用胶泥,在丛林的湿地上铺成大片的胶泥地,再在上面放一只鸡或一只野兔,然后他们开始等待。凡是吃肉的动物,只要走进丛林,便会被兔子或鸡吸引,一步步走入泥沼,越挣扎越深。而陷阱中的动物又会引来更多的动物。几天之后,西布罗族人抬来木板,铺在胶泥上,轻而易举地将猎物收入囊中。

这些动物为什么跑进陷阱去自寻死路?原因很简单,在欲望的陷阱面前,它们迷失了自己。作为人,面临这样简单的骗局,又会怎样呢?答案还是很简单,同样会迷失自己,步入陷阱而不能自拔。

的确,在这个纷嚷嘈杂的世界,金钱、美色、权力、地位、名声充斥了整个现实生活,给人们太多的诱惑,于是人们更多地注重对身外之物的关注和追求,迷失在物欲横流中。这个事实引人深思,发人深省。

大千世界,五彩斑斓,充溢着形形色色使人们难以抵制的名利诱惑,生活中的男人,只有秉持一颗忠诚的心,才能坚持原则,不被诱惑打倒。

2002年获诺贝尔和平奖的美国总统吉米·卡特入主白宫前,当过海军军官、农场主和佐治亚州州长。执政时尽管他的决策并不完全尽如人意,但是,他的个人品格和工作作风还是赢得了美国人民的广泛赞誉。

吉米·卡特在读中学的时候,班主任朱莉娅·科尔曼小姐关爱她班上的每一个学生。她告诉他们:“我们应该随着时代的变迁而调整自我,但是我们信守的原则是不变的。”朱莉娅小姐当年所要告诉学生们的是:我们应该时时分析新情况,然而无论是在选择相守终生的伴侣还是在艰难时刻、考验时刻或是遇到诱惑须做出困难的决定时,我们都不仅要适应这些新的挑战,还应该坚守我们所学到的某些原则,例如公平、正直、忠诚等。

长大以后,卡特对朱莉娅小姐的话有了更深的理解,并始终坚守从朱莉

娅小姐那里所学到的基本原则。在总统就职演说中，他引用了朱莉娅小姐的话："随着时代的变迁而调整自我，但信守不变的原则。无论我们面临着多么大的困难，我都决心让我自己和美国人民信守真正的正义与真理的信仰。"

吉米·卡特总统善于反躬自省，总是乐于面对自己的缺点，并设法自我改正。卡特十分勤奋而又能自律，同时坚信积极思考的力量。"他是个最守纪律的人"，吉米的朋友们众口一词地这样评论他。

卡特对那些没有尽最大努力的人常常不能容忍。在他任州长时，有一次，他因公和一位佐治亚州的专员同机外出。早晨7点钟，卡特已在飞机上等候了，只见那位专员正匆匆忙忙地在亚特兰大航空站的跑道上奔跑而来。这时飞机正好滑行到跑道上，卡特虽然看到了那个人，还是命令驾驶员准时起飞。"他不能按时到达这里，这实在太遗憾了。"他厉声地说。

他一直是按照在就职演说中宣称的那样去做的："我们知道'多些'未必就是'好些'；即使我们这个伟大的国家也有其公认的局限性；我们既不能回答所有的问题，也不能解决所有的问题……总的来说，我们必须以为了共同的利益而牺牲个人的精神，去尽我们最大的努力把事情做好。"

卡特之所以能得到美国人民的好评，获得如此至高的荣誉，就是因为他一直记住当年茱莉亚小姐的那句话："随着时代的变迁而调整自我，但信守不变的原则。无论我们面临着多么大的困难，我都决心让我自己和美国人民信守真正的正义与真理的信仰。"正是这样的信仰，使他能做到坚持遵守纪律，坚持自己的原则，并努力做到最好。

一个积极忠诚的人，也必定是一个具有强烈原则观念的人。可以说，原则、纪律，永远是忠诚、敬业、创造力和团队精神的基础。判断一个人人品高下最重要的一个标准是，在关键的时刻能否坚持原则。著名西点学子、美国第18任总统格兰特说："非常情况下能否坚持原则，常常是判断一个人道德水准的重要依据。"

总之，任何一个男人，都要明白，忠诚，这是比金钱、权势更有价值的东西，也是一个人成功最可靠的资本。忠诚的人，是高贵向上的；丢弃了忠诚

品格的人生,是卑微低下的。只有勇于坚持自己原则的、有品格的人才不会在迷茫或是困境中迷失自己的方向。而一旦丢弃了忠诚的品格,那就等于丢弃了一切,即使这个人有着万贯家产,也将得不到他人的认同与尊重,更不可能实现自己对幸福和成功的愿望。

西点男人精神

忠诚代表着一种非凡的勇气,是男人力量的象征,代表把握正义和真理的责任和良心。诚实是完整人格的基本要素,不论自己身处何种环境之中,都不要放弃忠诚的品格。

不畏艰难,荣誉属于忠诚之人

人的一生中,会有许多的机会和困难,面对此情此况,生活中的男人们,你是竭尽全力还是尽力而为呢?生活中,经常会出现种种山穷水尽的情况,无论是尽力而为还是竭尽全力地去解决,都可能出现成功与不成功两种结果。但无论如何,荣誉始终是属于那些不畏艰难的忠诚之人的,因为信守忠诚的原则,他们凡事竭尽全力,坚决执行,不给自己找任何借口。这一点,西点人是所有男人学习的对象。

西点曾经向年轻的新学员提出挑战:“你们具备少数令人骄傲的军官所具有的素质和能力?”在西点不存在平级调动。他们要么晋升,要么出局,留下来的全都是成功的、积极进取的学员。他们尽自己最大努力争取优异的表现。

“野兽营”一词充分说明西点训练的残酷。新来的学员无论多尊贵,领到军服后都要在特殊的环境里艰苦训练 3 个星期,学习如何敬礼,如何操练,如何整理内务。3 周后他们领帐篷,然后行军到夏季营地。每天早晨 5 点 30 分,鼓笛乐队吹打着集合号鼓穿过营地,新的一天就开始了。新兵们整队去吃早餐，整队返回，然后换上白短夹克、白裤子和白头盔，准备参加卫兵换班仪式。通过这种训练，使学员形成职业军人那种特有的自觉的纪律观念、责任观念。为了达到上述目标，军校制定了名目繁多的规章制度，吃喝拉撒睡，事无巨细，面面俱到，使学员们整天忙于紧张而艰苦的学习和训练，无暇他顾。

格兰特初到西点军校学习时，觉得自己简直成了一台机器，在教官和校规的控制下行动，连思想的时间都没有，完全没有自己。许多同学忍不住了，牢骚满腹，而格兰特却不找任何借口地服从命令，不折不扣地执行命令。格兰特把这种磨练视为一种锻炼。在艰苦的军校生活面前，他经常鼓励自己：艰苦是成功与胜利的关键。

对于如何服从、执行，一位西点上校讲得很精彩："我们不过是枪里的一颗子弹，枪就是美国整个社会，枪的扳机由总统和国会来扣动，是他们发射我们。"

对西点学员来讲，服从上级是百分之百正确的，因为他们知道，西点军校所造就的人才是从事战争的人，这种人要无条件执行作战命令，要带领士兵向设有坚固防御之地进攻，没有服从就不会有胜利。在西点，服从主要是一项考验，学员若能成功地通过这些考验，即可达到自律自制，以及更大的自主独立，使他们日后能够成为不求近利、高瞻远瞩的管理者。

西点名将艾森豪威尔曾经说过这样一个故事：在第二次世界大战时期，盟军决定在诺曼底登陆。在正式登陆之前，艾森豪威尔决定在另外一个海滩先尝试一下登陆的困难。他把这个任务交给了三位部下。经过多次的讨论，那三位部下一致认为：这是一次不可能成功的行动，所以他们力劝艾森豪威尔取消这个计划。后来艾森豪威尔把这个任务交给了希曼将军。希曼将军没有任何借口地接受了这一任务。这一次战斗是极其惨烈的，盟军损失 1500 人，几乎全军覆灭。但是这一场战斗为后来的诺曼底登陆提供了不可多得的经验和教训，从而使诺曼底登陆一举成功。

我们再来看下面一个故事：

大雪纷飞的一天，一场战斗还在进行中。在这场战斗中，发生了这样一

个故事:

一名将士带着自己剩下的几名士兵继续守护自己的城市,但不幸的是,他很快听到消息,敌军马上就要来攻打这座城市,而凭他们的实力,是撑不了多久的,为此,他决定派自己的一名信得过的士兵去另外一座城市求援。在接到命令后,这位士兵马不停蹄地赶往另一座城市。

在半路,士兵却遇到了一个难题,天马上要黑了,温度也降了很多,前面的湖面一个人都没有,任何船家都回去了,他只得在这里等候,看看有没有出没的船只。

天真的黑了下来,这个士兵很害怕,瑟瑟的风吹着,他冷的缩成了一团,天又开始下雪了,还越下越大,他暗暗祈求:上天啊,求你再让我活一分钟,求你让我再活一分钟!当他就快撑不住的时候,天亮了。

他牵着马来到河边,他看到的眼前的一片情景让他欣喜若狂,那条原本阻碍他的大河已经结成了冰。他试着在河面上走了几步,发现冰冻得非常结实,他完全可以从上面走过去。士兵欣喜若狂,牵着马轻松地走过了河面。城市就这样得救了,得救于士兵的忍耐和等待。

作为一名军人,他的使命就是人民、国家的安危,正是因为认识到自己的使命,这名士兵才能忍得旁人所难以忍受的东西,经受住各种考验,最终让他以超强的意志力战胜了寒冷和绝望,拯救了自己,也拯救了人民。

总之,男人们,你需要明白的是,荣誉对于那些忠诚的人是实至名归。如果你是个忠诚之士,你就有了一股无坚不摧的力量,你就会竭尽全力,最后,你就会成为赢家。

西点男人精神

男人在积累自己的知识财富的同时,也应该注重德行的修养,忠诚是人生最大的美德,它像一根小小的火柴,燃亮一片心空;像一片小小的绿叶,倾倒一个季节;像一朵小小的浪花,飞溅起整个海洋。

《第 7 则》

志存高远:做男人不断追求不自我设限

人们常说,梦有多大,舞台就有多大,男人因志向而伟大,有志向的男人才有力量,才有拼搏的动力。现代社会,需要的正是目标高远、行胜于言的人才。因此,任何一个男人,无论是工作、学习还是生活,都应为自己树立一个明确的目标,并不断追求,绝不能自我设限,只有这样,才能攫取成功的果实,才能朝着更高的方向迈进!

男人有理想,更要学会付诸行动

石油大王洛克菲勒曾说:“不要等待奇迹发生才开始实践你的梦想。今天就开始行动!”这句话告诉所有满怀理想的男人们,要想成功,就应该付诸行动,行动是成功的保证。只有行动才会产生结果。立即行动,而不是寻找任何的借口逃避,这样的人才能最终赢得胜利女神的垂青。事实上,任何一个西点人已经证明了这一点。

西点十分强调行动的作用。停留在想法的阶段永远不可能有所成就,只有立即行动才能获得成功。西点其中的一条评价准则就是“一切用行动说话”。西点告诉我们:仅仅只有理想是不够的,理想必须付诸行动,如果没有行动,那理想永远只是空想,只是空中楼阁,海市蜃楼,那么遥不可及。所以,做空想家不如做一个追求实际行动的人。1973年,布雷德利获得塞耶奖时发表演讲,就反复要求西点学员要学会实在地行动,绝不迟到,绝不拖延。

在西点的游泳救生训练中,学员们最害怕的动作:穿着军服、背着背包和步枪,从近10公尺的高台上跳下游泳池,然后在水中解开背包,脱掉皮鞋和上衣,把这些东西绑在临时的浮板上。

尽管每一个动作,学员们事前都反复演练过,但是真到了要往下跳的那一刻,大部分学员还是会迟疑,走到跳板尽头之后就会停下来。当然退缩是绝不允许的,否则将被勒令退学。所以,尽管犹豫,最终还是行动起来,纵身一跃。相信这成功一跃之后的兴奋之情是无法言喻的。行动产生了信心,行动才有一切。

有位伟人说过:“世界上只有两种人:空想家和行动者。空想家们善于

谈论、想象、渴望,甚至设想去做大事情;而行动者则是去做!你现在就是一位空想家,似乎不管你怎样努力,你都无法让自己去完成那些你知道自己应该完成或是可以完成的事情。不过,不要紧,你还是可以把自己变成行动者的。"行动者比空想家做得成功,是因为,行动者一贯采取持久的、有目的的行动,而空想家很少去着手行动,或是刚开始行动便很快懈怠了。行动者具备有目的地改变生活的能力。他们能够完成非凡的事业,与此形成鲜明对比的便是,空想家只会站到一边,仅仅是梦想过这些而已。

那么,活在当下的男人们,你是行动者还是空想家呢?如果你希望自己成为一名成功者,那么,从现在开始,你就得放下空想,给自己规划一个详细的人生目标,并按照自己现有的自身条件去为之奋斗。只要你这么想了,也这么做了,那么你的人生最终就是成功的。

看古今中外历史上的每一个伟人,无不是既拥有超前的思想和超凡的行动力,并通过发挥自己的优势而赢得荣誉的。一句话,行动促就梦想。说一尺不如行一寸,也只有行动才能缩短自己与目标之间的距离,只有行动才能把理想变为现实。成功的人都把少说话、多做事奉为行动的准则,通过脚踏实地的行动,达成内心的愿望。

在 1921 年,当电报机发明成功 25 年之时,《纽约时报》有一篇文章谈到了电报对信息传播的重大作用。有十几个人,就从这报道中得到了启发。他们想,如果创办一份文摘刊物,让读者从大量的信息中获得自己需要的信息,肯定会受到欢迎。但当他们申请邮局发行时,得到的答复是因为还从没有过这类刊物,目前条件还不成熟,还要等一等。绝大多数申办者就只好等等再说。

这十几人中有一位叫华莱士的青年却毫不犹豫,他想:你邮局不发行,我可以自办发行呀。他没有等待,而是将订单装入 2000 个信封中,从邮局发往各地。

就这样,这位青年创办了世界上很少有的文摘刊物,一下子拥有了不少的读者,而且市场越来越广阔,这就是有名的《读者文摘》。到了 2002 年,这本刊物已成为了世界性的刊物。它用 19 种文字出版,发行到 127 个国家,年

收入达5亿多美元。

的确,即使你是一只雄鹰,如果不努力振动,又怎能展翅高飞呢?即使你才高八斗,如果不努力拼搏,又怎能走向成功呢?即使你的后盾力量再强,如果不努力发展,又怎能脱颖而出呢?这一切都说明:行动胜于空想。

所以,不要怕实践你的梦想,不要因为恐惧而裹足不前,不要当生命走到尽头时,才恍然大悟原来你可能有机会实现梦想,只是,你放弃了。有了梦想就不要空想,不妨勇敢地去实践生命的感觉!不要在意别人的嘲笑。如果没有勇气去大胆地尝试,你永远都不会知道自己的潜力有多大!

西点将军布莱德雷说:“习惯性拖延的人常常也是制造诸多借口与托词的专家。如果你存心拖延、逃避,你自己就会找出成千上万个理由来辩解为什么不能够把事情完成。”如果你的长官命令你从没有桥的地方过河,你不要说自己无法做到。从没有桥的地方过河有两种方式:一是游泳,二是乘船。但往往现实是这样的:你既没有船,也不会游泳。但你必须行动,从没有桥的地方过去。

人人都能下决心做大事,但只有少数人能够立即去执行他的决心,也只有这少数人才是最后的成功者。如果你有了强烈的愿望,就要积极地迈出实现它的第一步,千万不要等待或拖延,也不必等待具备所有的条件。记住:你可以创造一些条件!

西点男人精神

男人要成功,就要靠行动,而不是没有价值的拖延。因为行动是治愈恐惧的良药,而一味地犹豫、拖延将不断滋养恐惧,丧失主动的进取心。

男人要深谋远虑,让每一个行动都有意义

古人云:“凡事预则立,不预则废。”大到国家,小到个人,做事时都必须

要有计划性，只有做到缜密行事、步步为营，才能让成功多一份胜算。大凡要把一件事情做好，一般都要经历资料收集、深入调查、分析研究、最终下结论这样一个过程。生活中的男人们，在做决策之前，一定要反复思考，思维要有远见，才能提高成功的可能性。

在西点，学生们经常被教育要多动脑，西点非常清楚，做一个军事指挥官，并不是只要雄赳赳气昂昂就可以，西点的军事将领同时也要成为博学多闻的知识分子。西点努力拓展学生的智能领域，让他们接受足够的思考能力的训练，在复杂的情境下也能够辨别是非对错。

布莱德雷将军曾说："第二次世界大战期间，我们抵达莱茵河的时候，我并不见得知道怎么建造桥梁，但是我知道相关的事情有哪些，我让筑桥的工兵能有足够的时间和补给，这一点是非常有帮助的。"

石油大王洛克菲勒也曾说："没有想好最后一步，就永远不要迈出第一步。"这就是一种思维的远见性。在生活中，我们也常听老人说："做事之前就要想到后面四步。"其实，向前每走一步，我们都需要相应对的方法，如果不能看得那么远，至少我们需要看见一步。

在现实工作中，小到一个职员，大到一个公司，都需要有长远的打算，如果你只着眼于眼前的小恩小惠，那迟早有一天你将被利益所吞噬，职场生涯同时也宣告结束。其实，即便是工作也不能含糊，对于这样一件事情也需要你的谋算，将自己的眼光放得更长一些，不为眼前的小事所累，把持住自己，这样你的职场之路才会走得更远。

的确，男人做事，不仅需要稳当、周全，而且，不要急于求成，更不要被眼前的小事所累。在时机未成熟之前，你定要把持住自己。一个成大事的男人，眼光总是比身边的人看得稍远一点。

著名的美孚公司曾做了一次赔本买卖，可是，从最后的结果来看，它虽然放弃了眼前的利益却收获了长远的发展，小利变大利、利滚利、利翻利，先前看似赔本的"买卖"，最终却收获了高额的利润。这是一种商业中的计谋，也是每一个人需要的智慧。有时候，我们之所以需要学会自控，不要被眼前的小事影响，其实是为了以后更长远的发展。

因此,每个男人,纵使你认为自己智慧超群,但也应有意识地训练自己的思维,凡事多考虑,尽量做到思虑周全,这样能帮你少走很多弯路。

然而,我们发现,生活中,有这样一些男人,他们大大咧咧,思考问题时,思路紊乱,东拉西扯,始终是稀里糊涂的。而结果只能是,事情做不到尽善尽美。千里之堤毁于蚁穴,如果你做不到善于思考,那么,哪怕只是一些细节问题,也可能导致全局上的失败。

拿破仑是一位传奇人物,这位军事天才一生之中都在征战,曾多次创造以少胜多的著名战例,至今仍被各国军校奉为经典教例。然而,1812 年的一场失败却改变了他的命运,从此法兰西第一帝国一蹶不振逐渐走向衰亡。

1812 年 5 月 9 日,已经在欧洲大陆取得辉煌胜利的拿破仑离开巴黎,挥师北上,直捣莫斯科。

然而,当法军进城后,却发现市中心着火了,整个莫斯科城的四分之一都被烧毁,很多房屋瞬间化为灰烬。而此时,俄国沙皇也采取了坚壁清野的措施,使远离本土的法军陷入粮荒之中,即使在莫斯科,也找不到生存下去的粮草,很多战马就这样死了,许多大炮因无马匹驮运不得不毁弃。几周后,寒冷的天气给拿破仑大军带来了致命的诅咒。饥寒交迫下,1812 年冬天,拿破仑大军被迫从莫斯科撤退,沿途大批士兵被活活冻死,到 12 月初,60 万拿破仑大军只剩下了不到 1 万人。

关于这场战役失败的原因众说纷纭,但谁又能想到是小小的军装纽扣起着关键的作用呢。原来拿破仑征俄大军的制服,采用的都是锡制纽扣,而在寒冷的气候中,锡制纽扣会发生化学变化成为粉末。由于衣服上没有了纽扣,数十万拿破仑大军在寒风暴雪中形同敞胸露怀,许多人被活活冻死,还有一些人得病而死。

拿破仑的失败,正验证了人们说的“成也细节,败也细节”, 细节能带来成功,同时也能导致失败。他万万没有想到的是,一颗纽扣居然会导致自己大败。

的确,思维指导行动,如果思虑不周全,那么,就好比一个机器上的关键零件出现问题,那就意味着全盘皆输。

那么，生活中的男人们，该如何做到善于思考，稳健走好每一步呢？

首先，你并不需要建立长期计划，做好当下的事即可。

那么，为什么不建立长期计划呢？生活中，有些人说自己能预见未来，这当然是谎言，也会失败。因为无论对于未来的预计多么精细，都无法将一些不可知因素囊括在内，在遇到一些问题时，就不得不改变计划，或者对其进行相应的调整，甚至在某些情况下，你需要无奈地放弃预期的计划。

其次，要勤于思考。

思维的力量是巨大的，但人的大脑就如同一台机器，长时间不使用，它的工作能力就会下降甚至不适用。因此，要有智慧，就要有一颗善于思考的头脑。真正的"有头脑"，指的是善思考、勤实践，有思想、智慧、远见、卓识和才干。一个人虽然长着脑袋，但若不善用脑袋，没有思想、智慧、远见、卓识和本领，是不能算是有头脑的。

最后，做任何事都要制订完善的计划和标准。

要想把事情做到最好，你必须在心中为自己设定一个严格的标准，并且，在做事时，你一定要按照这个标准来执行，绝不能马虎；另外，在做任何一项决策前，一定要思虑周全，并做广泛的调查论证，广泛征求意见，尽量把可能发生的情况考虑进去，以尽可能避免出现1%的漏洞，直至达到预期效果。

西点男人精神

男人应该像一名斗士，一旦做决定，就要忠实地去执行。每一刻都是关键，都能影响生命的过程。在下决心之前，不需要太急促，遇到重要问题时，如果没有想好最后一步，就永远不要迈出第一步，要相信总有时间思考问题，也总有时间付诸行动，要有促进计划成熟的耐心。

思想有高度的男人才能做成大事

自古以来,无论是个人还是组织,凡能成大事者,不仅仅有雄韬大略,更有一个指导行动的信念和理想;理想是指导行动的。伟大而卓越的人,之所以能够永无止境地创造和超越卓越,就在于他们拒绝接受平庸,他们追求卓越,所以他们功成名就。也就是说,生活中的男人们,如果你想让行动领先一步,理想就必须超前一些。喷泉的高度不会超过它的源头;一个人的成就不会超过他的信念。有信心的人,可以化渺小为伟大,化平庸为神奇。

在西点,每个人都重视荣誉,渴望通过胜利来获得荣誉,正是这样的信念支持着西点人追求胜利的脚步。

西点人的偶像拿破仑指着地图上一条小路问:“如果通过这条路直接穿过去有没有可能”时,那些探寻过的工程师们吞吞吐吐地回答:“可能行的……还是存在一定可能性的。”“那就前进吧。”身材不高的拿破仑坚定地说,丝毫没有为工程师的弦外音所动摇。谁都知道穿过那条道路的难度有多大,在此之前还没有人能够征服这座天然的屏障。

美国钢铁大王卡内基少年时代从英格兰移民到美国,当时真是穷透了,正是“我一定要成为大富豪!”这样的信念,使得他于 19 世纪末在钢铁行业大显身手,而后涉足铁路、石油,成为商界巨富。洛克菲勒、摩根也都是满怀欲望,并以欲望为原动力,成为资本主义初期美国经济的胜利者。

的确,男人们,如果在刚开始时心中就怀有一个高的目标,意味着从一开始你就知道自己的目的地在哪里,以及自己现在在哪里。朝着自己的目标前进,至少可以肯定,你迈出的每一步都是方向正确的。一开始时心中就怀有最终目标会让你逐渐形成一种良好的工作方法,养成一种理性的判断法则和工作习惯。如果一开始心中就怀有最终目标,就会呈现出与众不同的眼界。有了一个高的奋斗目标,你的人生也就成功了一半。如果思想苍

白、格调低下,生活质量也就趋于低劣;反之,生活则多姿多彩,尽享人生乐趣。

1969 年,从小就喜欢吃汉堡的迪布·汤姆斯在美国俄亥俄州成立了一家汉堡餐厅,并用女儿的名字为店起了名——温迪快餐店(Wendy's)。在当时,美国的连锁快餐公司已比比皆是,麦当劳、肯德基、汉堡王等大店已是大名鼎鼎。与他们比起来,温迪快餐店只是一个名不见经传的小弟弟而已。

迪布·汤姆斯毫不因为自己的小弟弟身份而气馁。他从一开始就为自己制定了一个高目标,那就是赶上快餐业老大麦当劳!

虽然在 20 世纪 80 年代他并无"下手"的机会,但等待机遇的他终于找到了麦当劳在营销过程中的漏洞——麦当劳号称有 4 盎司汉堡包的肉馅,而重量从来就没超过 3 盎司,而正是利用这一点,他成功借助广告打败了麦当劳。

因此,他的目标达到了,凭借几十年朝着目标的努力,温迪的营业额年年上升,1990 年达到了 37 亿美元,发展了 3200 多家连锁店,在美国的市场份额也上升到了 15%,直逼麦当劳坐上了美国快餐业的第三把交椅。

迪布·汤姆斯为什么能成功?可以说,他的成功正是对目标管理的成功。刚开始,他的目标就是麦当劳,朝着这一目标,他努力的方向变得逐渐明朗,离成功也逐渐近了。的确,世上被称为天才的人,肯定比实际上成就天才事业的人要多得多。为什么?许多人一事无成,就是因为他们缺少雄心勃勃、排除万难、迈向成功的动力,不敢为自己制订一个高远的奋斗目标。不管一个人有多么超群的能力,如果缺少一个认定的高远目标,他将一事无成。设定一个高目标,就等于达到了目标的一部分。

可以说,迪布·汤姆斯的成功不仅说明了一个远大的目标对个人奋斗历程的重要性,更说明了一个企业是否能顺利成长,是否能经久不衰,也与之有密切的关系。

为此,为自己编织一个伟大的梦想吧,也许你会说,现在每天的生活已经平淡无奇甚至被高强度的工作压得筋疲力尽了,梦想早就已经化为云烟

随风远去了。但请记住,能用自己的力量去创造美好人生的人,一定拥有超大的梦想和超过自身能力的愿望。

作为一个男人,如果你想实现卓越,活出一个不平凡的人生,那么,一切还来得及,从现在起,就尽早为自己树立一个足以为之奋斗的理想吧。一个连想都不敢想的人又怎么会成功呢?

的确,生活中,很多男人也充满理想,但一旦把自己的理想和现实联系起来的时候,他们就退却了,就认为不可能,而这种"不可能",一旦驻扎在心头,就无时无刻不在侵蚀着你的意志和理想,许多本来能被你把握的机遇也便在这"不可能"中悄然逝去。其实,这些"不可能"大多是人们的一种想象,只要你能拿出勇气主动出击,那些"不可能"就会变成"可能"。

从现在起,你只需树立一个正确的理念,调动你所有的潜能并加以运用,努力提升自己的能力,便能带你脱离平庸的人群,为未来步入精英的行列之中而打好基础!

西点男人精神

理想影响行动,行动影响结果,这是一连串的因果效应。男人想成功,就要有超前的理想和信念。而思维就是力量,就是希望,这句话不假,那么,你还在担心什么呢? 无论做什么,即使失败了,还有机会重新开始。

男人要学会思考,聪明做事不蛮干

每个男人都是勇气的化身,但光有勇气没有思想高度的男人只是莽夫,是做不成大事的。当今社会,知识和信息更新速度之快,更要求每个男人以智谋取胜。西点毕业生杰夫·钱皮恩说:"费很大力气而不肯动脑的人,是另一种意义上的懒汉。"

西点教官普林斯认为,人类的一切进步想必都出自懒汉们想少走几步路的良苦用心。普林斯教官举例说，一百多年前，有个叫汉弗莱·波特的少年，人家雇他坐在一台讨厌的蒸汽发动机旁边，每当操纵杆敲下来，就把废蒸汽放出来。他是个懒汉，觉得这活儿太累人，于是在机器上装了几条铁丝和螺栓，这样，阀门就可以靠这些东西自动开关了。这么一来，他不但可以脱身走掉，玩个痛快，而且发动机的功率立刻提高了一倍。他懒洋洋地发现了经复式发动机活塞的原理。

普林斯教官说，一个称职的领导人也同样懒惰，凡是能吩咐别人为他干的事，他绝不躬亲。普林斯还指出，精神的懒惰也同样促进了人类的进步。许多重要的规则和定理都是懒汉想出来的。

西点的每个成功人士、爱国将领乃至每个学员都不是光有勇气没有智谋的莽夫，他们的成功也证明了这一点。

男人们敬仰西点人的勇气，但同样也要学习他们的智慧。工作中努力是好事情，但是光努力是不够的，还要多动脑，多思考，这样才能真正做出成绩。

生活中，我们经常会发现有两种人；第一种是埋头苦干，但始终不见成效的人；第二种则能轻松地完成任务，赢得荣耀。即使是同一项任务，后者也可以不费吹灰之力，而前者还没有开始就时不时出现这样或那样的问题。其中的关键，就在于后者用大脑在工作，想方法去解决问题。只有在工作中主动想办法解决困难、问题的人，才能成为任何公司和单位中最受欢迎的人。

石油大王约翰·洛克菲勒幼年时过着动荡不安的生活，他跟随父母搬迁过好几个地方。11 岁时，父亲因一桩诉讼案而出逃。父亲“失踪”后，11 岁的洛克菲勒就担起了家里生活的重担。

后来，洛克菲勒在商业专科学校学习了三个月，学会了会计和银行学之后，就辍学了。从学校出来，他到休伊特·塔特尔公司做会计助理。他把工作当成了学习的机会。洛克菲勒认真地听休伊特和塔特尔讨论有关出纳的问题。每次在公司交水电费的时候，老板只看总金额，洛克菲勒却要逐项核查后才付款。一次公司高价购买的大理石有瑕疵，洛克菲勒巧妙地为公司

索回赔偿。休伊特很欣赏他,就给他加了薪。

一次,洛克菲勒从一则新闻报道中得知由于气候原因英国农作物大面积减产。于是他建议老板大量收购粮食和火腿,老板听从了他的建议,公司因此而获取了巨额的利润。洛克菲勒要求加薪,遭到了拒绝,于是洛克菲勒离开公司决定创业。洛克菲勒只有800美元,而创办一家谷物牧草经纪公司至少也得4000美元。于是他和克拉克合伙创业,每人各出2000美元。洛克菲勒想办法又筹集了1200美元,才凑够了2000美元。这一年,美国中西部遭受了霜灾,农民要求以来年的谷物作抵押,请求洛克菲勒的公司为他们支付定金。公司没有那么多资金,洛克菲勒从银行贷款,满足了农民的需要。经过一年的苦心经营,公司获利4000美元。而如今,洛克菲勒中心的53层摩天大楼坐落在美国纽约第五大道上。这里也是标准石油公司的所在地。标准石油公司创立之初(1870年)仅有5个人,而今天该公司拥有股东30万,油轮500多艘,年收入已达五六百亿美元,可以说,这里的一举一动牵动着国际石油市场的每一根神经。

世界首富比尔·盖茨把洛克菲勒作为自己唯一的崇拜对象:“我心目中的赚钱英雄只有一个名字,那就是洛克菲勒。”有人说:“美国早期的富豪,多半靠机遇成功,唯有约翰·洛克菲勒例外。”因为他懂得用智谋取胜,有一双发现机会的慧眼。他从为别人打工开始,就显示出了与众不同的智慧。后来他又从“英国农作物大面积减产”这一信息中发现了巨大的商机。只有全身心地投入到工作中,不断思考怎样把工作做好的人,才能拥有一双发现机会的慧眼。

不得不承认,敢想敢做,也只有勇者才能事事在先,时时在前,紧跟社会,做时代的弄潮儿。每个男人,若想在当今的社会立足,有所成就,就要不畏惧风雨,不怕挫折,不惧坎坷。但勇敢不等于鲁莽,不等于粗野,它是一种骨气,是一种真正的浩然正气。因此,你不仅需要勇气,还需要智谋,还要有高思维的头脑,审时度势,运筹帷幄,决胜千里。

那么,男人们,从现在开始,无论做什么事,都用心、用脑去做吧。对此,你需要做到以下几点:

1. 注意方法

西点的布莱德雷说:“不仅要达到目的,更要注意方法。”要善于观察、学习和总结,仅仅靠一味地苦干,只埋头拉车而不抬头看路,结果常常是原地踏步。

2. 敢于突破

在做事的过程中一定要学会思考。在这个变化剧烈的时代,过去一直遵循的行事方式很可能不再是指引未来行动的金科玉律,而要发现这一点,再也没有什么方法比努力思考、多提问题更好的了。

西点男人精神

男人工作中努力、敢闯敢做是好事情,但是光靠勇气和努力是不够的,还要多动脑、多思考,这样才能真正做出成绩。

《第8则》

勇者无敌:做男人不畏失败直面挑战

西点军校著名学子、美国杜邦公司创始人亨利·杜邦曾说:“危险是什么?危险就是让弱者逃跑的噩梦,危险也是让勇者前进的号角。对于军人来说,冒险是一种最大的美德。”西点尊敬勇者,西点崇尚勇敢精神。同样,生活中的男人们,在现代这个处处充满机遇和挑战的社会,你也应该拿出你的勇气和智慧去拼搏。谨慎小心并不是一种优秀的品质,裹足不前,安于现状,也只能被淘汰出局。有冒险的生活,才有多姿多彩的人生。

男人要成就自己,就要勇敢地开拓

有人说,男生天生是角逐的动物,他们向往成功,然而,事实上,真正有所成就的男人却不多。于是,一些男人产生疑问,怎样才能成功?事实上,成就赢家的因素很多,既需要智慧和运气,同时更需要勇气。只有善于抓住机会,并适度冒险的人,才会获得事业上的成功。一般情况下,成功者之所以成功,是因为他们敢为别人所不敢为。故步自封,不敢冒一点风险,结果只能是“聪明反被聪明误”。

西点领袖麦克阿瑟的敢于冒险的精神给西点人留下了非常深刻的印象。他在战争中从不考虑个人安全,总是冲锋在前,不怕危险。这也是他成为美国杰出将领的一个重要原因。

第二次世界大战爆发后,德、意、日于 1941 年签订“三国公约”,美日之战已不可避免。罗斯福总统再次召麦克阿瑟服现役,统一指挥远东地区的全部美国陆军和空军。麦克阿瑟走马上任不到 5 个月,就发生了日本海军偷袭珍珠港的事件。此后,麦克阿瑟以他的勇气和才能,奔波于澳大利亚、菲律宾和华盛顿之间,为恢复美军元气做了不懈的努力。不久,太平洋地区的盟军统一编制,麦克阿瑟被任命为西南太平洋地区的总司令,指挥这一地区的部队。

他在战争中从不考虑个人安全,曾经数十次进入日军的火力封锁区,一次又一次地和第一攻击波的部队一起登陆。

世界上有许许多多的人不敢冒险,缺乏胆量只求稳妥,所以一事无成。所谓胆量,就是指做事时胆子要大一点,要克服只求稳妥的弱点,要敢作敢

为、勇于冒险，相信自己能展翅飞翔。

现在，那些迷惘的男人们，应该能明白一点：瞻前顾后、患得患失，缺乏敢想的勇气，缺少敢做的能力，没有勇于承担失败的决心，如何能成功？只有以更大的胆量、更快的速度、更奇的招数主动出击，才能抢占先机，脱颖而出。

如果你没有冒险精神，只愿意四平八稳地走在平坦的大道上，那么，你就永远也成不了遨游蓝天的雄鹰，只能做一只在粪堆里扒食的小鸡。

有一天，龙虾与寄居蟹在深海中相遇，寄居蟹看见龙虾正把自己的硬壳脱掉，只露出娇嫩的身躯。寄居蟹非常紧张地说："龙虾，你怎可以把唯一保护自己身躯的硬壳也放弃呢？难道你不怕有大鱼一口把你吃掉吗？以你现在的情况来看，连急流也会把你冲到岩石去，到时你不死才怪呢？"

龙虾气定神闲地回答："谢谢你的关心，但是你不了解，我们龙虾每次成长，都必须先脱掉旧壳，才能生长出更坚固的外壳，现在面对的危险，只是为了将来发展得更好而做出准备。"

寄居蟹细心思量一下，自己整天只找可以避居的地方，而没有想过如何令自己成长得更强壮，整天只活在别人的护荫之下，难怪永远都限制自己的发展。

成功的捷径之一就是要敢于冒险。你肯定不想一辈子平庸无奇、碌碌无为，那么，你不妨冒险。

扭转人生的第一步，就在于抛却一切负面想法，然后大胆地尝试，从迈出一小步开始，然后再尝试迈出大的步子，这样你将发现许多能使你变得更好的方法。

约翰是名保险推销员，除了工作，他最喜欢拿着猎枪和渔竿到森林里去。一次，他突然想：我为什么不可以尝试在这些地方推销保险？这些地方虽然荒凉，但沿着阿拉斯加铁路那几百公里的线路上，仍有不少铁路工人家庭定居。没有哪个保险推销员愿意来这里展开业务，虽然这想法有些大胆，但约翰想到做到，他立即着手制订计划，做好一切准备。此后，约翰一直往返于铁路沿线，向那些铁路工人家庭推销保险单。同时，他也像往常一样走

遍大山,钓鱼,打猎。人们很喜欢他,亲切地称呼他“徒步约翰”。一年过去了,约翰的业绩竟然超过100万美元。

这个故事告诉每个男人,凡事只有敢于尝试,才能产生奋斗的激情,才能去完善、去超越,去增添勇气、创造奇迹。不行动,一切都不会实现。如果你正在创业,那么,看准时机,果敢决定,就是创业者必备的基本素养。许多成功人士的胆量都是很大的,正是因为从小就习惯了没有后路,无人帮助,所以他们才敢于大胆向前走。

走运的人一般都是大胆的,最胆小怕事的人往往是最不走运的。幸运可能会使人产生勇气,反过来勇气也会帮助你得到好运。不过,大胆不等于鲁莽,冒险绝不是冒冒失失的无端逞强和希图侥幸的投机取巧。冒险是有目的、有计划地对你的智慧和能力进行挑战。假如你把一生的储蓄孤注一掷,采取一项引人注目的冒险行动,在这种冒险中你可能失去所有的东西,这就是鲁莽轻率的行动。如果你尽管由于要踏入一个未知世界而感恐慌,然而还是接受了一项令人兴奋的新的工作机会,这就是大胆。

一切生机全从行动中来,从动态发展中来。虽然,人常常抱怨自己缺少机会,但是,行动乃为机会之母。事实上,当你具有一定的冒险精神时,你就不会满足于现状,而是敢于进取。这种冒险往往会给你丰厚的回报。

这个世界永远有新的挑战立在你的前面,有新的领域等待你去征服,关键是你敢不敢去冒险。许多成功人士不一定比你“会”做,重要的是他们比你“敢”做。

总之,男人不冒险、不开拓就不可能有胜利。每一个人心里都希望自己成为英雄,问题在于机会是不会光顾守株待兔的人的,只有进取的人才能抓住机会。

西点男人精神

男人要有冒险的勇气、行动的勇气。假如你不尝试什么,你就不会真正知道自己是什么,更不会知道自己到底要什么。茫茫世界沉浮不定,向未来进发,有坎坷,也有阴晦,深一脚浅一脚,虽然有危险,但这却是在有限的人生道路上通往成功与幸福的捷径。

勇敢向前，男人要把失败当做成功的垫脚石

谁都希望人生路上一帆风顺，都希望获得命运的垂青、一举成功。每个追逐成功的男人也是如此，但没有人能随随便便成功，这条路也并不是那么好走，需要每个男人经受各种考验，其中就有失败。但勇敢的男人从不会被失败打倒，而是把失败当做成功的垫脚石，从失败中崛起。

西点人曾豪迈地说“青春，当与磨难同行！”无论是坐在宽敞的大厅还是躲在黑暗的角落，年轻的我们都应该明白：平静的湖面练不出精悍的水手，安逸的环境造不出时代的伟人。

西点课堂上有这样一个案例：有一只小鹰，从小跟着鸡群一起长大，不用为寻水觅食而奔波，小鹰也一直以为自己是一只不会飞的小鸡。有一次，小鹰从悬崖上掉下去，就在急速坠落的过程中，它扑棱扑棱翅膀，在坠地之前竟突然飞起来了，这是为什么呢？是因为在绝境中小鹰的天性被激活了，恢复了。

《哈利·波特》的作者罗琳是西点学子最景仰的人之一，她在哈佛大学2008年毕业典礼上演讲说道：“失败给了我内心的安宁，这种安宁是不会从一帆风顺的经历中得到的。失败让我认识自己，这些无法从其他地方学到。我发现自己有坚强的意志，而且，自我控制能力比自己想象的还要强，我也发现自己拥有比红宝石更珍贵的朋友。”

男人们，你需要明白的是，人生之所以有失败，是因为你要突破，要挑战。身陷绝境，就不要诅咒。失败是你错误想法的结束，也是你选择正确做法的开始。你不在绝境中发迹，就在绝境中沦落。处在绝望境地的奋斗，最能启发人潜伏着的内在力量；没有这种奋斗，便永远不会发现真正的力量。

1967年夏天，美国跳水运动员乔妮·埃里克森在一次跳水事故中，身负

重伤,除脖子之外,全身瘫痪。乔妮从此被迫离开了那条通向跳水冠军领奖台的路。她曾经绝望过。但最后,她拒绝了死神的召唤,开始冷静思索人生意义和生命的价值。

乔妮领悟到:我是残了,但为什么不能在另外一条道路上获得成功?于是,她想到了自己中学时代曾喜欢画画。于是,这位纤弱的姑娘捡起了中学时代曾经用过的画笔,用嘴衔着,开始练习。她常常累得头晕目眩,汗水把双眼弄得辣痛,甚至有时委屈的泪水把画纸也淋湿了。

好些年头过去了,乔妮的辛勤劳动没有白费,她的一幅风景油画在一次画展上展出后,得到了美术界的好评。

乔妮又想到要学文学。因为曾有一家刊物向她约稿,要她谈谈自己学绘画的经过和感受。她用了很大力气,可稿子还是没有写成。这件事对她刺激太大了,她深感自己写作水平差,必须一步一个脚印地去学习。

终于,又经过许多艰辛的岁月,这个美丽的梦终于成了现实。1976 年,乔妮的自传《乔妮》出版了,轰动了文坛,她收到了数以万计的热情洋溢的信。两年后,她的《再前进一步》一书又问世了,该书以作者的亲身经历告诉残疾人,应该怎样战胜病痛,立志成才。后来,这本书被搬上了银幕,影片的主角由她自己扮演,她成了青年们的偶像,成了千千万万个青年自强不息、奋进不止的榜样。

人生境界就是如此。在你生命的过程中,不论是爱情、事业、学问等等,你勇往直前,到后来竟然发现那是一条绝路,没法走下去了,山穷水尽悲哀失落的心境难免出现。此时不妨往旁边或回头看看,也许有别的通路;即使根本没有路可走了,往天空看吧!虽然身体在绝境中,但是心还可以畅游太空,体会宽广深远的人生境界,再也不会觉得自己穷途末路。

对于一个软弱的男人来说,失败会使他们精力耗竭、精神崩溃,乃至一蹶不振,但对于勇敢的男人来说,他们会因为失败而变得成熟,变得干练。一个男人遭遇的挫折、磨难可能造成肉体及精神的痛苦、物质生活的贫困,却也并非一无是处。挫折、磨难可以增强一个男人的意志,更好地挖掘他们生命本身的潜力。

汤姆·克鲁斯出身贫寒。他12岁时,父母离婚了,他与5个姐妹跟随母亲生活。克鲁斯患有阅读障碍症。他的病症使他学习起来非常吃力,学过的东西又很难记住。尤其糟糕的是,他的病症在很长一段时间里没被察觉,后来才被母亲发现。于是,他被转到专为智力低下的孩子开设的"特教班"。因为这些,他很自卑,常常低着头,沉默寡言。

上中学时,他突然发觉自己爱上了电影,他开始尝试演一些戏剧。但导演们认为他表演时"热情得过了头"。1981年,他来到洛杉矶,获得一部情景剧中一个一闪即逝的小角色。1983年,他主演了4部电影,由于故事情节不佳和他表演的稚嫩,这些影片非常失败。

在一连串挫折中,他不断反思自身的不足,一步步克服和改进。1986年,他在一部描写美国海军战斗机飞行员的影片《壮志凌云》中初获成功,成为一大批美国年轻人心目中的偶像。此后他数度问鼎奥斯卡金像奖、美国电影金球奖。

汤姆·克鲁斯的经纪人保罗·瓦格纳说:"克鲁斯从许多的迷雾和荆棘中发出光来。他不断绕开上帝设置的障碍,并改变自己。"

男人们,在你追求成功的过程中一定充满了挫折与失败。挫折是生活的组成部分,你总会遇到。社会间的万事万物,无一不是在挫折中前进的。即使是灾难也不足以让你垂头丧气。有时候,可能一次可怕的遭遇会使你备受打击,认为未来都失去了意义。在这种情况下,你必须相信:灾难中也常常蕴涵着未来的机遇。

奥斯特洛夫斯基说得好:"人的生命似洪水在奔腾,不遇着岛屿和暗礁,难以激起美丽的浪花。"如果你在失败面前勇敢进攻,那么人生就会是一个缤纷多彩的世界。也正如巴尔扎克的比喻:"挫折就像一块石头,对弱者来说是绊脚石,使你停步不前,对强者来说却是垫脚石,它会让你站得更高。"

生活中的男人们,如果你已经成功了,你要由衷感谢的不是你的顺境,而是你的绝境。当你陷入绝境时,就证明你已经得到了上天的垂爱,将获得一次改变命运的机会。如果你已经走出了绝境,回首再看看,你会发现,自己要比想象的伟大、坚强、聪明。

西点男人精神

男人真正的奋起,往往是在遭遇挫折之后。正是一些大大小小的挫折才谱就了人生这首平凡而又动听的歌。

克服恐惧,男人要有战胜困难的勇气

生活中,困难无处不在,而很多时候,打倒人们的不是这些困难,而是内心放大的恐惧。有这样一个小故事:有两个孩子比赛谁先跑到各自的妈妈身边。可在途中,两个孩子先后摔倒。其中一个妈妈立刻跑过去安慰那个孩子,摸摸头又抱在怀里,那孩子反而哭得更凶。而另一个妈妈呢?她只是站在原地鼓励着孩子继续跑来。孩子摇摇晃晃站起来,终于跑到了妈妈身边,露出甜甜的笑。这两个母亲的做法孰是孰非?前者是放大了困难,后者则鼓励孩子克服了困难。

这个简单的道理可能每个渴望成功的男人都能懂,但说到畏惧困难,似乎那些刚出世没多久的小毛孩反倒比大人勇敢。孩子们敢和鳄鱼拥抱,和巨蟒共舞。因为无惧,所以无畏。

在很多男人自幼向往的西点军校,就有对学员心理素质的训练,借此训练使学员们成长为心理上的强者。学员要找到自己心中的敌人,痛快地杀掉它!其中,恐惧就是要被杀掉的第一个敌人。西点认为:从长远来看,有意识地与自身的恐惧作斗争,培养勇敢的精神,才是可以彻底战胜疾病、战胜生活的唯一选择。

西点开始训练时,教官们清楚地知道,没有恐惧,勇气是培养不出来的。刚刚踏入训练营的新学员们也许还有些爱冒险,有点冒冒失失,但是生活经验并不足以让他们应对战斗中的恐惧。他们必须事先体验恐惧,并学会在不断有恐惧出现时如何镇定自若。因此,西点一步一步地让队员接受各种

令人恐惧的体验。

新学员们学会克服恐惧要有一个过程,这个过程是越来越难的,它是专门针对团队设计的,同时又是强制性的。西点军校的所有学员都必须接受体能训练,参与相当危险的运动。男生要学习拳击和摔跤,而男、女生都要进行体操、游泳救生和肉搏自卫的训练。这些必修课程非常重要,不仅锻炼年轻学员的体能,同时也训练了他们的勇气和拼搏精神,使他们学会了勇敢地面对危险,克服恐惧。

在西点各种体能训练当中,学生觉得最困难的就是拳击。很多学生脸上从来没有挨过拳,突然之间他们必须赤裸裸地面对自己的恐惧。最糟糕的情况,莫过于想要逃开拳击台了。如果真有人想要逃走,也必须再回头,否则就毕不了业。他们必须学会面对恐惧,了解恐惧,同时体会如何应对因恐惧带来的压力。唯有如此,才能够确保在最需要冷静行事的关键时刻,他们不会因为恐惧而瘫痪。

西点人相信:“现实中的恐怖,远比不上想象中的恐怖那么可怕。”大多数人在碰到棘手的事物时,大都只会考虑到事物本身的困难程度,如此自然也就产生了恐怖感。但是一旦实际着手时,就会发现事情其实比想象中要容易且顺利多了。

现实生活中,一些男人已经习惯了安稳平淡的生活,似乎少了很多战胜困难的勇气。人生中有许多困难并不是什么坏事,因为逆境可以造就英雄。有了这些磨练,美玉才会更加完美,刃器才会更加锋利。命运多舛并不是什么可怕的事,可怕的是,你无法去克服和跨越它们。

每一个男人都要明白的是,所谓的困难并没有那么可怕,之所以不敢勇敢跨出一步,是因为你内心的恐惧在作怪。恐惧将困难放大,就会压倒你自己;而如果你勇敢一点,打倒恐惧,你会发现,原来,所谓的恐惧只不过是只纸老虎。

对此,西点军校的1967届毕业生卡兰德有切身的体会。

有一次,卡兰德在纽约的一个漂亮饭店里,看着善泳的朋友们在阳光下嬉戏,忽然有一种不舒服的感觉涌上心头。卡兰德告诉他们,自己怕晒黑,

所以不想下水。朋友们笑着怂恿他:“不要因为怕水,你就永远不去游泳……”

阳光溅在他们水滑滑、光亮亮的肌肤上,他们像海豚一样骄傲地嬉戏着,而卡兰德其实并不想躲在没有阳光的阴影里看着他们的快乐而已。他觉得自己是个懦夫。

一个月后,朋友邀卡兰德到一个温泉度假中心,他鼓足勇气下水了。卡兰德发现自己没自己想象中那么无能,但他不敢游到水深的地方。

“试试看,”朋友和蔼地对他说,“让自己灭顶,看会不会沉下去!”

于是,卡兰德试了一下。朋友说得没错,在我们意识清明的状态下,想要沉下去、摸到池底还真的不可能。真是奇妙的体验!

“看,你根本淹不死,沉不下去,为什么要害怕呢?”

卡兰德上了一课,若有所悟。从那天起,他不再怕水,虽然目前不算是游泳健将,但游个四五百米是不成问题的。

和卡兰德一样,其实,在困难面前,你也可以克服恐惧。正和西点人相信的一样:“现实中的恐怖,远比不上想象中的恐怖那么可怕。”当你遇到困难时,理所当然,你会考虑到事情的难度所在,如此,你便会产生恐惧,会将原本的困难放大。但实际上,假如你能减少思考困难的时间,并着手解决手上的困难,你会发现,事情远比你想象中简单得多。那些成功的人士,都是靠勇敢面对多数人所畏惧的事物,才能出人头地的。美国著名拳击教练达马托曾经说过:“英雄和懦夫同样会感到畏惧,只是英雄对畏惧的反应不同而已。”麦克阿瑟在西点军校的演讲中也曾说过这样一句话:“不正面面对恐惧,就得一生一世躲着它。”

西点男人精神

男人内心不能有恐惧,如果你不能自己除掉恐惧,那样的阴影会跟着你,变成一种逃也逃不了的遗憾。不要因为恐惧而害怕尝试。一旦你正面面对恐惧,很多恐惧都会被击破。

有勇有谋,男人要做人生的主人

这是一个充满机遇和诱惑的时代,要想获得成功,首选需要的就是勇气。纵观那些辉煌成功案例的背后,可以发现他们都有一个共同的特质,那就是富于激情、敢于冒险,在与风险的搏击中获得了成功。为此,可能一些渴望成功的男人会认为,有斗志、有激情就能成功。其实,一个真正成功的人,必当是二者兼备的。新时代,智慧才是力量。做事离不开智慧谋略,而智慧谋略往往能够决定你究竟能掌控多大成功率。打仗要有勇有谋,做事更是如此。在很多情况下,有谋比有勇更为重要。高尔基指出:“唯有思考才能开发出智慧的潜能,才能撞开才智的大门。”

西点有句格言:“心智是更高一级的财富,赤手空拳一样能赢得天下。”的确,头脑的力量是无穷的。人类的竞争归根到底是脑力的竞争,谁学会思考,善于思考,尽可能多地发挥其大脑的神奇功能,谁就容易占得先机,领先于别人而取得成功。

古人说:“不战而屈人之兵。”这种成功的结果,是源于智慧的力量。纵观古今,横看世界,社会的发展,人类的进步,无不闪耀着智慧的火花,显示着智慧的力量。从决胜千里外的帷幄运筹,到以少胜多、以弱胜强的大小战例;从力学、电学、光学、化学等各方面理论的建树和发展,到机械、电器、原子弹、卫星等各种发明创造,都充分证明:智慧就是力量。

做人,凡事都以用智为上,那些只凭蛮力斗狠之人,在人生的竞技场上只能是个失败者,以致败都不知败在何处,这应当是最可悲的。如果你一眼让人望穿,其结果是可想而知的。但是如果你能隐藏起自己的目的,采取明暗两手去做事,这样就可以避开眼前的危机而化险为夷。

面对有充分准备的竞争对手,不施奇谋就无法取胜。而隐起真情,制造假象,出其不意、攻其不备,正是为了促成“乘隙潜袭”的良机。寓暗于明,寓

假于真,才能避开麻烦,渡过难关,从而达到出奇制胜的目的。

蒙哥马利担任集团军司令后,在组织实施每一战术中,均体现了他异于常人、不同凡响的作战思路,特别是在后来组织阿拉曼反攻战中,更现其异。在反攻前夕,蒙哥马利组织工兵先修筑了三个半野战团的假炮兵阵地,架起了一排排用伪装网罩着的电线杆冒充的大炮。这些大炮,还故意露出马脚,让阵地前沿对面的德军透过伪装就能看出这是伪炮兵阵地。"哪有这样打仗的,没有真炮,用假炮来吓唬人",在德军眼中,这个阵地没有任何作战实力。其实,这正是蒙哥马利施放的迷雾,他扰乱了德军的思考力,麻痹了德军。就在反攻即将开始之际,英军迅速而隐蔽地把真炮开进假炮兵阵地。待反攻一开始,伪炮兵阵地上真炮齐鸣,德军被突如其来的炮击打得晕头转向,丢盔卸甲,抱头鼠窜,伪炮阵地有力地配合了英军坦克和步兵的大举进攻。

蒙哥马利的作战怪招,使英军在战场上掌握了主动权。当阿拉曼战斗打响后,虽然交战双方打得很艰苦,但由于英军战前的计谋起了作用,使号称"沙漠之狐"的德军头目隆美尔处于被动挨打的地位,英军一举夺得阿拉曼战役的胜利。蒙哥马利也由此威名四扬,成为第二次世界大战中著名的将领。

自古以来,成功人士的思路总是不同凡响的,蒙哥马利凭借反常思路使其成为一代名将。虚则实之,实则虚之,真真假假,虚虚实实,打破常规的思路可以从中演绎出变化无穷的奇招妙策。这个计谋表面上看是走了迂回曲折的道路,实际上是为获得机遇,为更直接、更有效、更迅速地取得成功创造了条件。

可见,成功总是属于那些智慧的男人,而不是莽夫。智慧的男人从不打无准备之战,因此,在决定做某件事情前,一定会挖掘足够的信息,然后才能够准确预测出"有所作为的风险"和"无所作为的风险",这样的冒险才是最智慧的选择,才能使自己立于不败之地!

然而,我们也发现,有这样一些男人,他们凡事积极进取,做事容易欠缺考虑,于是,很容易走弯路,而实际上,只有用理性指导激情,才会让成功来得更容易!

克劳塞维茨说:"只有通过智力这样一种活动,即认识到冒险的必要而决心去冒险,才能产生果断。"犹太人被世界公认是非常精明并且敢于冒险的一族,正是兼备了这两种品质,他们才能解决遇到的危机。有一个故事颇能说明问题。

犹太人约瑟夫在1835年投资了一家小型保险公司,但是在他投资不久,纽约就发生了一场特大火灾事故,很多同行心慌手乱,认为自己这次赔大了,纷纷低价转让自己的股份,这时约瑟夫剑走偏锋,出人意料地买下了这家公司全部股东的股份。这真是一场大的赌博。然而在完成理赔后,他公司的信誉突然增加了,虽然约瑟夫把保险金提高了一倍,但很多新的客户却很放心地在他这投保,约瑟夫由此也发了大财。在不少犹太人看来,每一次风险都隐藏着许多成功的机会,风险越大收益越高,只有敢于冒险的人,才会赢得财富。

在外人看来,约瑟夫的做法是冒险的,但约瑟夫并不是有勇无谋,他就是掌握了人们对保险这一行业的心理,只有自信,才能让他人相信自己。约瑟夫的这一举动,正是向人们证明了这一点,他所投资的公司的信誉自然也就增加了。

生活中的男人们,在赞叹西点军人、犹太人的成功之时,也应该有所启发。如果你细细揣摩一下这些成功者的操作,它们看上去都很冒险,似乎有些不可思议,但其实这些都是表面现象。就拿投资而言,其实在这些成功案例的背后,有着他们所发现投资标的潜在的巨大价值,而正是潜在的巨大价值才使得他们敢于在看似危险的时候果断进入。在这里,我们恰恰看到的是一种敢作敢为人性美的真实体现。

西点男人精神

大凡成就大事业的男人,都是具有胆略和魄力的。冒险并不是盲目冒险。你应该目的明确,在目标召唤下勇敢地去做、冒险地去做。冒险与收获常常是结伴而行的。险中有夷,危中有利。要想有卓越的结果就要敢于冒险。

《第9则》

燃烧激情:做男人保持活力成就大器

西点军校前校长道格拉斯·麦克阿瑟曾说:“你有信仰就年轻,疑惑就年老。有自信就年轻,畏惧就年老。有希望就年轻,绝望就年老。岁月刻蚀的不过是你的皮肤,但如果失去了热忱,你的灵魂就不再年轻。”西点人永远都在挑战自己,也总是站在他人前面。这一点,生活中每一个渴望成功的男人,都应当引以为豪,并应当以西点人为榜样。从现在起,敢想敢做、理智果断,无论你的现状如何,你都能攀登成功的一次次高峰!

男人有激情,就有动力去开拓

什么样的男人最有魅力?可能从女性的角度看,她们会回答,专注于事业的男人最有魅力。的确,任何一个男人,都要有自己的目标,并不断朝目标去奋进。这里,激发男人不断开拓的就是激情。

男人不能没有激情,激情是一种强烈的情感表现形式,往往发生在强烈刺激或突如其来的变化之后,具有迅猛、激烈、难以抑制等特点。人在激情的支配下,常能调动身心的巨大潜力,它能把人身上每一个细胞都调动起来,为了目标而工作。一个人若是没有热情,他将一事无成,而当他有无限热情时,任何的困难都会被热情溶化,他就可以成就任何事情。生活中的男人们,你们正处在朝气蓬勃的年纪,无论做什么,都要充满激情,并让勇气带你去闯荡,不要害怕失败,你会发现,富有挑战的人生会更有意义!西点戴维·格立森将军说:“要想获得这个世界上的最大奖赏,你必须拥有过去最伟大的开拓者所拥有的将梦想转化为全部有价值的献身热情,以此来发展和展示自己的才能。”

西点训练新学员学习和执行任务中的积极性,让他们倾注激情,在快乐中圆满地完成任务。调动学员的热情就是西点军事训练中的核心内容。西点学员从不无精打采地学习,磨磨蹭蹭去训练,正是这些因素决定他们在未来战争中的胜负。热情对于西点人来说就如同生命一样重要。凭借热情,可以释放出巨大潜能;把枯燥乏味的军校生活变得生动有趣,培养对职业的狂热追求;感染周围的亲友,让他们理解、支持,拥有良好的人际关系;获得上司的提拔和重用,赢得珍贵的成长和发展的机会。

一位名人曾说:“只有激情,巨大的激情,才能震撼灵魂,成就伟大的事业。”其实,男人们,只要你细心发现,生活中无处不存在这样的例子。

在西雅图有一个举世闻名的派克鱼摊,那里有洋溢着快乐的“飞鱼”表演,那里是快乐的天堂!

只要你走进市场,你很快就会看见在市场的尽头聚集了一群人,老远就可以听到他们的喧哗声。走近了,你会发现大家像是看街头表演似的,一圈又一圈地围着几个穿着亮橘色的塑胶背带裤的年轻小伙子观看。其中一个小伙子从身旁的鱼摊上拿起一条鲑鱼,转身就朝柜台一丢,中气十足地高声喊:“鲑鱼飞到威斯康星!”柜台里的人敏捷地接住鱼,也大喊:“鲑鱼飞到威斯康星!”他刚大声喊完,鱼就包好了,顾客开心地接过“飞鱼”,在围观群众的欢呼中满意地离去。尽管海风越吹越冷,但是这鱼摊总是被人潮与笑声围得暖烘烘的。

鱼贩说,事实上,几年前的这个鱼市场本来也是一个没有生气的地方,大家整天抱怨。后来,大家认为与其每天抱怨沉重的工作,不如改变工作的品质。于是,他们不再抱怨生活的本身,而是把卖鱼当成一种艺术。再后来,一个创意接着一个创意,一串笑声接着另一串笑声,他们成为鱼市场中的奇迹。

有时候,鱼贩们还会邀请顾客参加接鱼游戏。即使怕鱼腥味的人,也很乐意在热情的掌声中一试再试,意犹未尽。每个愁眉不展的人进了这个鱼市场,都会笑逐颜开地离开,手中还会提满了情不自禁买下的鱼,心里似乎也会悟出一点道理来。

可能在常人来看,卖鱼的工作会让人感觉到平庸甚至厌倦,但这些鱼贩们却以不同的心态在工作,他们能在自己最平凡的岗位上享受着工作带来的乐趣,并感染着身边的人。其实,这也是一种事业的成功,因为他们找到了自身存在的价值。

同样,生活中的男人们,一旦没有了激情这种奋斗的能量,也就失去了前进的动力。一旦失掉了热情,军队便失去了前进的方向;一旦失去了热情,人类也将会与许多伟大的事件擦身而过。人的一生可能燃烧,也可能腐

朽,选择成功就不能腐朽,就必须燃烧起来!

男人就该有激情,但现实生活中,一些男人,年纪轻轻就失去了奋斗的心和勇气,更不愿意尝试,因为他们认为,与其承受失败带来的痛苦,不如不尝试。抱着这样的态度,即使才华横溢的男人,最后也只能沦为平庸之辈。而实际上,无论你从事什么工作,无论你现在的起点如何,从身边的小事做起,你都能创造奇迹,创造辉煌。要知道,热情是高效率工作的动力,是始终如一高质量完成任务的重要因素,是创造辉煌业绩不可缺少的品质。火一般的热情会引导你走向成功的明天。

各种梦想总是在烈火般的热情中得以实现的,各种奇迹也总是经过了热情火焰的捶打才被创造的。这一启示告诉男人们,需要从以下方面努力来表现自己的热情:

1. 积极主动

无论做什么,主动才能带来积极的成效;而被动只是消极怠慢,其结果也是消极的。当激情与勇气被主动应用于积极向上的目标时,将会变成一种巨大的力量。对此,你需要克服惰性和消极的心态,把注意力集中于未来。

2. 设定明确的目标

不要说诸如此类空空洞洞的话"我打算多进行一些体育锻炼"或"我计划多读一点书"。而应该具体、明确地表示——"我打算每天早晨步行45分钟"或"我计划一周中一、三、五的晚上读一个小时的书"。

其实,每个男人心里都有一股激情,只有对自己的目标有激情,并好好利用这份激情,才能达成目标!可见,如果你能以充分的热忱去做最平凡的工作,也能成为最精巧的工人;如果以冷淡的态度去做最高尚的工作,也不过是个平庸的工匠。倘若能处处以主动、努力的精神来工作,那么即使在最平庸的职业中,也能增加你的威望和财富。

西点男人精神

无论你活得充实还是平淡,无论你将变得杰出还是平庸,这一切都取决

于一个意念，取决于你心中的愿望。男人应该相信自己的潜在优势，增强自信心，解除懦弱感。一个锐意进取的男人，必须具备热情和创造力。

男人要用火一般的炙热融化每一个人

我们都知道，人的情绪是会被感染的，你快乐，所以我快乐。如果你没有热情，你就不能打动人。人们喜欢能改变他们情绪状态的人。热忱是获得成功的最大要素。在人数众多的团队当中，很多人因为热情使自己一再提升。但同时也有很多人因为缺乏热情，慢慢走向一败涂地的境地。成功与失败取决于你的热情。

我们发现，生活中，有这样一类男人，他们似乎有某种魔力，无论他们走到哪里，都能成为众人关注的对象，都能成为社交的中心，无论他们说什么，似乎也都能被大家接受。事实上，他们之所以能做到吸引到周围的人，并不是因为他们拥有的财富有多少、社会地位有多高，而是因为他们拥有足够强大的气场，总能在第一时间内迅速地占据别人的心。

事实上，在任何一个行业，任何一个成功人士，也都有着鲜明的个性，那就是热情。和微软的比尔·盖茨一样，他们都非韬光养晦的“潜龙”，而是个性鲜明的商界领袖。正是这种魅力，他们能用活力带动周围的气氛，并产生积极的作用。

西点人敬仰的拿破仑亲率军队作战时，只要他站在前线，同样一支军队的战斗力，便会增强一倍。军队的战斗力的强弱在很大程度上基于兵士们对于统帅敬仰与否。如果统帅抱着怀疑、犹豫的态度，全军便要混乱。拿破仑的勇敢与坚强，使他统率的每个士兵增加了战斗力。

这就是一种领导力，一种人格魅力。而相反，作为年轻人，男人们，如果你死气沉沉的，对任何事都提不起兴趣，那么，你带给周围人的效应也是消极的，在一连串消极情绪的影响下，向往积极情绪的人们只会否

定你,远离你,甚至孤立你。而这会给你的工作带来障碍,并阻碍人际关系的发展等。

“西点”强调,领导魅力的形成,源于领袖身体力行的品格。权力是外界给予的,魅力则是领导者自身的品行和素养形成。有活力的领导,会给领导者带来巨大的影响力,使人产生敬佩感、凝聚力。而同时,活力也是一种非权力性的力量,是后天受到教育、熏陶、影响而逐步形成的。身体力行的领导,正是通过这种精神品质吸引、感召、影响、凝聚、亲和等方式统率千军万马,所向披靡。

活力是个人魅力的一部分。在竞争激烈的商界,个人魅力往往是广聚人才的前提,而善聚人气的企业家也就更容易赢得广聚财气的机会;相反,那种奉行冷漠原则的管理者,若想历经商战而能成就伟业,大概也只能是痴人说梦而已。

休斯·查姆斯在担任“国家收银机公司”销售经理期间,该公司的财政发生了困难。这件事被负责营销的经理知道后,影响了营销人员的士气,营销人员因此失去了工作热情,销售量开始下跌。到后来,情况越来越严重,休斯·查姆斯不得不召集全体销售人员开一次大会,在全美各地的营销人员均被要求参加这次会议。

会议开始后,他首先请手下最佳的几位销售员站起来,要他们说明销售量为何会下跌。而这些销售员在被唤到名字后,一一站起来,每个人都陈述了原因,但基本上无外乎“商业不景气”、“奖金缺乏”等原因。而当第五个销售员开始列举使他无法达到平常销售配额的种种困难情况时,查姆斯先生突然跳到了一张桌子上,高举双手,要求大家肃静。然后他说道:“停止,我命令大会暂停10分钟,让我把我的皮鞋擦亮。”随即,他让坐在附近的一名黑人小工友把他的擦鞋工具箱拿来,并要这名工友替他把鞋擦亮,而他就站在桌子上不动。

在场的销售人员都惊呆了,以为查姆斯先生突然发疯了。他们相互之间开始窃窃私语。在此同时,那位黑人小工友先擦亮他的一只鞋子,随后又继续擦另一只鞋子。他不慌不忙,动作简洁利落,表现出一流的工作技巧。

皮鞋擦完之后，查姆斯先生给了那位小工友一毛钱，然后开始发表他的演说。

“我希望你们每个人，”他说，“好好看看这个黑人小工友。他拥有在我们的厂区及办公室内擦皮鞋的特权。他的前任是位白人小男孩，年纪比他大得多，尽管公司每周补贴他5元的薪水，而且工厂里有数千名员工，但他仍然无法从这个公司赚取足以维护他生活的费用。”

“这位黑人小男孩不仅可以赚到不错的收入，既不需要公司补贴薪水，每周还可以存下一点钱来，而他和他前任的工作环境完全相同，也在同一家工厂内，工作的对象也完全相同。我现在问你们一个问题：那个白人小男孩拉不到更多的生意，是谁的错？是他的错，还是他的顾客的错？”

那些推销员不约而同地大声回答说：“当然了，是那个白人小男孩的错。”“正是如此。”查姆斯回答说：“现在我要告诉你们，你们现在推销收银机和此前的情况完全相同：同样的地区、同样的对象，以及同样的商业条件。但是，你们的销售成绩却比不上一年前。这是谁的错？是你们的错，还是顾客的错？”同样传来了响亮的回答：“当然，是我们的错。”“我很高兴，你们能坦率承认你们的错。”查姆斯继续说，“我现在要告诉你们，你们的错误在于，你们听到了有关本公司财务发生困难的谣言，这影响了你们的工作热忱，因此，你们就不像以前那般努力了。只要你们回到自己的销售地区，并保证在以后30天内，每人卖出5台收银机，那么，本公司就不会再发生什么财务危机了，以后再卖出去的，都是净赚的。你们愿意这样做吗？”大家都说愿意。事后，大家果然都这样做了，并实现了预期的目标。

这件事情被记录在国家收银机公司的历史上，名称就叫“休斯·查姆斯的百万美元擦鞋”。休斯·查姆斯正是以他的激情和活力，焕发了销售人员的热情，使相同的人发挥了不同的能量。该事件扭转了销售量连续下滑的局面，使公司走出了困境。

总之，生活中的男人们，无论你现在从事的是什么职业，都不要忘记热爱你的职业，热爱你的生活，不要忘记，即使再平凡的生活，也可以用热情和活力点燃青春的梦想。

西点男人精神

一个男人,一旦有了热情,就能释放出潜在的巨大能量,就可以把枯燥乏味的工作变得生动有趣,就可以感染周围的亲友,就能拥有良好的人际关系,就能赢得珍贵的成长和发展的机会。

热忱是男人做事成功的第一要素

生活中,可能有些男人觉得自己的工作是烦琐的、枯燥的,而其实,一件工作有趣与否,取决于你的看法。对于工作,我们可以做好,也可以做坏;可以高高兴兴和骄傲地做,也可以愁眉苦脸和厌恶地做。如何去做,这完全在于你自己。所以只要你在工作,何不让自己充满活力与热情呢?无论你现在从事什么样的工作,你都应该学会热爱它。即使这份工作你不太喜欢,也要尽一切能力去转变,并凭借这种热爱去发掘内心蕴藏着的活力、热情和巨大的创造力。事实上,你对自己的工作越热爱,决心越大,工作效率就越高。

"热情大于本领。"热情就像火种,它能点燃人身上的潜能,让人所有的智能充分地发出光来。而相反,一旦失去激情,人便失去了斗志,那就不可能再取得任何的进步。爱默生说:"没有热情,任何伟大的业绩都不可能成功。"不少人失败的原因,不是没有能力,也不是没有机会,而是失去了热情。

可见,男人们,在追求成功的路上,无论遇到什么,都不要让你的热情冷却,只有用热情,才能不断燃烧你成功的梦想。很多西点军人都是依靠热忱取得成功的。

西点军校上尉艾赛巴克·尼尔曾说过:"我们从不把西点军校的生活看作乏味的事情,我们从军事训练中获得更多的意义。"西点学员从学习当中找到乐趣、尊严、成就感以及和谐的人际关系,这是他们作为一个合格军人所必须承担的责任。

西点军人依靠热忱取得成功，他们在工作岗位中也是如此。毕业于西点军校的著名棒球运动员杰克·沃特曼正是凭借热情，创造了一个又一个奇迹。

“退伍后，我加入了职业球队，但不久，遭到有生以来最大的打击，因为我被开除了。我的动作无力，因此球队的经理有意要我走人。他对我说：‘你这样慢吞吞的，哪像是在球场混了20多年。杰克，离开这里之后，无论你到哪里做任何事，若不提起精神来，你将永远不会有出路。’本来我的月薪是175美元，离开之后，我参加了亚特兰大球队，月薪减为25美元，薪水这么少，我做事当然没有热情，但我决心努力试一试。待了大约10天之后，一位名叫丁尼·密亭的老队员把我介绍到罗杰斯曼顿镇去。在罗杰斯曼顿镇的第一天，我的一生有了一个重大的转变。我想成为得克萨斯最具热情的球员，并且做到了。

我一上场，就好像全身带电一样。我强力地击出高球，使接球手的双手都麻木了。记得有一次，我以强烈的气势冲入三垒，那位三垒手吓呆了，球漏接了，我就击垒成功了。当时气温高达华氏100度，我在球场上奔来跑去，极有可能中暑而倒下去。

这种热情所带来的结果让我吃惊，我的球技出乎意料得好。同时，由于我的热情，其他的队员也都兴奋起来。另外，我没有中暑，在比赛中和比赛后，我感到自己从来没有如此健康过。第二天早晨我读报的时候异常兴奋。《德克萨斯时报》说：‘那位新加入的球员，无疑是一个霹雳球手，全队的其他人受到他的影响，都充满了活力，他们不但赢了，而且是本赛季最精彩的一场比赛。’由于对工作和事业的热情，我的月薪由25美元提高到185美元，在后来的2年里，我一直担任三垒手，薪水加到当初的30倍。为什么呢？就是因为一股热情，没有别的原因。”

“热情的态度是做任何事的必要条件。任何学员，只要具备了这个条件，都能获得成功。”西点军校赛尔西奥·齐曼将军道出了西点军校成功的奥秘。这也是杰克·沃特曼成功的秘诀。任何一个渴望成功的男人都要把这句话当成奋斗过程中的座右铭。因为热情能带动人不断奋斗的积极性，

而如果这种热情冷却了,那么,也就失去了奋斗的动力。哀莫大于心死,一个人,一旦放弃了奋斗的心,那么,他就只能注定失败。

正是因为如此,在西点,教官们尤其注重对不同资质的学员能力的发掘和引导。在西点的教官眼里,那些充满乐观精神、积极上进的学员,做什么事都干劲十足,神情专注,心情愉快,自己创造机会,把握机会,一心想把训练任务完成的更加完美。

教官运用一切方法来充分调动学员的积极性,也时时刻刻影响着周围的学员,让他们体会到热爱工作的意义和快乐。西点的教官可以说就是热爱工作这种教育的最好典范。西点的教官对自己的训练工作有着非常严格的要求,他们在训练新学员的过程中竭尽全力,以满腔热情、爱心和责任心对待每一位学员,学员也能从他那里得到教育,并且受益无穷。教官们好像要把温暖的阳光一丝不留地照射到每个学员的心中。

但实际上,生活中的你呢?很多时候,面对平凡的岗位和琐碎的工作,我们的态度往往是抱怨。男人们,你们何尝不是如此呢?哈佛大学商学院丹尼斯·辛莱克教授对 500 家公司做过一个调查,结果显示:有 80% 的员工视工作为苦役,而且迫不及待地想要摆脱工作的桎梏。在办公室、商店、工厂里,随处可见一些男人散漫、拖沓,似乎连走路都要费很大的劲,让人觉得,对他们来说生活是一个沉重的负担。他们厌恶自己的工作,希望一切都快些结束。他们根本就不清楚,为什么别人能充满热情,干劲十足,自己却总是觉得不管什么事情乏味无聊。

西点男人精神

詹姆斯巴里说:“快乐的秘密,不在于做你所爱的事,而在于爱你所做的事。”每个男人,当你被欲望控制时,你是渺小的;当你被热情激发时,你是伟大的。带着热情工作,才能帮你实现自我价值,实现卓越。

男人做事，不能三分钟热度

我们都知道，人的潜能是无限的，它是人的能力中未被开发的部分，它犹如一座待开发的金矿，蕴藏无穷，价值无比。一个人最大的成功，就是他的潜在能力得到最大程度的发挥。

相信任何一个男人都知道，开发自身潜能的方法之一就是挖掘他的激情，它是一种能量，一种督促并且帮助人们前进的助力。但要想攫取成功的果实，就不能三分钟热度，而应该坚持到底，成功也只会青睐于那些真正为目标奋斗到底的人。

为此，西点主张：为自己定下一个要赢取的目标，全力以赴投入到实现目标的行动中去，在没有成功之前绝不开始下一项任务。

然而，现今社会，我们发现，不少男人具有好高骛远、不脚踏实地的毛病。他们是思想上的巨人，行动上的矮子，信誓旦旦决定做一件事，但到实施的时候，却做不到一步一个脚印，每天朝目标迈一步，经常三分钟热度，做不到持之以恒。要知道，任何事情的成功都不是一蹴而就的，需要人们做出一点一滴的付出。小事成就大事，在每件小事上认真的人，做大事一定成绩卓越。

诺贝尔奖获得者巴斯德曾豪迈地宣称："告诉你达到目标的奥秘吧，我唯一的力量就是我的坚持精神。"需要持之以恒的原因就在于，世上凡是有价值的事情通常都是有一定难度的，不可能一蹴而就，因此只有持之以恒才能完成。

作为美国前职业棒球明星，威廉·怀拉在40岁时因体力不济而告别体坛另谋生路。他琢磨着，凭自己的知名度去保险公司应聘推销员不会有什么问题。可结果却出乎意料，人事部经理拒绝道："吃保险这碗饭必须笑容可掬，但您做不到，无法录用。"

面对冷遇，怀拉没有打退堂鼓，他决心像当年初涉棒球领域那样从头开

始学习“笑”。由于天天要在客厅里放开声音笑上几百次,邻居产生误解:失业对他刺激太大,他神经出了问题。为了不干扰邻居,他只好把自己关进卫生间里练习。

过了一个月,怀拉跑去见经理,当场展开笑脸,然而得到的却是冷冰冰的回答:“不行! 笑得不够灿烂。”

怀拉天生就是一个执着的人,他回到家里继续苦练起来。一次,他在路上遇见一个熟人,非常自然地笑着打招呼。对方惊叹道:“怀拉先生,一段时日不见,您的变化真大,和以前判若两人了!”

听完熟人的评论,怀拉充满信心地再次去拜见经理,笑得很开心。

“比以前好点了。”经理指出,“然而还不是真正发自内心的那一种。”

怀拉不气馁,再接再厉,最后终于如愿以偿,被保险公司录用。这位昔日棒球明星严肃冷漠的脸庞上,绽放出发自内心的婴儿般的笑容。那笑容是那样天真无邪,那样讨人喜欢,令顾客无法抗拒。就是靠这张并非天生而是苦练出来的笑脸,怀拉成了全美推销保险的高手,年收入突破百万美元。

威廉·怀拉发自内心地说:“人是可以自我完善的,关键在于你的热情。”

任何人都会有热情,不同的是,有的人只有30分钟的热情,有的人热情可以保持30天,而一个成功者却能让热情持续30年乃至终生。热情激发出我们的潜能,让我们发挥出无穷的活力,是热情让我们笑迎挫折,最终成功。

重复创造了成功,而重复是枯燥的,枯燥的事情是使人烦躁的。伟业的成就是建筑在枯燥的基础上。人在做一件事情的时候有一个临界点,在这个时期是感觉非常无聊的,很多人都在这个时候放弃了,这样的人不会成功。胜利只属于坚持走下去的人。

男人们,你是不是对每天两点一线的生活已经厌倦了? 你是不是希望能有一个成功的机会? 你是不是认为自己有三分钟热度的毛病? 那么,从现在起,对待生活和工作中的任何事,你都要做到坚持。你首先要做到的就是把自己手边的每一件具体事做好,做什么事情都要干劲十足,自己创造机会、把握机会。

那么，生活中的男人们，你们该如何保持不变的热情呢？

1. 做事理清目标

这里，你需要明确的是：我该准备些什么？我该怎么去完成？完成后我得到什么？当你理清这些思路并制订一个逐步实施的计划后，你会发现，你在保持做事热情上有较明显的提高。

2. 强化自己的动机感

你要确定自己做一件事的目的，也就是动机，从你的内心感觉到你所做的事情是很有意义的，对你和别人都是很有价值的。然后去不断地强化自己的感觉，让别人都感觉到你是很有热情的，逐渐愿意加强与你的接触，支持你所做的事情，很快你就会感觉到自己有一颗充满热情和热忱的心。

西点男人精神

成功是属于按自己的意志和步调，坚持走下去的男人的。因为这世界只为两种人开辟大路：一种是有坚定意志的人，另一种是不畏惧任何障碍的人。

《第 10 则》

力争第一：做男人争强好胜勇攀巅峰

在西点人的字典里，从没有“认输”这两个字，他们总是在不断奋进，挑战自我，力争第一。力争第一，是一种积极向上的心态，它为所有人创造了一种前进的动力。“逆水行舟，不进则退”，在 21 世纪，竞争没有疆界，任何一个男人都应该和西点人一样，有强烈的永争第一的精神，应开放思维，站在一个更高的起点，给自己设定一个更具挑战的标准，才会有准确的努力方向和广阔的前景。

男人要向第一冲刺,为理想插上翅膀

有人说,男人天生喜欢角逐,是为竞争而生的。的确,身为男人,就要有理想,就要有勇争第一的决心。力争第一,是一种积极向上的心态,它为所有人创造了一种前进的动力。在很多时候,成功的主要障碍,不是能力的大小,而是一个人的心态。现实生活中,为什么一些男人受人尊敬,一些男人却被人踩在脚下? 重要原因就是后者甘愿掉队,甘愿做“末等公民”,而不能根据自己的强项,去争做“一等公民”,这就注定了他们无法成大事。

西点人认为,只有竞争,只有夺得第一才能带来荣誉。在西点,每个人都注重胜利,并且在学员中间不断强化胜利意识。他们在认识到获得球赛的胜利和获得战争的胜利有许多相似之处时,就把体育运动广泛地引进学员生活之中。体育和战争的本质都是双方的对抗,最后决出胜负,而其关键就是“获胜”。

1961 年,西点军校橄榄球队在一系列比赛中连连败阵,军校当局撤掉了文斯·隆巴迪的教练之职,同时委任受人欢迎的波尔·迪茨尔任新教练。校长威斯特摩兰解释说:“委任迪茨尔担任西点军校橄榄球队的教练,是为了国家的利益,为了陆军的利益,为了西点军校的利益。经过我们大家的共同努力,总算找到了一位能‘取胜’的理想教练。”

西点人明白,胜利是最好的说明。胜利说明力量,说明人格,说明成就,说明一切。所以西点的教官十分注重向学员灌输胜利意识,让所有的学员明白只有胜利,只有竞争,只有夺得第一才能带来荣誉。

确实,对于任何一个渴望成功的男人来说,“力争第一”的态度能激发一

往无前的勇气和争创一流的精神，从而获得成功。力争第一，更是一种追求、一种信念、一种无畏、一种越过冷漠荒原后，看到生命绿洲的快乐。因为挑战，任何一条路都有可能；因为挑战，你的潜能会被无限的激发，你会惊喜地发现自己是如此优秀。

比尔·盖茨的格言是："我应为王。"即使是屈居第二，对他来说，也是不可忍受的。他曾经对他童年要好的朋友说："与其做一株绿洲中的小草，还不如做秃丘上的一棵橡树，因为小草任人践踏，而橡树昂首天穹。"

盖茨在小的时候，就有一种执着的性格和想成为人杰的强烈欲望。他的同学曾回忆说："任何事情，不管是演奏乐器还是写文章，除非不做，否则他都会倾其全力花上所有的时间来完成。"

他的进取精神在整个年级是赫赫有名的，几乎没有一个同学能比得过他。盖茨读四年级时，老师布置了一道作业，要学生写一篇四五页长的关于人体特殊作用的文章，结果，盖茨一口气写了30多页。又有一次，老师叫全班同学写一篇不超过20页的短故事，而盖茨却写了100多页。

他的同学回忆说："比尔不管做什么事情都要弄它个登峰造极，不到极致决不甘心。"

说到学习，早在盖茨中学时代，他的数学就是全校学得最好的。即使在哈佛这样天才荟萃的学府，比尔·盖茨的数学才能仍然很突出。按比尔·盖茨的天分，向数学方面发展，无疑可以成为一名优秀的数学家。但他发现还有几个同学在数学方面比他更胜一筹，于是，他放弃专攻数学的打算。因为他有一个信条：在一切事情上，不屈居第二。

盖茨之所以能成为软件霸主，聪明并不是第一位的，他不愿屈居第二的志气才是真正成功的动力。

生活中的男人们，也应以西点军人和盖茨为榜样，做到力争第一。当然，这四个字绝不能仅仅是一句口号，更要付诸行动。要知道，不想做得更好，就会做得更差。如果你是一个渴望得到重用的人，如果你希望让你的老板觉得你是不可取代的，一定要从内心决定做第一。这样在你的意识中你会有信心做到完美，你的个性也才会真正成熟起来。那些自甘沉沦，不追求

卓越,懒得提高自己能力的男人是不会有所进步的。而如果你的工作水平没有提高和进步,你就绝不会得到任何升职和奖励的机会。

任何一个成功的男人都有超出众人之外的、敢于力争第一的心态。在成功之前,他们懂得必须以高于普通人的眼光来看待自己,否则自己永远都是一个弱者。在他们身上所体现出来的这种“力争第一”的精神,是一个人不断进取的标志,它不允许人懈怠,它召唤每个人向更高层次的方向去努力、去进取。它告诉人们,如果你认为自己只具有鞋匠的天赋,你也应该争取做世界上首屈一指的制鞋大王。

不是第一就要努力成为第一,而即使你是第一,也永远可以做得更好。山外有山,天外有天。

西点男人精神

力争第一,如同成功道路上的一盏明灯,指引那些渴望成功的男人永远向着光明的前方奋进。

人生没有顶峰,男人要不断前行与超越

我们都知道,21 世纪是充满机遇和挑战的时代,任何一个希望获得成功的男人都不能故步自封。要知道,人生是没有顶峰的,即便现在你的已经有所成就,也不能停止前行的脚步。否则,你只能在给自己限定的舞台上越来越渺小。没有舞台的演员就像被缴械的军人,被剥夺了笔的画家,成功离他就越来越远。

西点著名的校训之一是:“满怀信心地去为实现自己的理想而努力。”西点教导每一个学员:你们很有可能成为自己所期望的样子。如果你们总是期望更高、更好、更神圣的东西,并为此付出艰苦的努力,你们就一定会达到自己的目标。

西点培养的人都具有一种强悍的英雄之气,他们相信:没有雄心的人不能成为英雄。西点军校有一条走廊,墙上全是像艾森豪威尔一样杰出将领的事迹和画像。他们的口号就是:和伟人同行,以此来激励学生的荣誉感和成功意识。在美国,从内战以来的主要将领,到历次对外战争的最高荣誉获得者,大部分都是西点军校的毕业生。

第二次世界大战名将巴顿因作风严厉、作战勇猛而被誉为“血胆将军”。但巴顿在校的学习成绩却不敢令人恭维,因为他是花了5年时间才从西点军校毕业,比同期学员多出了1年。

刚刚升入西点军校后,巴顿的文化课一直跟不上。第一学年结束时,巴顿的数学成绩全班倒数第一,法语成绩也很不理想。校方虽然对他的顽强意志和刻苦精神给予肯定,承认他军姿优美、勇敢刚毅,但还是决定让他留级。这是巴顿平生遇到的第一个大挫折。

抱着要成为一个伟大军人的坚定信念,巴顿没有打退堂鼓。相反,留级的打击反而刺激了他争强好胜的欲望。暑假期间,巴顿把时间全部花在温习功课上,并请了一位家庭教师为他辅导。他不断提醒自己“一定要始终不渝地竭尽全力”。因此,他最终的成绩并不比别人差,学到的知识也并不比别人少,他在西点学子中的地位也丝毫不比任何杰出者逊色。

生活中的每个男人,都应该认识到进取心和志向在人生中的重要性。如果你能做到不断挑战自己,那么,你是一个勇者。研究表明,芸芸众生中,真正的天才与白痴都是极少数的,绝大多数人的智力都相差不多。然而,这些人在走过漫长的人生之路后,有的功盖天下,有的却碌碌无为。本是智力相近的一群人,为何他们的成就却有天壤之别呢?答案就在于人们的志向大小的不同。

我们生活的时代,本来就是不断变化的,这对于那些只知道守着规则过活的人来说,到处都是难以跨越的鸿沟,处处都有无法突破的阻力。只有善于思考、巧于变通的人才是有创造能力的人,对于善于变通思考的人来说处处都充满了机会。

的确,未来社会,男人们,如果你不能积极进取,就将被社会淘汰,成为

落后者。如遍布地球的恐龙就是难以适应变化的庞然大物,最终灭迹于地球上。人也是一样,如果没有适应环境的本领,情绪将陷入迷茫,生活将会处在一种障碍重重的境界中。

在历届西点军校的课堂上,都会讲到这样一个案例:

有一位身材矮小、相貌平平的青年叫卡纳奇。有一天早晨,卡纳奇到达办公室的时候,发现一辆被毁的车身阻塞了铁路线,使得该区段的运输陷于混乱与瘫痪。而最糟糕的是,他的上司、该段段长司哥特又不在现场。

作为当时还是一个送信的仆役,卡纳奇面对这样分外的事情该怎么办呢?守职的办法是,或者立即想法去通知司哥特,让他来处理;或者坐在办公室里干自己分内的事。这是既能保全自己的工作,又不至于冒风险的做法。因为调动车辆的命令只有司哥特段长才能下达,他人干了,都有可能受处分或被革职。但此时货车已全部停滞,载客的特快列车也因此延误了正点开出的时间,乘客们十分焦急。

经过认真、反复思考后,卡纳奇将自己的工作与名声弃之一边,他破坏了铁路最严格的规则中的一条,果断地处理了调车领导的电报,并在电文下面签上司哥特的名字。当段长司哥特来到现场时,所有客货车辆均已疏通,所有的事情都有条不紊地进行着。他起先是一惊,结果他终于一句话也没有说。

事后,卡纳奇从旁人口中得知司哥特对于这一意外事件的处理感到非常满意,他由衷地感谢卡纳奇在关键时刻的果敢、正确行为。

这件事对貌不惊人,甚至有点丑陋的卡纳奇来说是一个关系终生的转折点。此后,他便被提升为段长。

可见,一个能灵活处世、善于变通的人,他们勇于向一切规则挑战,敢于突破常规,因而他们也往往可以赢得他人所无法得到的胜利。

男人们,很多时候,你真正需要唤醒的是你自己本身,你应当尽可能地挖掘自身的潜能,激发自己的雄心壮志。只有这样,你才能使自己的生活更精彩,使自己的生命更灿烂。真正的抱负就是植根于现实土壤的切实目标,就是在能力所及范围之内追求卓越。

西点男人精神

生命不息，奋斗不止，应该是每个男人生存的原则。要捕捉机遇，就要积极进取，时刻准备着。

男人要做最好的自己，做自己的第一

自古以来，人类社会都是在进步中不断更新换代的。在各种社会大潮的冲击下，每个希望获得进步的男人也应保持清醒的头脑。不要丧失自己做人的原则。在成就面前，不要利令智昏，让虚荣心钻了空子。你需要记住的是，天外有天，人外有人，你需要学习的还有很多。

的确，人都是有自满情绪的，尤其是当自己取得了一定的成绩后，心态便会变得不一样，说话、动作都会狂妄起来，并急于把自己的成绩告诉别人，生怕别人不知道，他满以为，这样，周围的人会对他刮目相看。而对于周围人的吹捧，他也很受用。但是，只要有这种感觉，人的意志会消沉，人的精神会沉浸于那种享受中，不会再努力去工作，而是刻意追求名利。如果工作再努力一些，也许会做得更好，但这时候的自己已很满足，“差不多就行了”的思想慢慢在内心占了主导地位，人生也可能就此到头了。

的确，一个人一旦满足于自己目前获得的成就，便失去了继续前进的动力，不再追求更高的目标。而在这个竞争日趋激烈的社会，不前进便意味着后退，就可能被无情地淘汰。一旦你停止前进，便会被别人所赶超。

在每个男人都曾向往的西点学校内，教官对学员的训练都是循序渐进的。在难度不断提高的训练科目中，学生的素质得到不断的提高。西点要求学员永远要向着更高的目标前进，永远都不要停止进取的脚步。

西点人挑战他人，挑战自我，永远希望做得更好，它的毕业生用自己的努力为西点创就了今日的辉煌。西点军校的学员，都有这样的思想：永远不

对自己的现状满意,永远向着更高的目标前进,你永远可以做得更好!

不是第一就要努力成为第一,而即使你是第一,也永远可以做得更好。在西点,没有常胜将军,哪怕你是第一,你也面临更多的挑战。这样的挑战来自于他人,同时也来自于自己。

事实上,那些追求成功的男人,会尽力寻求对自己现状不满足的地方,以发现自己的缺点,并加以改进。时时要求更好,时时努力超越自己,才能创造一个更美好的人生。不要竭尽全力去和你的同僚比拼,你应该在乎的是,你要比现在的你强。

1997 年,美国《家电》杂志公布全世界范围内增长速度最快的家电企业,海尔超过 GE、西门子等世界名牌名列榜首:1998 年 11 月 30 日,英国《金融时报》报道:在亚太地区声誉最佳的公司评比中海尔位居第 7,是唯一一家进入前 10 名的中国企业……

海尔所取得的这些令人瞩目的成就,跟海尔集团总裁张瑞敏的兢兢业业是分不开的,张瑞敏赢得了世人的无比尊敬。1997 年张瑞敏荣获《亚洲周刊》颁发的"1997 年度企业家成就奖";1999 年 12 月 7 日,英国《金融时报》公布"全球 30 位最受尊重的企业家"排名,张瑞敏荣居第 26 位,这是中国企业家在世界范围内获得的最高美誉;2002 年 9 月,张瑞敏荣获国际联合劝募协会设立的"全球杰出企业领袖奖",是国内唯一一位获此殊荣的企业家。2004 年 8 月美国《财富》杂志选出"亚洲 25 位最具影响力的商界领袖",张瑞敏排名第 6 位,是入选的中国大陆企业家中排名最靠前的。

虽然张端敏取得了许多可以让他自鸣得意的成就,但他却从不因此沾沾自喜。在取得了卓越业绩之后,张瑞敏竟然说:"如果有丝毫满足,有丝毫放慢更新观念的步伐,海尔品牌将会在一夜之间被淘汰出局。"

成功仅代表过去,如果一个人沉迷于以往成功的回忆里,那就永远不能进步。要想不断进步,就要拥有归零的心态。归零的心态就是谦虚的心态,就是重新开始。正如有人所说的,第一次成功相对比较容易,第二次却不容易了,原因是不能归零。只有把成功忘掉,心态归零,才能面对新的挑战。保持归零的心态,才能不断发展,创造新的辉煌。

进取心是人类聪明的源泉,它是威力最强大的引擎,是决定成就的标杆,是生命的活力之源。美国迪斯尼乐园的创始人沃尔特·迪斯尼说:做人如果不继续成长,就会开始走向死亡。齐白石到93岁才画了600幅画,歌德到80岁的时候才写出世界名著。的确,进取是没有止境的,一个男人,永远都不要满足于已经得到的,而需要不断地开拓新的领域。

在21世纪,竞争没有疆界,男人们,你应该开放思维,在成功的道路上要有永不满足的心态。一个阶段的成功要更好地推动下一个阶段的成功。每当实现了一个近期目标,绝不要自满,而应该挑战新的目标,争取新的成功。要把原来的成功当成是新的成功的起点,这样才会永远有新的目标,才能不断攀登新的高峰,才能享受到成功者无穷无尽的乐趣。

西点男人精神

进取心塑造了一个人的灵魂。每个人所能达到的人生高度,无不始于一种内心的状态。任何一个男人,不要满足于现在的自己,要力求更好,时时努力超越自己。希望和欲念是生命不竭的原因所在。记住无论在什么境况中,你都必须有继续向前行的信心和勇气,生命的生动在于永远不要放弃。

随时都有人在追赶,男人永不停歇

生活中,相信很多男人都听说过"与时俱进"这一词,也就是说,我们所生活的时代随时时刻都在变化,故步自封只能让我们落在人后。每个男人都要记住一点,要不断进取、发挥才能,否则将被淘汰。这也是每一位西点人都谨记的一句至理名言,它感染者每一个西点人为了自己的理想而不断奋进。

西点学员深知当今社会竞争的激烈,要想在竞争中胜出,必须让自己的

专业技能随时保持在巅峰的状态。为此,西点学员对自己的技能层次时时保持警觉,并且探寻能够让他的专业技能更上一层楼的机会,通过阅读、聆听、训练以吸取新的经验。不论是在军界生涯的哪个阶段,学员学习的脚步都不曾稍有停歇。

埃里克·霍弗将军深信:“没有哪个人可以永远独占鳌头,在瞬息万变的世界里头,唯有虚心学习的人才能够掌握未来。”

拿破仑·希尔也曾说,进取心是一种极为难得的美德,它能驱使一个人在不被吩咐应该去做什么事之前,就能主动地去做应该做的事。个人进取心是一种激励我们前进的、最有趣而又最神秘的力量,它存在于每个人的生命中,就像自我保护的本能一样。正是进取心这种永不停息的自我推动力,激励着人们向自己的目标前进。这种内在的推动力从不允许人们“休息”,它总是激励人们为了更好的明天而奋斗。

有位名不见经传的年轻人,第一次参加马拉松比赛就获得了冠军,而且还打破了世界纪录。

当他冲过终点时,记者蜂拥而上,不断地追问:“你怎么会取得这么好的成绩?”

年轻人气喘吁吁地回答:“因为我的身后有一匹狼。”

所有的人听后都惊恐地回头张望,但并没看到他身后有什么可怕的东西。

这时他继续说:“三年前,我在一座山林间训练长跑,每天凌晨教练喊我起床练习,但是我用尽全力,也总是没有进步。

“有一天清晨,在训练途中,我忽然听到身后传来狼的叫声,刚开始声音很遥远,可是没几秒钟就已经来到我的身后。当时我吓得不敢回头,只知道拼命奔跑逃命。于是,那天我的速度居然是最快的。”

年轻人顿了顿,又说:“回来后教练跟我说:‘原来不是你不行,而是你身后少了一匹狼!’我这才知道,原来根本没有狼,是教练伪装出来的。从那以后,只要训练时,我就想着自己身后有一匹狼正在追赶,包括今天的比赛,那匹狼仍然在追赶着我,我必须战胜它!”

生活中，每个男人都和这位年轻人一样，有着自己的人生目标。可是，你们的身后有“狼”吗？这只狼实际上就是那些追赶在你身后的人，一旦你停下脚步，你随时都有可能成为这只狼的猎物。

对于一个男人来说，如果在人生路上毫无压力、过于安逸，那么，你注定平淡、碌碌无为。如果你能在你追我赶的现代社会继续前进，那么，你势必会攀上人生的高峰。当然，要做到这点，你必须不断充实自己，其中唯一的方法就是学习。

时代正在急速发展，各种技术日新月异，已经对生活在这个时代的人提出了新的学习的要求，如果你没有竞争意识，不了解掌握新技术，那么你跟不上时代的发展是必然的。

哈佛大学的一位专家也指出：学校里学的东西是十分有限的，在工作中和生活中所需要的相当多的知识与技能，完全要靠我们在实践中边学边摸索。社会是更大的一本书，需要经常不断地去翻阅。须知，在现代社会中，不充电很快就会没电。在学习的过程中，最需要的就是干劲。

一个青年问苏格拉底：“怎样才能获得知识？”

苏格拉底将这个青年带到海里，海水淹没了年轻人，他奋力挣扎才将头探出水面。苏格拉底问：“你在水里最大的愿望是什么？”

“空气，当然是呼吸新鲜空气！”

“对！学习就得使上这股子劲儿。”

成功，取决于人的能力；而能力，则取决于人的学习——归根到底，成功取决于学习。不断地学习知识，正是成功的奥秘！

汉·刘向《说苑·建本》中，晋平公向师旷问道：“我年龄七十，想要学习，恐怕已经晚了。”

“怎么不点燃蜡烛呢？”师旷回答说：

“哪有做臣子的戏弄他的君王的呢？”晋平公说。

“盲臣怎么敢戏弄自己的君王呢？我听说这样的事，少年时喜欢学习，如同早晨的阳光；壮年时喜欢学习，如同中午的阳光；老年时喜欢学习，如同点燃蜡烛的光亮。点燃蜡烛之明和昏昧的行动相比较怎么样呢？”师旷说。

“(说得)好啊!”晋平公说。

人的一生都是宝贵的,都是学习知识、受教育的时间。可能有人认为,过了宝贵的青年时期,就失去了读书学习的时机,到了晚年就更不可能学习什么东西了。实际上,学习的时间要靠自己把握和积累,哪怕只是利用一些空闲的时间,哪怕你已经人到中年,你也一样可以弥补年轻时的遗憾,甚至获得意想不到的成就。只有不断更新自己的知识结构,才可能不断提升自己。

总之,任何一个男人,都要有不断进取的决心和不断学习的意识。你只有不断地学习,不断地进取,才能获得新知识,增长新才干,夺得新的成功。不断进取,永不满足,生存的过程就是一个不断自我超越的过程。

西点男人精神

在科学技术飞速发展的今天,信息更新周期已经缩短到不足五年,在每个男人的身边,都伴随着危机,只有如饥似渴地去学习、学习,再学习,才能使自己丰富和深刻起来,才能不断实现自我完善和超越,才能赢得灿烂的明天和成功的未来。

《第 11 则》

冒险拼搏:做男人抛开束缚放手一搏

新时代的任何一个男人，都是渴望成功的,渴望出人头地,闯出自己的一片天地,就像那些可以在任何领域都成为杰出者的西点人一样，但成功并不是空有满腔热血,那些成功的西点人,也无不是在冒险中求稳定、胆大而心细。为此,男人们,你要记住:对于梦想和信念，一定要乐观向上，坚信自己能成功,而对于现实行动,绝不能胆大妄为,在关键时候,即真正要干的时候要特别慎重，反复推敲，小心谨慎。也就是说,冒险也一定要理智。

挣脱束缚,男人要使自己的思维和行动澎湃起来

古今成大事者,最不缺乏的就是敢于挑战的勇气和勇于创新的精神。相对于女性的固守规则外,男人骨子里就有着不安分的因素。如果你是一个畏首畏尾的男人,那么,你将很难攫取到成功的机会。在很多行业,尤其是在网络软件、策划、咨询、证券、投资等知识密集型行业,“经验”已经不重要,重要的是“创新精神”。作为一个男性,要想取得事业的成功,在具有创新精神并敢于标新立异的同时,一定还要有勇气。具备勇气和创新理念,机会总是给敢于迎接的人。

勇敢的人到处有路可走。西点军校中,从来就没有弱者,勇气的培养被学校放到了重点培养的位置。西点对于那些敢于步出行列,主动承担任务的人赞赏有加。西点认为,培养刚毅无畏的性格,首先必须是一个开拓者和勇敢者,是一个敢于出头的人。一个总是缩头缩脑,不敢为天下先的人,不可能成为一名出色的领导。

事实上,即便是男人,他们的勇气也不是天生的。没有谁是一生下来就充满自信的,只有勇于尝试,才能锻炼出勇气。人的勇气和胆识是在屡败屡战中锻炼出来的,也是自己给自己灌输的。勇气使你拒绝害怕,继续向前走。在这个世界上,只要你勇敢地起步,就会发现许多门都是虚掩的。

可以说,真正成功的男人并不在于他取得了多大的成就,而是看他是否有屡败屡战、敢于坚持的勇气。成功者不比普通者更有运气,只是比普通者更能延续最后 5 分钟的勇气。意大利著名记者法拉齐说:“人只要有勇气,就没有办不成功的事。”任何一个男人,要想成功,就要做到敢于与命运抗

争，劲头十足，不断前进，直到取得令自己满意的结果。

卡洛斯·桑塔纳出生在墨西哥，17 岁随父母移居美国。卡洛斯自幼随父学艺，歌唱得很不错，曾经在班里的几次活动中展现过他的歌喉。有一次，学校要举办年级歌手大赛，通知说学生可以自由报名，但是卡洛斯没有勇气去报名，他怕报名处的老师们奚落他。有一次他走到了报名所在的办公室前，还是没有勇气去敲门。

当报名时间只剩下两天时，他的音乐老师克努森问他："卡洛斯，为什么你不去报名呢？难道你没有看到通知吗？要知道，报名后天就截止了。"

"呃，克努森先生，您知道，我的成绩很糟糕，所以……"

"我知道，我看过你来美国以后的成绩，除了'及格'就是'不及格'，真是太糟了。但是你的音乐成绩却很优秀，我看的出来你是个音乐天才。为什么不去报名，让别人看到你优秀的一面呢？"

克努森老师将双手放在卡洛斯的肩膀上："孩子，有一句话，你一定要记住：不管你做什么，都要拿出勇气来，幸运女神的门只为有勇气的人敞开着。"

老师的话给了卡洛斯极大的信心，他勇敢地走向那间办公室报了名，在比赛中用他那美妙的歌喉征服了全校的老师和同学，一举夺得年级第一名的好成绩。

由于这次夺魁，卡洛斯对自己信心倍增。在他以后从艺的道路上，无论遇到什么困难，他都毫不退缩，奋勇向前。付出终有收获，2000 年，52 岁的卡洛斯·桑塔纳成为了第 42 届格莱美颁奖舞台上最大的赢家，独揽了包括含金量最高的格莱美年度专集奖与年度歌曲奖。至此，他共获得了 8 次格莱美音乐大奖，是首位步入"拉丁音乐名人堂"的摇滚音乐家。

领奖台上，卡洛斯作了一次简短的演说，述说了他对音乐的热爱，并着重强调了一点："幸运女神之门只为有勇气的人敞开着，没有足够的勇气，我就不会站在这个舞台上！"

认准目标，勇往直前，是一切有识者的成功经验。敢是一种胜利，不敢就是一种失败。因为敢，你离成功很近；因为不敢，你在远离风险的同时，也

错过成功的机会,造成终生遗憾。想成为一个名副其实的赢家,你就应该大声地对懦弱和“不敢”说不。

每个人都在渴望着成功,然而成功并不是一条风和日丽的坦途,它需要你有一种披荆斩棘和承受厄运的勇气。勇敢的人面前才有路,是否敢于拿出一点点勇气,往往成为成功者与失败者的分水岭。很多时候,成功的门都是虚掩着的,勇敢地去叩开成功之门,才能探寻出个究竟来。那时,呈现在眼前的真的将是一片崭新的天地。

然而,不得不承认的是,作为一个平凡的人,男人们也都害怕失败,渴望成功。于是,人们在执行自己的目标与想法前,也可能会产生各种顾虑,都会迟疑不定。而实际上,正是因为迟疑,会导致你开始恐惧、左思右想,最终被恐惧扰乱心境而不敢执行。在任何一个领域里,不努力去行动的人,就不会获得成功。

总之,现代社会,不敢冒险就是最大的冒险。没有超人的胆识,就没有超凡的成就。生活中的男人们,你也需要勇敢地冒险,勇于尝试,这样,你就有了做第一个成功者的机会。胆量是使人从优秀到卓越的最关键的一步。你需要勇气,需要胆量,你不是弱者!

西点男人精神

男人就该是勇者,勇敢地去叩成功之门,眼前将是一片新天地。勇敢的人面前才有路,是否敢于拿出一点勇气,往往成为成功者与失败者的分水岭。

不敢冒险的男人终究不会获得大成就

生活中,相信每个男人都有自己的梦想,这些梦想或大或小,都起到支撑一个人的行动的作用。然而,真正能实现梦想的男人大概是少数,大部分

人还是庸庸碌碌一生。究其原因,是很大一部分人缺乏冒险精神。他们在行动前,就为自己想好了失败之后的退路,这样永远都不会有什么成功,只会与目标渐行渐远。所有的成功者都必定有着果断的执行力。可能一直以来,你认为自己是个勇敢的人,但一旦要到真正可以表现自己勇气的时候,却左右迟疑、不敢付诸实践。其实,这不是真的勇敢。因为勇敢不是停留在言语上,而是要放手去做的。

梦想有时只是个痛快的决定,只要想做,并坚信自己能成功,那么你就能做成。这正是行动的作用。世界著名博士贝尔曾经说过这么一段至理名言:“想着成功,看看成功,心中便有一股力量催促你迈向期望的目标,当水到渠成的时候,你就可以支配环境了”。

相信任何一个西点人都是男人们学习和敬仰的对象,你可能感慨于他们聪明的大脑,但却没有意识到他们都是无敌的英雄。他们的冒险精神是其他人所没有的。

的确,勇敢地尝试新事物,可以帮助你发现新的机会,使你迈进从未进入的领域。生命原本是充满机会的,千万别因放弃尝试而错过机会。

然而,在现实生活中,一些人常常就是因为左顾右盼而没有具体行动最终一事无成。我们先来看下面一个寓言故事:

一天,有人问一个农夫他是不是种了麦子。农夫回答:“没有,我担心天不下雨。”那个人又问:“那你种棉花了吗?”农夫说:“没有,我担心虫子吃了棉花。”于是那个人又问:“那你种了什么?”农夫说:“什么也没有种。我要确保安全。”

其实,生活中的男人们,你又何尝不是和农夫一样呢?事实证明,如果能够跨越传统思维障碍,掌握变通的艺术,就能应对各种变化,在变化中寻找到新机会,在变化中获取新利益。生活中的男人们,在你的生命中,有时候你需要做出困难的决定,开始一个更新的过程。只要你愿意放下旧的包袱,愿意学习新的技能,你就能发挥自己的潜能,创造新的未来。你需要的是自我改革的勇气与再生的决心。

一个人不愿改变自己,往往是舍不得放弃目前的安逸状况。洛克菲勒

曾经说过:“一旦避免失败变成你做事的动机,你就走上了怠惰无力的路。”世上没有任何事情比下决心、立即行动更为重要,更有效果。

因此,生活中的男人们,如果你想让自己更有勇气去执行,去追逐内心的梦想,那么,就别把胜败看得太重要,放下失败的顾虑吧。

洛克菲勒曾经给他的儿子小约翰写过一封信,为了使约翰摆脱失败的阴影,他阐述了自己关于失败的见解:

“机遇毕竟是机遇,不是所有人都能掌握,很多人因为抓住了机遇而发迹,我们看那些穷人,他们并不是不努力,他们是苦于没有机会。我们生活在弱肉强食的世界里,害怕风险,最终会被别人吞食,而你只有利用机遇,才能保证自己的生存与发展。

的确,人人都害怕失败,但人们看不到失败背后的价值,失败能使我们走上更高的地位。可以说,我拥有现在的财富和地位,是因为我敢于踩着失败前进。我能从失败中总结出经验和教训,用自己不曾想到的手段,去开创新事业。所以我想说,只要不变成习惯,失败是件好事。”

的确,洛克菲勒是个乐观的人,在他的一生中经历过无数次的失败,但他并没有因此畏首畏尾而不敢再尝试,冒险使得他敢于做他人不敢做之事,正因为如此,他才取得了常人不能取得的成功。

现代社会,没有超人的胆识,就没有超凡的成就。勇于尝试才有做第一个成功者的机会。胆量是使人从优秀到卓越的最关键的一步。任何一个男人,你都需要勇气,需要胆量,你也应该跨越传统思维的障碍,时时刻刻寻求新的变化,并敢于释放自己、改变自己。当然,要做到敢为人先,你还必须从现下的生活和学习中加以练习,为此。你需要做到以下几点:

1. 丰富自己的知识结构以开阔视野

在我们的日常生活和工作中,常常用视野比喻人的眼界开阔程度、眼光敏锐程度、观察与思考的深刻程度等。可以说,视野是不是开阔,是衡量人的综合素质的重要标尺。而视野开阔与否,取决于对知识掌握多少,取决于思想理论水平的高低。常言道,学然后知不足。勤于学习的人,越学越能发现自己的不足,于是想方设法充实自己、提高自己,学到更多的东西,视野会随之越来越开阔,跟上前进的步伐。

2. 打破现有的安逸假象

一个人不愿改变自己,往往是舍不得放弃目前的安逸状况。而当你发觉不改变是不行的时候,你已经失去了很多宝贵的机会。

3. 在心理上超越"不可能"的思想观念

任何人想要解决问题,必须在他的思想中超越问题。这样,问题就不会显得如此令人畏惧。而且他会产生更大的信心,深信自己有能力去解决它。

在你进行尝试时,难免会产生一种"不可能"的念头,比如,认为自己不能解决某道被人认为很有难度的数学题,但对此,你必须要从心理上超越它,只有这样,你才能站在高高的位置上,低头俯视你的问题。

西点男人精神

任何一个男人,若想成功,就要改变自己,你只有不断地剥落自己身上守旧的缺点,才能做到敢为人先,才能抓住第一个机会,才能实现自己的进步、完善、成长和成熟。

男人理性冒险,冒险不能傻冒

相信任何一个男人都知道,当今社会是充满风险和变数的社会,无论你选择做什么,都不会一帆风顺,都有艰险,但你若希望获得成功,就不能因为风险的存在而不去冒险,不去冒险是最大的危险。当然,在风险中求生存和发展,在风险中寻找机遇,还需要你多做准备,将危险系数降到最低,这才是一种理智的冒险,才更有把握冒险成功。

事实上,西点军校的每一个男人身上的勇气都不是盲目的,而是勇敢的。西点智能发展方针有三个目标,第一个是:"高水平的智能、精神承受力

和果断性,带有理性的勇气,正直、责任心和主动性。”

在军事教育发展方针中,西点也明确提出培养学员“理性的勇敢”。

勇敢的人到处有路可走。西点军校正是看到这点,所以把勇气的培养放在了关键的位置。当然西点所培养的并非是不顾一切、不计后果的莽夫,而是临危不惧、沉着冷静的勇者。

“理性的勇敢”不是那种路见不平、拔刀相助的勇敢,不是那种“有所不屑”就出手相搏的勇敢。或者说不是简单的血气之勇,不是三分钟热血的冲动。“理性的勇敢”更多地表现为临危不惧、冷静分析、坚持到底的原则。

麦克阿瑟就是西点人冷静、具有非凡勇气的代表,他即便在面临敌人的炮火时也毫不退缩,完美地体现了“假如你选择了军队,就不要害怕牺牲;假如你选择了风雨,就不要渴望风和日丽”的西点精神。

麦克阿瑟的司令部虽然设在隧道里,但他却把家仍安在地面上,经常冒着遭空袭的危险。每次空袭警报一响,妻子琼便带着小阿瑟奔向一英里远的隧道,而麦克阿瑟不是稳坐在家中,就是跑到外面去看个究竟。

有一次,他正在家中办公,日军飞机又来空袭,子弹穿过窗户打在麦克阿瑟身边的墙上。他的副官惊慌地冲了进来,发现他仍镇定自若地在工作,好像什么事也没发生一样。看到副官进来,他从办公桌上抬起头来问:“什么事?”副官惊魂未定地说:“谢天谢地,将军,我以为你已被打死了。”

麦克阿瑟回答说:“还没有,谢谢你进来。”

在另一次空袭中,麦克阿瑟从隧道里跑出来,毫不畏惧地站在露天下,观察日军飞机的空中编队,数着飞机的数量。他的值班中士摘下头上的钢盔给他戴上,这时一块弹片正好打在这位中士拿着钢盔的手上。奎松得知此事后,立即给麦克阿瑟写了一封信,提醒他要对两国政府、人民及军队负责,不要冒不必要的危险,以免遭到不幸。但麦克阿瑟把他的这种举动看作自己的职责,认为在这样的时刻,让士兵们看到他同他们在一起会高兴的。

无畏是灵魂的一种杰出力量,正是靠这种力量,英雄们在那些最突然和最可怕的事件中,也能以一种平静的态度把持自己,并继续自由地运用他们的理性。

任何一个男人，只有控制了怯懦，才会在生活中始终乐观而健康。你若失去了财产，你只失去了一丁点；你若失去了荣誉，你就丢掉了很多；你若失掉了勇敢，你就把一切都失掉了。“勇敢”是一个想获得成功的人必不可少的品质。要取得成就有很多必要条件，其中的一条非常重要，那就是：勇气。

稻盛和夫是日本京瓷公司的创始人，曾有记者问他：作为一个世界500强企业的缔造者，你被尊称为“经营之圣”，你认为企业经营成功的最大秘诀是什么？稻盛和夫的回答是：“成功的两大因素：缜密计划和前期准备。”

他在他的《活法》一书中写道：“在挑战无人尝试过的事情时，不可避免会遭到周围的反对和抗拒。但是，如果自己心中有‘我做得到’的坚定信念，能够描绘已经实现的景象，就应该大胆宣传这个设想。设想本身应该基于超大胆的‘乐观论’，打开想象的翅膀，并在周围聚集一些积极发表意见的乐观派人士。”

稻盛和夫是个爱思考的人，在他经营公司的过程中，每当他头脑里灵光闪现、出现了新的想法时，他都会召集干部们加以讨论。面对这样的讨论，不同的人给稻盛和夫的意见是不一样的。“那些从大学里出来的高材生们反应冷淡，多数时候甚至向我说明这个主意是多么脱离现实、多么欠斟酌。他们的话也有一番道理，分析也非常敏锐，列举的全是不可行的理由。因此，再好的主意在遭到泼冷水后就会凋谢，本来可以做成的事情也做不成了。”

在稻盛和夫的热情几次被浇灭后，他发现，应该彻底更换一下商量的对象，这些大学生们很聪明，但思维太悲观。因此，他决定倒不如和那些积极的人讨论，他们会告诉他：“这样很有趣，试试吧。”即使这些人在日常工作中挺马大哈的，但至少他们的意见是有鼓舞作用的。因为在一件事情的推敲设想阶段，很需要这种积极的乐观态度。

事实证明，稻盛和夫是个“兼听”的人，他认为，积极的态度有利于梦想的设立，但在设想向具体计划转移时，则应该以悲观理性的分析为主，必须想象所有可能存在的风险，慎重、小心、严密地推敲计划。当然，大胆和乐观在这一阶段始终是有效的。

在实现梦想的过程中，男人们，你不妨记住稻盛和夫的话：一旦到从计划转入落实的阶段，则再次基于乐观论，坚定不移地开始行动。也就是说，“乐观地设想，悲观地计划，愉快地执行”。这在成就某些事情、变愿望为现实上是非常必要的。

大场满郎是日本著名的冒险家，他是世界上第一个独自徒步横跨北极和南极的人。曾经，京瓷公司作为他的探险活动的赞助者，大场先生便当面向稻盛和夫致谢。

见面后，他们自然而然地就探险活动聊了起来。

刚开始，稻盛和夫便称赞大场先生这种挑战生命极限的勇气，但令稻盛和夫不解的是，不知道为什么大场先生似乎并不接受自己的恭维，反而面露难色，并立即给予否定。

“不是，我没有勇气，甚至还是一个胆小鬼。由于胆怯，我不得不小心谨慎地进行了准备。恐怕这是此次成功的主要原因。相反，如果冒险家只是一味地胆大，就会直接导致死亡。”

可以说，大场先生的这句话并不只是谦虚，而是向所有冒险的男人们表明一个道理，虽然万事事在人为，“无畏是灵魂的一种杰出力量”，但如果没有胆小、慎重、小心作后盾，所谓的勇气也不过是蛮勇。

也就是说，成功只光顾那些心思缜密、善于规划的人。冒险精神要求的首先是勇敢精神，但不是盲目冒险。

西点男人精神

机遇总是会留给那些有准备的人。男人的成功，不仅要有破釜沉舟的决心，还要有缜密的思维和计划。

蓄势待发，男人在冒险之前要做好积累工作

现代社会，人们对男人的最好评价就是临危不惧、处变不惊，的确，理智是一个男人不可缺少的气质。因为随着社会的发展，一个兼备冒险的心和理性的头脑的男人，才能真正迎接各种机遇和风险的挑战，才能有所成就。为此，男人们，在冒险之前，你最好先做好积累工作，凡事做好准备，才能蓄势待发。

相信每个男人都感叹于那些从西点毕业的学员们为什么都能建功立业、获得成就？事实上，在西点的历练正是他们一飞冲天的前奏。在西点，无论是身体素质还是头脑，甚至是心智，都得到了巨大程度的提升。对于普通的男人来说，做到敢于冒险已经实属不易，要做到拥有理性的头脑更是不简单，但西点人却做到了。

男人们崇拜的石油大王洛克菲勒也是个冒险家，但更是个实干家。洛克菲勒曾对自己的儿子说："任何事情你钻得深，就引人入胜，就越来越重要。"这句话的意思是，做任何一件事，只有做到深入钻研，坚持下去，才能取得傲人的成绩。

洛克菲勒曾经讲过一些自己和钢铁大王卡内基的故事，卡内基称洛克菲勒是个对钢铁行业一窍不通的人，是全美最失败的投资者，而在洛克菲勒看来，一个真正懂得投资的人，是不会在意价格而只会在乎价值的人。"在别人不把你高看为对手的时候，就是你为未来竞争赚得最大资本的时候。"洛克菲勒确实是个投资高手，很快，他控制了美国的铁矿，成为了全美最大的铁矿石生产商，一举取得了支配地位，此时的卡内基坐不住了，不得不低声下气地向洛克菲勒求和。

洛克菲勒说得对，在投资行业，价值重于价格，这就是他控制美国铁矿行业的秘诀。

生活中的男人们,现在的你,也许也像那些成功人士一样冒险去做一件事,但你手头的工作可能是简单的、烦琐的,你感受到了前所未有的压力,感受到自己的前途渺茫。但请你记住,只要你坚持下去,把自己的工作做精,你就能做出成绩来。而如果你一味地冒险,那么,你永远都不可能成为一个成功者。你又怎么可能抓住机遇,最终实现厚积薄发呢?

20 世纪 80 年代,美国有一家著名的机械制造公司叫维斯卡亚公司,这家公司生产的产品远销全世界,因此,它实力雄厚,并代表着当今重型机械制造业的最高水平。大公司门槛高这句话是有道理的,很多毕业生都到这家公司求职,但都被无情的拒绝,因为该公司的高级技术人员爆满,不再需要各种高技术人才。但丰厚的待遇和令人羡慕的社会地位还是让很多人削尖了脑袋前来求职。

这群求职者里有个叫史蒂芬的人,他是哈佛大学机械制造专业的高材生。和许多人的命运一样,他在该公司每年一次的用人测试会上被拒绝。史蒂芬并没有死心,他发誓一定要进入维斯卡亚重型机械制造公司。于是,他决定先“混”进去这家公司再说。他先找到公司人事部负责人,提出可以无偿为这家公司提供劳动力,只要能让他在这家公司,哪怕不计报酬,并能完成公司安排给他的任何工作。这位负责人起初觉得这简直不可思议,但考虑到不用任何花费,在利益的引诱下,这位负责人便答应了,并安排他去车间扫废铁屑。

这份工作是没有报酬的,斯蒂芬还得养活自己,于是,一年的时间,他白天在这家公司勤勤恳恳地工作,晚上还得去酒吧打工。

令斯蒂芬失望的是,虽然他得到了所有同事和负责人的认同和好感,但公司却并没有提及正式录用他的事。但机会很快来了。那是 20 世纪 90 年代初,公司的许多订单纷纷被退回,理由均是产品质量问题,为此公司蒙受了巨大的损失。公司董事会为了挽救颓势,紧急召开会议商议对策。当会议进行很长时间却未见眉目时,史蒂芬果断地闯入会议室,提出要见总经理。

在会上,史蒂芬慷慨陈词,对公司出现这一问题的原因作了令人信服的

解释，并且就工程技术上的问题提出了自己的看法，随后拿出了自己对产品的改造设计图。这个设计非常先进，恰到好处地保留了原来机械的优点，同时克服了已出现的弊病。总经理及董事会的董事见到这个编外清洁工如此精明在行，便询问了他的背景以及现状，而后，史蒂芬被聘为公司负责生产技术问题的副总经理。

原来，斯蒂芬这是退而求其次的一种办法，当他被拒绝后，他想方设法留在这家公司，是为了更彻底地了解这家公司。于是，他在做清扫工时，利用清扫工到处走动的特点，细心察看了整个公司各部门的生产情况，并一一做了详细记录，发现了所存在的技术性问题并想出了解决的办法。为此，他花了近一年的时间搞设计，获得了大量的统计数据，为会上的出色表现奠定了基础。

斯蒂芬为什么能一举成功，让公司高层领导对其能力加以肯定并由一名小小的清洁工成功晋升为负责技术问题的副总经理？原因很简单，他懂得厚积薄发，伺机而动，因为他做足了充分的准备工作，在该公司最需要自己的时候及时出现，以自己过硬的专业知识帮其解决了这项技术问题。我们设想一下，假如他空有为公司担当的勇气而没有一个完备的表现自己的计划，没有过硬的实力，那恐怕这种表现只会适得其反。

因此，任何一个男人，只要你能明白什么是真正的冒险，能看到冒险背后必须要做的工作，就能最终战胜风雨的洗礼，看到雨后绚丽多彩的彩虹。

当然，在你为腾飞积累实力的时候，你可能受到某些情绪的干扰，此时，你需要学会自制。你要知道，每个人都兼具理性与感性，对任何事都要用理智作衡量，大部分的行为要以理性为出发点。跟着感觉走，想做什么就做什么是人类向低等动物的退化。而用理性指导感情，该做什么就做什么，才能避害趋利，干出一番事业来。

西点男人精神

在某一行业或者某个领域内做精、学精，远比涉猎众多领域来得更有效用，厚积才能薄发。任何一个男人，在冒险前都要学会积淀自己，只有这样，你才有抓住机遇、一飞冲天的可能。

《第 12 则》

永不放弃：做男人懂得忍耐苦尽甘来

谁都不能否认一个事实，很多西点人都经历着种种苦难，遭受着种种挫折和打击，这的确是人生的不幸。可是，人们也惊奇地发现，无数杰出的西点人都是从苦难中走出来的，正是苦难成就了他们，苦难对于他们来说，是上天的一种恩赐。生活中的每一个男人都要记住，胜利是属于坚持到最后的人，拥有坚韧和耐心，坚定必胜的信念，勇敢地与困难拼搏，就一定能有所成就。

不善于忍耐的男人,等不到雨后的彩虹

在西点有一句名言:“有耐心的人无往而不胜。”哈佛人也曾说:“请享受无法回避的痛苦,比别人更早更勤奋地努力,才能尝到成功的滋味。”自古以来的许多卓有成就的人,大多是抱着不屈不挠的精神,忍耐枯燥与痛苦之后,从逆境中奋斗挣扎过来的。在人生的道路上,生活中的男人们,你也可能会遭受不同的挫折与困难。面对挫折,你有怎样的理解?有人说挫折是人生道路上的绊脚石,有人却说挫折是垫脚石,所谓“百糖尝尽方谈甜,百盐尝尽才懂咸”。与河流一样,人生也需要经历了洗练才会更美丽,经过了枯燥与痛苦之后,才能收获成功的果实。因此,我们可以说,忍耐枯燥与痛苦是成功的必经之路。人生不可能是一帆风顺的,总是会有这样或那样的挫折与困难,在这个过程中,就需要我们去忍耐这个战胜挫折过程中的枯燥与痛苦,甚至是失败。这一切都需要忍耐,如果没有坚强的意志力,就难以忍受,最后就不能获得成功。

可见,男人们,如果你想赢得成功,就不得不忍耐这路程中的枯燥与痛苦,失败与辛酸,在忍耐之后继续奋斗,这样你才有力气走到最后,才能走向通往成功的路途。

在西点,学员们都知道,耐心需要特别的勇气;对一个理想或目标全然地投入,而且要不屈不挠,坚持到底。就像白朗宁所说:“有勇气改变你能够改变的,愿意接受你无法改变的,并且明智地判断你是否有能力改变。”因此,追求人生目标的决心越坚定,你就越有耐心克服阻碍。

这里所谓耐心是动态而非静态的,是主动而不是被动的,是一种主导命

运的积极力量。这种力量在我们的内心源源不尽，但必须严密地控制和引导，以一种几乎是不可思议的执着，投入到既定的目标中，才具有人生价值。

戈瑟尔斯说："能否多坚持一分钟，是人才和平庸之徒的分水岭。"忍耐精神是意志坚强者的品质，忍耐不是软弱，而是另一种意义上的坚强。在两军的对阵中，勇者会胜利，但在两军的相持中，具有忍耐力的一方会获胜。

对成功人士来说，任何委屈都不足以让他心灰意冷，相反更加能鼓舞士气，激发起一定要做成大事的欲望。能忍耐的人，能够得到他所要的东西。忍耐即是成功之路，忍耐才能转败为胜。

在四年的南北战争中，林肯肩上所承受的压力是难以想象的。失败、灾难、朋友的背信、儿子的丧生、妻子的精神病……但他从没有动摇过，在竞选美国总统职务的所有人中，林肯招致的诽谤、侮辱和憎恨比任何人都要强烈，但他赢得了1860年的大选。

男人们，如果你也希望成为一个有所建树的人，那么，你就必须要做到忍耐。很多情况下，忍耐更是成大事不可或缺的修养。能忍得旁人所难以忍受的东西，才能使自己不断地积蓄力量，增强忍耐力和判断力，这样才能为将来事业的成功积累资本。忍耐的人暂时容忍，最后必然会得到公平的待遇。忍耐是一种理智，是一种涵养，更是一种美德。成功的人都是以极大的毅力和意志忍受着困苦，在艰辛中一步步地向前迈进。

西点人认为，忍耐是一种追求的策略，一个追求更大成功的人，不得不忍耐小的失败和牺牲。有志向、有抱负的人是不会因"小不忍"而乱"大谋"的。

的确，每个男人都希望自己能成功，学业、事业、养儿育女皆能有成。但是，成功并不是一蹴而就的。所谓"十年树木，百年树人"，你若经不起时间的磨练，经不起一点挫折，要有所成就是很难的。在成功的道路上，没有耐心去等待成功的到来，那么，只好用一生的耐心去面对失败。

西点男人精神

对所有的男人来说，耐心是一剂特效药，也是人在患难中最可靠的依托和最柔软的依靠。确信无法突破的时候，首先要选择的是忍耐。

男人告诉自己:再坚持一秒也许成功就来了

古人云:"有志者,事竟成,百二秦关终属楚;苦心人,天不负,三千越甲可吞吴。"这句话要告诉人们的是,只要你坚持到底,无论梦想多大,都有实现的可能。我们常常发现,一些男人在做事最初都能保持旺盛的斗志,然而,往往到最后那一刻,顽强者能咬紧牙关坚持到胜利;而懈怠者在这时放弃了希望,失去了自己应有的成功。

为此,任何一个男人,你都必须要懂得,任何一种策略,只有坚持才会有价值。也只有坚持到底的人,才能经受机遇的层层筛选,并最终获得它的垂青。

在西点军校 200 多年的辉煌历程中,培养了众多的美国军事人才,还有更多的人成为了美国的政治家、企业家、教育家和科学家。是什么使西点取得如此骄人的成绩?是什么使西点毕业生成为成功者的代名词?在众多的优秀品质中,坚持是西点教给学生的最重要的一课之一。

从西点毕业的成功人士,无不具备坚持不懈的品质。在军校里,严格的纪律是培养他们坚持不懈的意志的辅助力量。走出校门,军人的特质使他们在各自的行业里奋力拼搏,成为佼佼者。当困难来袭时,他们能够比普通人拥有更快的反应速度,拥有更强的忍耐力和坚毅力。从不放弃,坚持不懈,是使他们走向成功的保证。

从西点军校毕业的美国第 34 任总统艾森豪威尔认为:"在这个世界上,没有什么比坚持不懈、不断进取对成功的意义更大。"在西点军校中,学员们对于那些冲破困难和阻力、经受重大挫折和打击而坚持到底的人,其敬佩程度是远在生活的幸运儿之上的。

丘吉尔说过这样一句话:"成功的秘诀就是:坚持、坚持、再坚持!"世上所有的成功,都产生于再坚持一下的努力之中了!成功也许真的只是一种

“坚持”，当成功与失败的比例是三七开时，坚持的时间越长，成功的机会就越大。凡事坚持，不屈不挠，就有了赢的姿态。

被拒绝了1000次之后，还敢去敲1001次门的席维斯·史泰龙就是靠毅力走向成功的。他在未成名之时，身上只有100美元和一部根据自己悲惨童年生活写成的剧本《洛奇》。于是，他怀揣着梦想，挨家挨户拜访好莱坞所有的电影公司，但遗憾的是，没有一家公司愿意录用他。

当时好莱坞有500家电影制片公司，史泰龙就被拒绝了500次。面对500次的拒绝，他依然没有灰心，他坚信，胜利就在下一秒。

于是，他开始了第二轮的拜访，从第一家公司开始，但结果依旧如此。再一次的打击依然没有打倒史泰龙。他没有放弃希望，他把1000次的拒绝，当作绝佳的经验。接着他又鼓励自己从1001次开始，后来又经过多次上门求职，总共经历了1855次严酷的拒绝，终于有一家电影制片公司同意采用他的剧本，并聘请他担任剧本中的男主角。

史泰龙的成功，更加证实了坚持的道理。在机遇面前，行动固然重要，但坚持更为重要。

在追梦的过程中，男人们，你永远都不要放弃心中的希望，如果遇到困难，把困难当成人生的考验，不要在困难面前茫然退缩，更不要不知所措迷失自己，满怀希望地为着自己的梦想而努力，相信终有一天，你会走出低谷，走向光明。现实是美好的，但又是残酷的，关键在于面对困难时你是否具有韧性，能否坚持到底。

哈佛大学的教授曾经说过：“坚持是机遇的种子，年轻人在求学和创业的道路上，在经过各种权衡比较之后，你要充分调动起自身的能量，在一段时间内只集中力量做一件事。”其实，这个道理很简单，以挖井为例，找到了水源之后，就要奋力往深处挖，而如果打一枪换一炮，那么，最终你获得的不过是一个个的土坑而已。而在发掘中所消耗的时间精力，已经永远找不回来了。

的确，世间最容易的事就是坚持，最难的事也是坚持。成功在于坚持，这是一个并不神秘的秘诀。法国启蒙思想家布封曾说过：“天才就是长期的

坚持不懈。”的确,无论我们做什么事,要取得成功,坚持不懈的毅力和持之以恒的精神是必不可少的,它将是我们取得成功的法宝。歌德用激励的语言这样描述坚持的意义:“不苟且地坚持下去,严厉地鞭策自己继续下去,就是我们之中最微小的人这样去做,也很少不会达到目标。因为坚持的无声力量会随着时间而增长,到没有人能抗拒的程度。”

坚持不是原地踏步,它是在逆流中向前,是顶着压力向上,它是积极地争取,而不是无奈地等待……你也许正在黑暗的夜色中摸索,但紧接着到来的不就是光明的早晨吗? 坚持是一个过程,往往还是一个漫长的过程。只有保持一种坚韧不拔、百折不挠的执着和顽强,保持足够的耐心和毅力,才有可能走完这个过程。

几年以前一个世界探险队准备攀登马特峰的北峰,在此之前从来没有人到达过那里。记者对这些来自世界各地的探险者进行了采访。

一位记者问其中的一名探险者:“你打算登上马特峰的北峰吗?”他回答说:“我将尽力而为。”

记者问另一名探险者:“你打算登上马特峰的北峰吗?”这名探险者答道:“我会全力以赴。”

记者问了第三个探险者同样的问题。他说:“我将竭尽全力。”

最后,记者问一位美国青年:“你打算登上马特峰的北峰吗?”这个美国青年直视着记者说:“我将要登上马特峰的北峰。”

结果,只有一个人登上了北峰,就是那个说“我将要”的美国青年。他想象自己到达了北峰,结果他的确做到了。

信念上超前一些,行动就会领先一步,成功的几率也就越大一些。成功的秘诀就是,当你渴望成功的欲望就像你需要空气的愿望那样强烈的时候,你就会成功。

目标有时遥遥无期,总也望不到头。你也许正在艰难中坚持却疲倦不已,如果这时放弃,以前的努力都将白费,所花的心血都是徒劳;而只要再坚持一会儿,再加一把劲儿,眼前就有可能是别有洞天,豁然开朗。当你拨开迷雾重见阳光的一刹那,你会觉得所做的再苦再累都是值得的。

西点男人精神

男人要记住，当成功与失败的比例是三七开时，坚持的时间越长，成功的机会就越大。凡事坚持，不屈不挠，就有了赢的姿态。

做男人绝不放弃，成功需要饱经磨难的坚持

孟子说："天将降大任于斯人也，必先苦其心志，劳其筋骨，饿其体肤，空乏其身，行拂乱其所为，所以动心忍性，曾益其所不能。"真正能成大事的男人，必定是内心坚韧的人。一个男人只要有坚韧的品质，就能忍耐一切，那么，即便遇到痛苦和灾难，他们也不会熄灭内心的梦想之火，最终，他们会看到明日的成功。

同样，身为男人，如果你怀着消极的心态去生活，不仅对成功没有半点促进作用，而且还会阻碍自己前进的脚步。对此，那些成功的西点人曾说，做事切记要有长性，不懂得坚持，正是一些人一生平庸的根源。

人生旅途上沼泽遍布，荆棘丛生。也许会山重水复，也许会步履蹒跚，也许，我们需要在黑暗中摸索很长时间，才能找寻到光明……但这些都算不了什么。一个男人，只要你做到不放弃，知道自己要什么，该干什么，那么就应该勇敢地去敲那一扇扇机会之门。

被人们誉为"文学之父"的杰克·伦敦小学毕业后，就进了一家罐头厂当童工，每天在非人的条件下常常要工作十八九个小时，直到深夜才拖着疲劳不堪的身子回家。杰克·伦敦 17 岁时，受雇到一条小帆船上当水手，不久，他因为"无业游荡"被捕入狱当苦工。

出狱后，杰克·伦敦刻苦自学。20 岁时，他靠自修考上了加利福尼亚大学，可是，只读了一个学期，便因缴纳不起学费退学。失学后，他一面在洗衣店做工，一边开始业余写作，希望用稿费来弥补家用。

后来,杰克·伦敦又随众人到遥远的阿拉斯加去当淘金工人。他历经千辛万苦,由于缺乏营养,劳累过度患了坏血病,几乎使他下肢瘫痪。但是,苦难的刺激与磨练,使杰克·伦敦成为一个具有特殊气质的作家。成为职业作家后,他16年如一日,每天工作19个小时,一共写了50本书,其中仅长篇小说就有19部。他的作品充分表现人同困难的斗争,人处于各种逆境中的反抗,给20世纪初的文坛带来一股生机勃勃的力量。

一个小学毕业的残疾人最终成为人们敬仰的文学家,必定尝尽了种种困苦与折磨。而翻开中国历史,汉代司马迁身受腐刑志不移,直面残酷逆境写《史记》;越王勾践卧薪尝胆复国体。当然,男人们,你不会成为第二个司马迁和勾践,但这些人在强大的外在困难下,都能屹立不倒,并完成自己的梦想,这难道不是在向我们展示着一个事实吗:人生风雨路上,不仅有高山峻岭,有湍急河流滩涂,有三岔路口十字街,有荆棘坎坷沟壑万千,还有坦途,有金光大道。男人们,可能现在的你也在饱受逆境的折磨,但你不妨像西点人一样,并以前人为先驱,跨过困难后,你一定能在逆境中来个180度大转弯。

事实上,一些男人之所以不能迈出人生的关键一步,就是因为每当他感到压力的时候,就会一蹶不振,很难把失败的惩罚当做不断前进的新动力。任何要想成功的男人,首先要学会的就是坚忍不拔,要能够超越失败,成功才会与你越来越近。

1819年,在横跨得克萨斯州的火车上,一个瘦高个子、大约13岁的男孩正在卖报纸和雪茄烟。当旅客们谈论有关投资方面的事情时,这个年轻人总会全神贯注地听着。

这个卖报的孩子叫作威廉,他希望成为一个预测未来的交易商。过往的人纷纷嘲笑他:“噢,祝你好运,没有人能预测未来。”

为了这个梦想,长大后的威廉整天躲在狭小的地下室里,将数百万根的K线一根根地画到纸上,贴到墙上,接下来便对着这些K线静静地思索,有时他甚至能面对着一张K线图发几个小时的呆。

后来他干脆把美国证券市场有史以来的记录搜集到一起,在那些杂乱无章的数据中寻找着规律性的东西。由于没有客户，挣不到薪金，这个美国人许多时候不得不靠朋友的接济勉强度日。

这样的情况在他的世界延续了6年。这6年，威廉集中研究了美国证券市场的走势与古老数学、几何学和星象学的关系。

6年后，他发现了有关证券市场发展趋势的最重要的预测方法，他把这一方法命名为“控制时间因素”。他在金融投资生涯中赚取了5亿美元，成为华尔街上靠研究理论而白手起家的神话人物。

他叫威廉·江恩，是世界证券行业尽人皆知的最重要的“波浪理论”的创始人。

成功需要梦想，梦想需要坚持，这是一条最原始也最简单的真理。诺贝尔奖获得者巴斯德曾豪迈地宣称：“告诉你达到目标的奥秘吧，我唯一的力量就是我的坚持精神。”需要持之以恒的原因就在于，世上凡是有价值的事情通常都是有一定难度的，不可能一蹴而就，因此只有持之以恒才能完成。

总之，生活中的男人们，不管在怎样的条件下，你都不应放弃对成功的追求，很多时候，逆境看起来像是失败，其实却是一对看不见的智慧之手，强迫你改变方向，向着另一个更有利的方向前进。

西点男人精神

就如阳光总在风雨后一样，那些看清方向并一如既往坚持的男人，他们总能看到困难中的机遇，同时克服机遇中的困难，他们总是在坚持理想，脚踏实地，持之以恒，最终获得更快更好地提高自己的契机。

刚毅坚定，做男人就要自强不息

看古今成大事者，都有一个共同的特点，那就是自强不息，也就是拥有一颗刚毅的心。要知道，现今社会，无论是谁，若不能主宰自己，就永远是一

个奴隶。男人天性刚强,必定有自强不息的力量。精诚所至,金石为开。任何一件事的成功,要做到一帆风顺并不简单,而通常情况下,都充满着困难,只有刚毅、自强不息的人才能做到不畏困难,排除千难万险,并突破人生的困厄走向成功。

曾任西点军校校长的克里斯曼中将说:“信心和毅力,比西点军校的毕业证书更重要。”

有句话说得好,“命运掌握在自己手里”。男人们,如果一味地将自己的命运交由别人主宰,在逃避掉所有的责任与打击的同时,你还将失去作为一个人的自信,以及依靠自己努力获得成功之后的幸福感和成就感。

经历苦难是一种痛苦,因为苦难常常会使人走投无路,寸步难行,苦难常常会使人失去生活的乐趣甚至生存的希望。但有过苦难体验的人,都不会忘记在生活泥潭里奋力挣扎的情景。当你战胜苦难之后,这由苦难带来的痛苦往往也会变为千金难买的人生财富。

日本“经营之神”松下幸之助,小时候在乡下看见农民洗甘薯,不仅觉得很好玩,而且还悟出了一番做人的道理。在乡下,农民用木制的特大号水桶,装满了要洗的甘薯,然后用一根扁平的大木棍不停地搅拌。在木桶里,大小不一的甘薯,随着木棍的搅动,忽沉忽现。有趣的是,浮在上面的甘薯不会永远在上面;沉在下面的甘薯,也不会永远在下面。甘薯总是浮浮沉沉,互有轮替。

洗甘薯是这样,生活何尝不是这样!松下深有体会地说:“这种沉沉浮浮、互有轮替的景象,正是人生的写照。每一个人的一生,不会永远春风得意,也不会永远穷困潦倒。这样持续不停地一浮一沉,就是对每个人最好的磨练。”

松下在商界声名显赫,业绩辉煌,可是他的一生并不幸福:11 岁辍学;13 岁丧父;17 岁差一点淹死;20 岁不但丧母,而且得肺病几乎亡故;34 岁,唯一的儿子出生仅 6 个月就病故;他一生受病魔纠缠,常常因病而卧床。这就是松下幸之助的一生。然而,每当他遭受打击与挫折时,就会想起乡下人洗甘薯的那一幕,于是,他百折不挠,愈挫愈勇,转败为胜,化危为安。

在人生道路上，困难和挫折是难免的，人生起起落落也无法预料，但是当你遇到逆境时，千万不要忧郁沮丧。无论发生什么事情，无论你有多么痛苦，都不要整天沉溺于其中无法自拔，不要让痛苦占据你的心灵。逆境来临时，你要有勇气直面它、打倒它，以顽强的意志战胜它。

德国诗人歌德在他的不朽名著《浮士德》中说："凡是自强不息者，终能得救！"对于自强不息、奋发向上者来说，任何困难不是障碍，只要信心不垮，仍能做出令自己吃惊的成绩。

西点学子非常敬仰的美国总统罗斯福曾是一个有缺陷的人。小时候，在上学的时候，一到课堂上，他就显得很恐慌，他呼吸就好像喘大气一样。而如果被喊起来背诵，他这种恐惧就更为明显，并立即会双腿发抖，嘴唇也颤动不已，回答问题时，吞吞吐吐，含糊不清。然而，这些缺陷并没有磨灭罗斯福奋斗的心，相反，正是因为这些不足的存在，他在学习上比别人付出更多的努力。他也没有因为同伴对他的嘲笑而减低勇气。他用坚强的意志，咬紧自己的牙床使嘴唇不颤动而克服他的惧怕。凡是他能克服的缺点他便克服，不能克服的他便加以利用。

由于罗斯福没有在缺陷面前退缩和消沉，而是在顽强之中抗争，不因缺陷而气馁，甚至将它变为资本加以利用，在晚年，已经很少有人知道他曾有严重的缺陷。

的确，我们才是自己的救世主。在缺陷和困难面前，只有做到不退缩、勇敢向前，才能冲破困境，迎来胜利。所以，男人们，不要认为你的梦想实现不了，除非你放弃了一颗刚毅的心。

总之，男人们，你应该能正视人生中的种种境况，对于困境和挫折，你需要抱着这样的心态度过：

1. 困难是磨砺人的意志，使你的心愈发坚强的一笔宝贵的财富

经历苦难是一种痛苦，因为苦难常常会使人走投无路，寸步难行，苦难常常会使人失去生活的乐趣甚至生存的希望。但有过苦难体验的人，都不会忘记在生活泥潭里奋力挣扎的情景。当你战胜苦难之后，这些由苦难带来的痛苦往往也会变为千金难买的人生财富。

2. 胜利只属于坚持到最后的人

拥有坚韧和耐心,坚定必胜的信念,勇敢地与困难拼搏,就一定能有所成就。胜利只属于坚持到最后的人。成功的人之所以能够成功,是由于他们坚忍不拔的毅力,更重要的是能够把失败化作无形的动力,从而最终反败为胜。

西点男人精神

强者是因为他敢于接受任何挑战,自强不息,正是这种自我肯定给他带来了源源不断的动力,让他最终实现自己的价值。任何一个男人,即使身处逆境,只要你敢于挑战生活,勇于突出界限,那么逆境就会变成推动你前进的动力。

《第13则》

管理自身:做男人自我反省懂得自制

1915年西点军校毕业生、美国陆军五星上将欧玛·纳尔逊·布莱德雷说过:“一个能自制的思想,是自由的思想,自由便是力量!有时,为了获得真正的自由,必须暂时尽力约束自己。”在西点,学员们遵守的是铁的纪律,每个学员都有极强的自制力,这也是他们日后成功的原因。的确,任何一个男人,只有做到自制,自我反省,才能成为一个人格完善的人。当然,自制的养成是一个长期的过程,不是一朝一夕的事情。因此,要自律首先就得勇敢面对来自各方面的一次次对自我的挑战,不要轻易地放纵自己,哪怕它只是一件微不足道的事情。

男人要成功,就要做自己行为的主人

相信任何一个男人都不能否定的一点是,要成功,就要有很强的自律能力。有一项调查结果显示:很多犯人之所以会身陷囹圄,大部分的原因是因为他们缺乏最基本的自制力。

很多时候,一个人是否有自控心理,是否有自控力,它的意义就好像汽车的方向盘对于汽车一样。不难想象的是,一个汽车,如果没有方向盘的话,它就不能在正确的轨道上运行,最终也只能走向车毁人亡。而一个自控心理强的人,就像一个有着良好制动系统的汽车一样,能够在很大程度上随心所欲,到达自己想要去的任何地方。因此,我们可以说,美好人生,就是自控心理开始的。

金无足赤,人无完人,人最大的敌人是自己。一个男人,只有战胜自我,才是真正的强者。

华盛顿是西点学子乃至所有美国人最崇敬的伟人之一。他在历练自己性格方面的事迹尤其给西点人留下了深刻的印象。年轻时的所有不幸遭遇,造就了华盛顿后来的众所周知的坚忍不拔的性格,他学会了要成功地对付环境的唯一办法,就是要严格地控制自己容易激动的性格。

华盛顿甚至在还是小学生时,就开始了他毕生的不断约束自己的努力,他辛勤地抄写了 一百多条“怎样成为一名绅士”的准则,其中包括不要在饭桌上剔牙,以及同别人谈话时不要离得太近以免“唾沫星子溅在人家脸上”等诫言。

男人是向往自由的动物,但自由与自制从不矛盾。西点军校毕业生、美

国陆军五星上将纳尔逊·布莱德雷说:"一个能自制的思想,是自由的思想,自由便是力量!有时,为了获得真正的自由,必须暂时尽力约束自己。"自制是指引你行动方向的平衡轮,它能帮助你的行动,而不会破坏你的行动。无法自我控制,这是一般男人的通病,也是成功的死敌。

比尔·盖茨只是哈佛大学的一个二年级的肄业生,他不仅没有计算机的博士学位,甚至连本科文凭也没有获得。但是,他却成了"计算机革命的点火人,软件的天才"!他是第一个靠观念、智慧、思维致富的人。比尔·盖茨的成功与他超强的自律能力是分不开的。正如他本人所说:"我个人以为,既然想要做出一番事业,我们就不能太善待自己,只有自律的人,才能够最后取得事业的成功。"他几乎所有的时间都花在工作和学习上,从不轻易放松自己。在中学的时候,他就靠自学、靠自己的钻研,掌握了高深的计算机技术。

其实,在通往微软帝国辉煌的道路上,盖茨经历过无数次极端痛苦和无奈的选择,每当他的价值观与事实发生冲突的时候,他的自律精神就会立即发挥作用,帮助他维护好自己的事业。

比尔·盖茨的成功证明了自律所具有的强大力量。没有任何人可以在缺少它的情况下获得并维持住成功。甚至可以这么说,无论一个人有多么过人的天赋,如果他不运用自律,就绝不可能把自己的潜能发挥到极致。自律能促使人步步攀向高峰,也是领导者的领导能力得以卓有成效地维持的关键所在。

在男人追逐成功的路上,最大的敌人其实并不是缺少机会,或是资历浅薄;成功的最大敌人是缺乏对自己情绪的控制。愤怒时,不能遏制怒火,使周围的合作者望而却步;消沉时,放纵自己的萎靡,把许多稍纵即逝的机会白白浪费。

由此,我们可以看到,一个男人要想成功,跟他能不能自控有着非常紧密的联系。我们可以看到的是:古往今来,凡是成功人士,他们往往具有一个共性特质:善于自律,以达到某种目标。如儿童时期的德国音乐家巴赫多次徒步行走90多里路,就是为了去汉堡听一位管风琴大师的演奏,这么长时

间的坚持,除了他对音乐的热爱以外,便是他的自控力支撑着他;越王勾践卧薪尝胆的故事相信大家都听过,他能够一雪前耻灭掉吴国,除了他心中强烈的复仇意愿之外,还有他令人钦佩的自控力。

我们听过这样一句话"上帝要毁灭一个人,必先使他疯狂。"这句话的意思是,一个人,一旦失去自制力后,那么,他距离灭亡也不远了。的确,一个人连自己的行为也不能控制,又怎么能做到以强烈的力量去影响他人,获得成功呢?

保罗·盖蒂是美国的石油大亨,但谁也没想到的是,他曾经是个大烟鬼,烟抽得很凶。

曾经有一次,他在一个小城市的小旅馆过夜,半夜的时候,他的烟瘾犯了,就想找一根烟抽,但他摸了摸上衣的口袋,发现是空的。他站起来,开始在包里、外套口袋里等地方寻找,可是都没有。于是,他穿上衣服,想去外面的商店、酒吧等地方买。没有烟的滋味很难受,越是得不到,就是越想要,他当时就是很想抽烟。

就在盖蒂穿好了出门的衣服,在伸手去拿雨衣的时候,他突然停住了。他问自己:我这是在干什么?

盖蒂站在门口想,一个应该算的上相当成功的商人,竟然在半夜要冒雨、走几条街去买一盒烟?没多会儿,盖蒂下定了决心,把那个空烟盒揉成一团扔进了纸篓,脱下衣服换上睡衣回到了床上,带着一种解脱甚至是胜利的感觉,几分钟就进入了梦乡。

从此以后,保罗·盖蒂再也没有拿过香烟,当然他的事业越做越大,成为世界顶尖富豪之一。

这里,我们看到了一个真正的强者,他懂得约束自己的行为,懂得为自己的所作所为负责。这样的人必当能在人生道路上把握好自己的命运,不会为得失越轨翻车。

总之,每一个男人,都应该认识到自控心理对于人生发展的重要性。只有坚决地约束自己、战胜自己,最终才能战胜困难,取得成功。

西点男人精神

唯有自制的男人，才能抵制诱惑，有效地控制自身，把握好自我发展的主动权，驾驭自我。失去控制的人生最终会使你失败。

男人能驾驭自己的情绪，才能驾驭自己

我们都知道，人都是情绪化的动物，都容易被周围的人和事所影响。但如果你是一个有梦想的男人，如果你想掌控自己的人生，就要学会克制自己的情绪。

西点军校希望自己的学员都成为一个既随和又文雅高尚的人。这不是要求他们没有个性，没有自己的爱憎，不讲原则，而是希望他们能够控制自己的情绪，更加冷静、艺术、得体地处理生活中的各种矛盾。

在西点军校的自制力训练课程的安排中，美国著名的培训家拿破仑·希尔曾讲述了在芝加哥的一个大百货公司里亲眼看到的一件事：这家公司专门开出了一个柜台受理顾客们的投诉，很多的人排着长队，争着向柜台后的那位小姐诉说自己受到的不公平待遇，以及公司让人不满的地方。这些人中，有的人说话很不讲理，甚至说了一些很难听的话，但是柜台后的这位小姐一直微笑着接待这些愤怒的顾客，一点都没有不耐烦的表现。她始终面带微笑，指示顾客们前往什么部门，她一直那么镇定而优雅，这让拿破仑·希尔感到很惊讶。

后来拿破仑知道，这位一直微笑着的小姐是个聋子。

每当遇到别人用自己难以接受的言辞批评自己时，拿破仑·希尔立刻就会遮住自己的耳朵，以免听了之后徒增烦恼。从那个时候起，拿破仑·希尔结交了更多的朋友而减少了很多的敌人。这成为拿破仑·希尔一生中一个非常重要的转折点，他说："我知道，一个人只有先具备了自控能力，才能

去控制别人。”

石油大王洛克菲勒也曾有一件很有趣的轶事:

有一位不速之客突然闯入他的办公室,直奔他的写字台,并以拳头猛击台面,大发雷霆:“洛克菲勒,我恨你!我有绝对的理由恨你!”接着那人恣意谩骂他达 10 分钟之久。办公室所有职员都感到无比气愤,以为洛克菲勒一定会拾起墨水瓶向他掷去,或是吩咐保安员将他赶出去。然而,出乎意料的是,洛克菲勒并没有这样做。他停下手中的活,用和善的神气注视着这一位攻击者,那人越暴躁,他便显得越和善!

那无理之徒被弄得莫名其妙,他渐渐的平息下来。因为一个人发怒时,遭不到反击,他是坚持不了多久的。于是,他咽了一口气。他是做好了来此与洛克菲勒作斗争的,并想好了洛克菲勒将要怎样回击他,他再用想好的话语去反驳。但是,洛克菲勒就是不开口,所以他不知如何是好了。

末了,他又在洛克菲勒的桌子上敲了几下,仍然得不到回应,只得索然无味地离去。洛克菲勒呢?他就像根本没发生过任何事一样,重新拿起笔,继续他的工作。

不理睬他人对自己的无礼攻击,便是给他最严厉的迎头痛击!成功者每战必胜的原因,就是当对手急不可耐时,他们依然故我,显得相当冷静与沉着。

俗话说:态度决定一切。这就是说,一个人的情绪糟糕,往往会把一切事情都办糟糕。即使遇到了好事和良机,也会因为不良的情绪,使自己产生出无形的压力,使自己的能力无法充分发挥,错过这些机遇。

1956 年,纽约举行一场台球世界冠军争夺赛。这场争夺赛是在两位台球界的奇才福克斯和迪瑞之间进行的,奖金 4 万美元。

福克斯得分已遥遥领先,他只要再得几分,这场比赛就将宣告结束。这时赛厅里的气氛十分紧张,突然,在那死一般沉寂的赛厅里出现了一只苍蝇,嗡嗡作响,它绕着球台盘旋了一会儿,然后叮在了主球上。福克斯微微一笑,轻轻地一挥手,“嘘”一声赶走了苍蝇。他又盯着台球,准备击球,可是这只苍蝇第二次来到台盘上方盘旋,而后又落在了主球上。于是观众中发出一阵紧张的笑声。福克斯又轻嘘一声将苍蝇赶走了,他的情绪并没有因为这种干扰而波动。但是这只苍蝇第三次又回到了台盘上。这次沉寂被打破,观众中发出一阵狂笑。原先冷静的福克斯这次再也不冷静了,他愤怒至极,情绪开始失控。他用球杆去赶那苍蝇,想把它赶走。不料,球杆擦着了主球,主球滚动了1英寸。苍蝇是不见了,可是由于福克斯触击了主球,他就失去了继续击球的机会。迪瑞充分地利用这一幸运的机会,连续击球直到比赛结束。迪瑞夺得了台球世界冠军,并拿走了4万美元的奖金。

那天夜里,福克斯离开赛厅时,宛若在奇怪的梦幻中游走。第二天早上,一艘警艇在河上发现了他的尸体——他自杀了。

当然,大多数人的愤怒可能产生不了这样严重的后果。但如果这样的事一而再、再而三地重复发生,你将会到处树敌,为你的事业自设重重障碍。

总之,任何一个男人都应该明白一个道理:失去控制的人生最终会使你失败。自我情绪的管理是自制的重要方面,唯有自制,才能有效地控制自身,把握好自我发展的主动权,驾驭自我。一个人除非能够控制自我,否则他将无法成功。

西点男人精神

男人能驾驭自己的情绪,才能真正驾驭自己。为了赢得胜利,你应该提高自己的克制能力,学会控制自己的情绪,平衡自己的心态,这样,对身体健康和事业发展都有着莫大的帮助。

百分之百勤奋,男人要战胜享乐之心和怠惰

现代社会,知识改变命运这个道理早已毋庸置疑。时代正在急速发展,各种技术日新月异,已经对生活在这个时代的人提出了新的学习的要求,但无论何时,勤奋永远是任何一个男人应该摆在第一位的学习态度。如果你

没有时刻学习的意识,不通过学习了解掌握新技术,那么你跟不上时代的发展是必然的。即使你学生时代并不显眼,但步入社会后仍然勤勉踏实地自觉学习的话,往往都会有长足的进步。因为学校里学的东西是十分有限的,在工作中和生活中所需要的相当多的知识与技能,完全要靠你在实践中边学边摸索。男人们敬仰的每个成功的西点人都是勤奋的榜样。

西点作为一个培养成功者的学校,深知对真理的执着是建立在对知识和科学的渴求基础上的。西点人认为,懒惰是最大的罪恶,上帝永远保佑那些起得最早的人。在西点,每个学员都利用有限的时间学习最多的东西。没有人闲散偷懒,甚至没有人会容忍偷懒的行为。在这里,勤勉已经变成了一种自觉的行为。

西点校友多克·赖德曾说:"追求享乐和怠惰谁都会,能够战胜它们的人才堪称强者。"说一尺不如行一寸。只有行动才能缩短自己与目标之间的距离,只有行动才能把理想变为现实。行动是治愈恐惧的良药,而犹豫、拖延将不断滋养恐惧。成功的人都把少说话、多做事奉为行动的准则,通过脚踏实地的行动,达成内心的愿望。

从古至今,我们发现,任何一个能做到 99% 勤奋的人都能最终取得成功。李嘉诚就是最好的例子。

有位记者曾问亚洲首富李嘉诚:"李先生,您成功靠什么?"李嘉诚毫不犹豫地回答:"靠学习,不断地学习。"不断地学习知识,是李嘉诚成功的奥秘!

李嘉诚勤于自学,在任何情况下都不忘记读书。青年时打工期间,他坚持"抢学",创业期间坚持"抢学",经营自己的"商业王国"期间,仍孜孜不倦地学习。李嘉诚一天工作十多个小时,仍然坚持学英语。早在办塑料厂时就专门聘请一位私人教师每天早晨 7 点 30 分上课,上完课再去上班,天天如此。当年,懂英文的华人在香港社会是"稀有动物"。懂得英文,使李嘉诚可以直接飞往英美,参加各种展销会,谈生意可直接与外籍投资顾问、银行的高层打交道。如今,李嘉诚已年逾古稀,仍爱书如命,坚持不断地读书学习。

一个人不可能随随便便成功,李嘉诚向每个渴望成功的男人展示了这

个道理。可能每个男人都惊羡李嘉诚式的成功,但却做不到李嘉诚式的努力与勤奋。那么,你不妨问问自己:我做到99%的勤奋了吗?如果你的回答是否定的,那么,你就知道症结所在了。

也许,有的男人会说,我不够聪明。而实际上,即使智慧,也源于勤奋。没有人能只依靠天分成功。自身的缺点并不可怕,可怕的是缺少勤奋的精神。勤奋面前,再艰巨的任务都可以完成,再坚定的山也都会被“移走”。滴水能把石穿透,万事功到自然成。唯有勤劳才是永不枯竭的财源。

西点第一任校长著名政治家、科学家乔纳森·威廉斯说:“不管你有多么伟大,你依然需要提升自己,如果你停滞在现有的水平上,事实上你是在倒退。”

作为西点学子榜样之一的美国前总统威尔逊,出生在一个贫苦的家庭,当他还在摇篮里咿呀学语的时候,贫穷就已经向他露出了狰狞的面孔。威尔逊10岁的时候就离开了家,在外面当了11年的学徒工,每年只能接受一个月的学校教育。

在经过11年的艰辛工作之后,他已经设法读了1000本好书——这对一个农场里的孩子,是多么艰巨的任务啊!在离开农场之后,他徒步到100英里之外的马萨诸塞州的内蒂克去学习皮匠手艺。

在他度过了21岁生日后的第一个月,就带着一队人马进入了人迹罕至的大森林,在那里采伐圆木。威尔逊每天都是在天际的第一抹曙光出现之前起床,然后就一直辛勤地工作到星星出来为止。在一个月夜以继日的辛劳努力之后,他获得了6美元的报酬。

在这样的穷途困境中,威尔逊暗下决心,不让任何一个发展自我、提升自我的机会溜走。很少有人能像他一样深刻地理解闲暇时光的价值。他像抓住黄金一样紧紧地抓住了零星的时间,不让一分一秒无所作为地从指缝间白白流走。

12年之后,他在政界脱颖而出,进入了国会,开始了他的政治生涯。

威尔逊是任何一个美国人乃至世界人瞩目的对象,而他的成功,就是勤奋学习的结果。学习是向成功前进的营养元素。而当今社会,竞争的日益

激烈告诉每个男人,只有知识才能改变命运,只有学习才能突破,才能具备竞争力。

其实,每一分的进步都不会凭空从天而降,每一阶段的小胜也都不是靠运气就可以获得,化梦想为现实的道路,是一个人勤勤恳恳、一手一脚闯荡的过程。梦想自然不能少,但务实的精神更不可丢,如果说梦想是成功的阶梯,通向成功之门,那么务实的态度和务实的行动便是走一步所留下的每一个脚印。爱默生也告诫每一个渴望获得成功的男人:"人总归是要长大的。天地如此广阔,世界如此美好,等待你们的不仅仅是需要一对幻想的翅膀,更需要一双踏踏实实的脚!"

西点男人精神

伟大的成功和辛勤的劳动是成正比的,有一分劳动就有一分收获,日积月累,奇迹就可以创造出来。每一个男人都要做到克服惰性、勤奋向前,才能给人带来真正的幸福和乐趣。勤奋是通往荣誉圣殿的必经之路!

男人自我反省,发现自己的问题才能更好地进步

社会生活中的每个人,自从出生起,都在不断认识世界、接受外在世界赠予我们的一切,我们学会了很多,包括科学文化知识、审美、与人相处等,但这个过程都是被动的,我们很少真正地反省自己以获得进步。

同样,每个渴望成功的男人,自身也存在一些不足,你若能即时发现自己的问题,扬长避短,并加以改进,那么便能更好地进步。自省才能不断磨砺心智。的确,很多成就卓著的人士的成功,首先得益于他们充分了解自己的长处,知道自己的短处,然后根据自己的特长来进行定位或重新定位。

在西点军校,学员们都以上司为自己学习的榜样,他们经常会深刻反省

自己的缺点，同情并理解军官的事业，他们从来都不会与苛求他们的学长产生不满。在新学员的潜意识里，西点给他们留下了难以消除的印记，即使后来能成为将军，他们在西点的活动也必须得到学长的批准。

日本推销之神原一平这样说："赤裸裸地注视自己，毫无保留地彻底反省，然后才能认识自己。"任何一个男人，在为自己定位前，除了要发现自己的优势，还要看到不足，只有综合发展，才能不断提高自己。生活中，想必你应该有这样的体会：

倘若有一个木桶，沿口不齐，那么，这个木桶盛水的多少，不在于木桶上最长的那块木板，而在于最短的那块木板。而要想提高水桶的整体容量，不是去加长最长的那块木板，而是要下工夫依次补齐最短的木板。此外，一个木桶能够装多少水，不仅取决于每一块木板的长度，还取决于木板间的结合是否紧密。如果木板间存在缝隙，或者缝隙很大，同样无法装满水，甚至一滴水都没有。这就是著名的木桶定律。

这是个简单得不能再简单的自然界现象，然而往往越简单的道理总会饱含更深层的道理。同样，任何一个人的身上，总是具有优缺点，这些优缺点正如这个沿口不齐的木桶。而作为人们自身，在察觉到这一问题后，若听之任之，那么，你的成长就会受到影响，综合能力不但得不到提升，反而会每况愈下。

而事实情况是，日常生活中，男人们，你既不可能每时每刻去反省自己，也不可能站在一定的高度、以局外人的身份来观察自己，于是，你只能以外界信息和他人的眼光来认识自己。于是，你的思维很容易受到外界信息的暗示，接下来，你很可能会迷失自己。我们再来看下面一个故事：

爱因斯坦小时候是个十分贪玩的孩子，他的母亲常常为此忧心忡忡。母亲的再三告诫对他来说如同耳边风。直到16岁那年的秋天，一天上午，父亲将正要去河边钓鱼的爱因斯坦拦住，并给他讲了一个故事，正是这个故事改变了爱因斯坦的一生。

父亲说："昨天我和咱们的邻居杰克大叔去清扫南边的一个大烟囱，那烟囱只有踩着里面的钢筋踏梯才能上去。你杰克大叔在前面，我在后面。

我们抓着扶手一阶一阶地终于爬上去了,下来时,你杰克大叔依旧走在前面,我还是跟在后面。钻出烟囱后,我们发现了一件奇怪的事情:你杰克大叔的后背、脸上全被烟囱里的烟灰蹭黑了,而我身上竟连一点烟灰也没有。"

爱因斯坦的父亲继续微笑着说:"我看见你杰克大叔的模样,心想我一定和他一样,脸脏得像个小丑,于是我就到附近的小河里去洗了又洗。而你杰克大叔呢,他看我钻出烟囱时干干净净的,就以为他也和我一样干干净净的,只草草地洗了洗手就上街了。结果,街上的人都笑破了肚子,还以为你杰克大叔是个疯子呢。"

爱因斯坦听罢,忍不住和父亲一起大笑起来。父亲笑完后,郑重地对他说:"其实别人谁也不能做你的镜子,只有自己才是自己的镜子。拿别人做镜子,白痴或许会把自己照成天才的。"

的确,正如爱因斯坦的父亲所说,我们只能做自己的镜子,照出真实的自我。生活中的男人们,从爱因斯坦的故事中,你也应该有所感悟:追求理想固然重要,但在这个过程中,如果不留一只眼睛给自己,那么,你只会迷失自己,你要学会静下心来不断叩问自己内心深处发出的声音。

生活中的你们,也应该安静下来问自己,你到底是在不断提升自己,还是只顾面子,不肯跟自己"摊牌"呢?或许有正直不阿的指导者,曾经指出你身上存在的问题或闪光点,但可能你根本不愿意承认这点,因为你不愿意让他人看透自己。

所以,一切注重灵魂生活的人对于卢梭的这句话都会有同感:"我独处时从来不感到厌烦,闲聊才是我一辈子忍受不了的事情。"这种对于独处的爱好与一个人的性格完全无关,爱好独处的人同样可能是一个性格活泼、喜欢朋友的人,只是无论他怎么乐于与别人交往,独处始终是他生活中的必需。

任何一个男人,只有学会倾听自己内心真的声音,才可能不断挖掘出自身发展过程中不足的部分。面对激烈的竞争,面对瞬息万变的环境,那些不愿意反省自己或者不愿意及时改正错误的人,必将面临衰败的结局。同时,在快节奏的信息社会中,一个人如果不能及时察觉自身的缺点,不能用最快

的速度修正自己的发展方向,也必然会在学业和事业中落伍,被无情的竞争所淘汰。

西点男人精神

人都不可能永远不犯错误,及时的反省和自我批评往往是帮助男人们纠正自身错误、实现快速转变的关键所在。

《第 14 则》

自我完善:做男人注重学习挖掘潜力

“活到老,学到老”这句话对于现代社会的男人们来说,有着更深一层的意味。特别是那些渴望获得成就的男人们,如果没有过硬的拼杀能力,是很容易在激烈的竞争中被淘汰的。无论是拿出业余时间去深造,还是在工作中不断学习,作为现代男人,你都应该展开思索与行动,为自己量身打造一个充电计划。

男人要不断更新头脑里的知识

现实生活中,每个男人都有自己的理想,并渴望成功,而最终能成功的男人只不过是极少数,大多数人只能与成功无缘。他们不能成功是因为他们往往空有大志却不肯低下头、弯下腰,不肯静下心来努力学习,不肯从身边的本职工作开始积聚自己的力量。要知道,只有一步一个脚印,踏实、不浮躁地学习,才能为成功奠定基础。有些时候,他们总是怨天尤人,给自己制定那些虚无缥缈的终极目标。而每一个成功的西点人,他们的成就都不是一蹴而就的,他们成功的不变因素都是努力学习。

毕业于西点又曾经在西点任教的奥马尔・纳尔逊・布莱德利将军就十分注重文化素养的培养。他认为"有知识素养,善于思考和处事灵活的士兵,才是最有价值的士兵。"并且他还曾这样说过:"在西点任教,不仅使我的洞察力更为敏锐,也大大开阔了我的视野和心胸,令我变得成熟。那些年,我开始认真读书,研究军事历史和人物传记,从前人的故事中学到了很多东西。"

在西点,学员不仅仅是接受严格的军事训练,更要刻苦学习各类的文化知识。西点相信,一个符合现代社会要求的军人,除了有过硬的军事本领和才能,更要有丰富的知识。正是全面而充足的知识储备,理论知识与实际经验的密切结合,使得西点毕业生到战场上以后能够得心应手,进入社会各界也都能迅速适应。

曾经有这样一个寓言故事:

在一个漆黑的晚上,老鼠首领带领着小老鼠出外觅食,在一家人的厨房

内，垃圾桶之中有很多剩余的饭菜，对于老鼠来说，就好像人类发现了宝藏。

正当一大群老鼠在垃圾桶及附近范围大挖一顿之际，突然传来了一阵令它们肝胆俱裂的声音，那就是一只大花猫的叫声。它们震惊之余，更各自四处逃命，但大花猫绝不留情，不断穷追不舍，终于有两只小老鼠避走不及，被大花猫捉到，正要将它们吞噬之际，突然传来一连串凶恶的狗吠声，令大花猫手足无措，狼狈逃命。

大花猫走后，老鼠首领施施然从垃圾桶后面走出来说："我早就对你们说，多学一种语言有利无害，这次我就因此而救了你们一命。"

这个故事提示每个男人，在瞬息万变的世界里，唯有虚心学习的人才能够掌握未来。知识就是力量，"多一门技艺，多一条路。"不断学习实在是成功人士的终身承诺。没有哪个人可以永远独占鳌头。

CNN 电视台名嘴赖瑞金曾经邀请43 位全美国最精英的人士，来一起探讨如何迎接新世纪，并请他们提出一些建言。结果他发现这些精英人物提出最多次的字眼就是"改变"和"学习"。这些想法促使赖瑞金走进国会图书馆，找出一些百龄的报纸，看看一百年前的建言与今日的差别何在。结果他查找到了同样的字眼。全录公司的首席科学家约翰·西里·布朗提到，将跨越21 世纪的人类，首先要学会如何去学习，并且学会如何去喜爱学习新事物。

巴勒斯坦境内有两个著名的湖泊，这两个著名的湖泊各有各的特色。其中一个叫加黎利海，是一个很大的湖泊，水质清澈甘甜，可以供人饮用。因为湖底清澈无比，连鱼儿们在水中悠游的景象也清晰可见，而附近的居民更是喜欢到此处游泳和嬉戏。加黎利海的四周全是绿意盎然的田园景观，因为环境清幽，许多人将他们的住宅与别墅建在湖边，享受这个如仙境的美丽景致。

另一个名为死海，也是一个湖泊，然而，正如其名，湖水是咸的而且有一种怪味道，不仅人们不敢来饮用，连鱼儿也无法在这个湖泊中生存。在它的崖边，连株小草都无法生长，更不提人们选择在这里居住。

令人好奇的是，这两个湖其实源于一个源头。后来人们发现，它们会有

这么大的不同,是因为一个有接受也有付出;另一个则是接受后便存留起来。原来,在加黎利海里,有入口也有出口,当约旦河流入加黎利海之后,水会继续流出去,如此一来,水流不仅生生不息,也会不断地循环更换,水质自然清澈干净。至于死海则只有入口没有出口,当约旦河水流入之后,水被完全封死在海里。于是,在这个只有进没有出的湖泊中,所有的污水或废水也全部汇聚在这里,因为只知自私地保留已用,最后的结果便如它的名字,成为没有人愿意亲近的死海。

唯有不断流动更替的水才会充满氧气,如此鱼儿们才会有舒适的生存空间,为湖泊增添生命活力。因为肯付出,加黎利海的收获,正是干净的湖水与热闹的人潮,因为它付出了,自然会得到应有的成果。至于一味地接受而没有付出的死海,结果则是贫瘠与足迹罕至。自然界这个特殊的现象再次告诉男人们,有付出才有收获。追求成功的你们,只要不吝于付出,在付出的同时,你们便能腾出新的空间,容纳新的机会。

对此,你可以做到以下几点:

1. 多考虑自己的现在和未来,认识到学习的重要性

实际上,任何一个男人都知道学习的重要性,但这些往往是泛泛之谈,并不能起到任何实质性的作用。而一旦将这一想法与自身情况相结合,比如根据自己的兴趣树立人生目标和理想,这一想法就具备了可实施性。

2. 树立不断学习的理念

学海无涯,知识是没有尽头的,而同时,现今社会知识更新速度之快更要求你具备不断学习的理念和行动。

3. 付诸行动,坚持每天学习

任何知识的学习都需要持之以恒地坚持才能收到效果,也只有这样,才能不断拓展自己在该领域的认知度和专业度。

西点男人精神

新时代的男人要懂得居安思危,要时刻学习,充实自己的头脑。人们常

觉得准备的阶段是在浪费时间,只有当真正机会来临,而自己没有能力把握的时候,才能觉悟自己平时没有努力才是浪费了时间。

与时俱进,男人要不断学习

我们都知道,这个世界上没有任何事是一成不变的,生命在不断向前,我们生活的世界也是如此。为此,要做到不被淘汰,就必须要做到与时俱进,不断学习,因为只有学习才能不断充实我们的头脑。同样,每一个渴望成功的男人,都要有终身学习的概念,这是增强你的社会竞争力的重要方法。事实上,任何一个西点人都是这样做的,无论何时,他们都把学习看成最重要的事。

到过西点军校的人,都会注意到在校园内有一座雷锋的半身塑像,摆放在醒目的位置。在西点会议大厅上方,还悬挂着 5 位英雄的画像,其中排在首位的就是雷锋。学校还把雷锋日记中一些名言印在学员学习手册扉页上,提倡学员学习时要发扬雷锋的“钉子精神”,勤学苦钻,以优异成绩报效祖国。一位学员还在他的毕业论文中写道:“我最尊敬的将军是巴顿,我最崇敬的士兵是雷锋。”

生活中的男人们,可能现在的你已经小有成就或者学识渊博,即便如此,你也不能停止学习的脚步。我们先来看下面一个故事:

一天,一位教授为自己的学生授课。

即将下课时,教授对学生说:“现在离下课还有几分钟,我们来做个小实验吧。”说完,他拿出一个瓶子,然后将一些拳头大小的石头放进瓶子里,直到石头已经堆到瓶口。此时, 他问学生:“瓶子满了吗?”

“满了。”所有的学生都回答。

他反问:“真的吗?”说完,他拿来一些更小的砾石,将这些砾石都放了进

去,这样,瓶内的很多空间都被砾石占满了。

“现在瓶子满了吗?”这一次学生有些明白了,“可能还没有满。”一位学生说道。

“很好!”然后,他再拿来一些细小的沙子,这些沙子也轻松地被装到瓶子里,瓶子已经被填得满满的了。

“那么,现在,满了吗?”“没满!”学生们大声说。然后教授拿一壶水倒进玻璃瓶直到水面与瓶口齐平。

这是一个哲理故事,它告诉所有的男人们,人生在世,我们的内心和头脑就如同这个瓶子。很多时候,我们认为自己获得的知识、技能已经足够多了,而实际上,在瞬息万变的当今社会,真正的危险不是经验的不足,而是故步自封,跟不上时代的步伐。一个人要想成功,勇气、努力都必不可少,但更重要的是,人生路上要懂得与时俱进,要懂得不断收集各种资讯,使自己对环境和追求的事业的方向有更充分的了解。因为一个人只有了解得越多,才越有应变的能力。

同样,男人们,现在的你还年轻,还有学习的机会,只有稳扎稳打学好各种知识,才能从容地面对各种挑战。否则,只顾吃喝玩乐,不干正事,不务正业,那么,只能“书到用时方恨少”“少壮不努力,老大徒伤悲”了。

另外,在学习的过程中,你还要有善于总结的习惯,无论学习的效果怎样,只有做到及时总结,才会及时反省,尤其是对于错误和失败。要知道,成功出于自错误中学习,因为只要能从失败中学得经验,便永不会重蹈覆辙。大剧作家兼哲学家萧伯纳曾经写道:“成功是经过许多次的大错之后得到的。”总之,对于学习,你只有与时俱进,以高标准的要求和精益求精的态度,聚精会神抠细节,才能实现突破。

当然,学习知识并不是要求你要死读书,一味地沉溺于书本知识只会使你的大脑变得僵化。

美国历史上,有位很出名的科普作家叫阿西莫夫。他从小就很聪明,在一次智商测试中,他的得分在 160 左右,因此,被证明是天赋极高者。而阿西莫夫本人,也一直为此自鸣得意。

一次，他遇到一位老熟人，这个人是一名汽车修理工。修理工对阿西莫夫说：“嗨，博士！今天我也来测测你的智商，看你能不能回答出我的思考题。”

阿西莫夫点头同意。修理工便开始说题：“有一位既聋又哑的人，来到五金商店，准备买一些钉子，不能说话的他只好用做手势来表达自己的意思，他对售货员做了这样一个手势：左手两个指头立在柜台上，右手握成拳头做出敲击的样子。售货员见状，先给他拿来一把锤子，聋哑人摇摇头，指了指立着的那两根指头，于是售货员就明白了，聋哑人想买的是钉子。聋哑人买好钉子，刚走出商店，接着进来一位盲人。这位盲人想买一把剪刀，请问：盲人将会怎样做？”

顺着修理工给自己的思路，阿西莫夫顺口答道：“盲人肯定会这样。”边说着，他进行了一些示范，他伸出食指和中指，做出剪刀的形状。汽车修理工一听笑了：“哈哈，你答错了吧！盲人想买剪刀，只需要开口说‘我买剪刀’就行了，他干吗要做手势呀？”

智商160的阿西莫夫，顿时哑口无言，不得不承认自己确实是个“笨蛋”。而那位汽车修理工人却继续说：“在考你之前，我就料定你肯定要答错，因为你受的教育太多了，不可能很聪明。”

这里，修理工所说的“你受的教育太多了，不可能很聪明”"，并不是因为学的知识多了人反而变笨了，而是因为人的知识和经验多，会在头脑中形成较多的思维定式。

固定的思维方式容易把人的思维引入歧途，也会给生活与事业带来消极影响。要改变这种思维定式，需要随着形势的发展不断调整、改变自己的行动。任何一个有创造成就的男人，都是战胜常规思维的高手。

西点男人精神

人是善于学习和思考的动物，处于竞争激烈、变化多端的社会中，唯一不让自己落伍的方式就是学习。但男人还需要注意的是，当你一旦发现自己的定位与现实不合拍的时候，调整步调才是最明智的选择。

男人自我完善,才能成为“相时而动”的智者

古人云:“为智者相时而动,驾驭时势。”这句话的意思是,一个懂得把握时机行事的人才是智者。的确,物竞天择,适者生存。生活中,那些成大事、有所成就的人都有一个特点,那就是他们懂得把握时机、关键时刻出手,因为抓住机遇而成功。然而,他们之所以成功的另一个重要的原因是,他们能做到努力学习,不断克服自身缺点与不足。准备充分,才有更强的适应力。

试想,一个腹中空空的人怎么可能有一双慧眼呢?因此,生活中的男人们,对于现下的你来说,最重要的任务依然是学习。

可能你也发现,西点人似乎比别人更聪明,他们都有敏锐的眼光,懂得看清时事再采取行动。事实上,让他们成为时代宠儿的真正原因是他们付出了比别人更多的汗水。

美军装甲部队的创建者之一、西点军校 1909 届毕业生乔治·巴顿在美军有一个外号叫做“赤胆铁心”,这个外号最能反映巴顿尚武的个性。巴顿是美军中要求部下军纪最严、训练最苦的将军,所以他的部队是美军最有战斗力的部队。

1897 年,巴顿出任第二装甲师代理师长,并晋升为陆军准将。巴顿决心把这群“乌合之众”训练成超一流的真正战斗部队。为了达到这个目的,巴顿对部队施以严格的纪律和高强度的训练。他对每一项工作都制定了很高的标准,坚决要求每个单位和个人都要达标。为此,他经常耐心地向将士们解释平时训练与打胜仗的关系,他经常说的一句话是:“一品脱美国人的汗水可以挽救一加仑美国人的鲜血。”

“书到用时方恨少”,平常若不充实学问,临时抱佛脚是来不及的。也有人抱怨没有机会,然而当升迁机会来临时,再叹自己平时没有积蓄足够的学识与能力,以致不能胜任,也只好后悔莫及。

一位音乐系的学生，其指导教授是个极其有名的音乐大师。授课的第一天，教授给自己的新学生一份乐谱。“试试看吧！”他说。乐谱的难度颇高，学生弹得生涩僵滞、错误百出。“还不成熟，回去好好练习！”在下课时教授如此叮嘱。

学生练习了一个星期，没想到第二周上课时，教授又给他一份难度更高的乐谱，“试试看吧！”学生再次挣扎于更高难度的技巧挑战。

第三周，更难的乐谱又出现了。同样的情形持续着，学生每次在课堂上都被一份新的乐谱所困扰，然后把它带回去练习，接着再回到课堂上，重新面临两倍难度的乐谱，却怎么样都追不上进度，一点也没有因为上周练习而有驾轻就熟的感觉，学生感到越来越不安、沮丧和气馁。教授走进练习室，学生再也忍不住了，他必须向钢琴大师提出这三个月来何以不断折磨自己的质疑。教授没开口，他抽出最早的那份乐谱，交给了学生。“弹奏吧！”他以坚定的目光望着学生。

不可思议的事情发生了，连学生自己都惊讶万分，他居然可以将这首曲子弹奏得如此美妙、如此精湛！教授又让学生试了第二堂课的乐谱，学生依然呈现出超高水准的表现……演奏结束后，学生怔怔地望着老师，说不出话来。

“如果，我任由你表现最擅长的部分，可能你还在练习最早的那份乐谱，就不会有现在这样的水平……”钢琴大师缓缓地说。

只要把希望同脚踏实地的工作联系起来，在平凡的工作中埋头苦干，总会找到成功的机遇。通常我们所说的命运的转折点，只是我们之前努力所争取到的机会。有的人，由于自身的原因，即使偶有机会降临，也难以有效地把握住。而有些人，平时加倍努力，时刻准备，因而更易受到机遇的垂青。

机遇就在你的脚下，每一个男人都有成功的机会，只要你能做到不断学习，一步一步完善自我。

可见，男人们，要想成为一个相时而动的智者，你还需要做到以下几点：

1. 改变观念，不要好高骛远

任何行动都需要信念的支持，你要想从小节开始入手为成功准备的话，

就必须认识到小节的重要性。因此,你若想提升自己,就必须克服好高骛远的毛病,做到一点一滴的知识积累。

2. 发现身边值得学习的东西

提升自己不一定要脱离现在的工作,更没必要脱产走回学校。因为年龄、经济等条件不允许,我们不可能再走回纯粹的学生时代。随用随学,做有心人,留心身边的人和事,学会随时发现生活中的亮点,并注意总结别人的成功经验,拿来为自己所用,这可能是生活和工作中能让自己进步得最快的一招。

3. 将细节做到极致,要有追求完美的理念

"没有最好,只有更好",十全十美的事做不到,也不存在,但你首先应该有一个追求完美的心态。"取法其上,得其中也;取法其中,得其下也;取法其下,不足道也"。只有与时俱进,以高标准的要求和精益求精的态度,聚精会神抠细节,才能创造卓越的工作业绩。

4. 关注时事,与时俱进

一个人只有保持思想上的先进性,才能及时察觉到周遭事物的变化。这一点,你需要养成习惯。每天不要再只看各种球赛和电视连续剧,而要多看时事,了解最新的时事动态。

当然,除了以上两点外,你最需要做的是开动你的脑筋,养成勤于思考的习惯,只有这样,你才能获得敏锐的洞察力,最终学会相时而动。

西点男人精神

一个上进的男人,都希望能够扩大自己的视野和知识领域,并能有所收获。知识不仅是力量,而且像一面镜子一样可以照见自己的优缺点,让你做到正确的自我认知。

术业有专攻,男人要让自己拥有一技之长

托马斯·爱迪生曾说过:“成功中天分所占的比例不过只有1%,剩下的99%都是勤奋和汗水。”这句话告诉所有男人,要想成功,就必须要做到专心致志于一行一业,不腻烦、不焦躁,埋头苦干,不屈服于任何困难,坚持不懈。只要你坚持这样做,就能在该专业做到突出,才能真正拥有一技之长。

的确,成功不在于做许多事情,而在于专注。把你的全部精力集中到工作中去,不要去预测它的结果,也不要为已经过去的事过分担心。这就是顺利完成一件事的最大秘诀。成功最重要的因素是比别人更努力,永远要做得比要求得更好。

约瑟夫·格鲁尼在写给西点军校的儿子的信中说:“无论做什么事,不管是学习、工作还是游戏,你都需要全身心地投入。你一定要记住,做事情不能三心二意,更不要见异思迁。”

世上最大的损失,莫过于把有限的精力毫无意义地分散到很多的事情上。一个有经验的园艺家,有时会把许多能够开花结果的枝条剪去,这在一般人看来一定觉得可惜,可是他为了使果实结得特别饱满,就得忍痛将这些多余的枝条剪掉。

爱迪生自身就是一个专注做事的代表。

他曾经长时间专注于一项发明。对此,一位记者不解地问:“爱迪生先生,到目前为止,您已经失败了一万次了,您是怎么想的?”

爱迪生回答说:“年轻人,我不得不更正一下你的观点,我并不是失败了一万次,而是发现了一万种行不通的方法。”

在发明电灯时,他也尝试了14000种方法,尽管这些方法一直行不通,但他没有放弃,而是一直做下去,直到发现一种可行的方法为止。他证实了大射手与小射手之间的唯一差别:大射手只是一位继续射击的小射手。

的确,你可以发现,那些攀岩成功的人都有个共同特征,那就是他们不会三心二意,也不会向下看,他们会一直努力地攀登,这样,尽管脚下是万丈悬崖,他们也不会害怕。同样,男人们,你们也应该从中有所启示。无论是学习还是其他事情,都不要把注意力过分放在整件事情上,而应该先拟定一个切实可行的计划,并努力做好第一步,而后再努力做好第二步,第三步……如此各个击破,最终达到自己的目标。

因此,男人们,与其把所有精力分散到许多无关紧要的事情上,不如看准一项最重要的事业,然后集中精力,埋头去干,这样一定可以收到良好的效果。

成千上万的失败者,并不是因为他们没有才干,而是因为他们过于分散自己的精力,而且从未深入其中,如果用自己所有的精力集中去培植一个花朵,那么它将来一定会结出十分美丽丰硕的果子。正所谓"十年磨一剑",这一剑必是锋利无比的,与只用几天磨出来的剑是不可同日而语的。我们常说"有所不为才能有所为",强调的也是专注的重要。

无论做任何事,都不要企求太多。只要付出全部的精力,以一往无前、专心致志的精神,去努力追求真正的价值,我们就会有所收获。

有一位画家,举办过上百次画展。在一次朋友聚会上,一位记者问他:"你成功的秘诀是什么?"

画家说道:"我小的时候,兴趣非常广泛,画画、拉手风琴、游泳样样都学,还必须都得第一才行。这当然是不可能的。于是,我闷闷不乐,心灰意冷,学习成绩一落千丈。父亲知道后,并没有责骂我。晚饭之后,父亲找来一个小漏斗和一捧玉米种子,放在桌子上,告诉我说:"今晚,我想给你做一个试验。"父亲让我双手放在漏斗下面接着,然后捡起一粒种子投到漏斗里面,种子便顺着漏斗漏到了我的手里。父亲投了十几次,我的手中也就有了十几粒种子。然后,父亲一次抓起满满一把玉米粒放到漏斗里面,玉米粒相互挤着,竟一粒也没有掉下来。父亲意味深长地对我说:"这个漏斗代表你,假如你每天都能做好一件事,每天你就会有一粒种子的收获和快乐。可是,当你想把所有的事情都挤到一起来做,反而连一粒种子也收获不到了。"

二十多年过去了，我一直铭记着父亲的教诲："每天做好一件事，坦然微笑地面对生活。"

对一个领域100%的精通，要比对100个领域各精通1%强得多。因此拥有一种专门技巧，要比那种样样不精的多面手更容易成功，以十五分的精力去追求你想得到十分的成果，它会带给我们一些真正意义上的收获。

的确，你若想在任何一个领域有所建树，都必须认真、努力，这不是一件轻松的事。它需要你不断坚持、不断探求，这样才能不断进步。并且，它还需要你有严谨的思维、踏实的学习精神，千万不能浮躁。因为浮躁心态是专注的大敌，是失败者的亲密朋友。

西点男人精神

人生中如果涉足的领域太多了，最终往往一事无成。如果能够集中精力于某一领域，就很可能成为某一领域所向无敌的专家。如果总是四处出击，什么事都是浅尝辄止，不管做什么，最终只能了解一点皮毛而已。

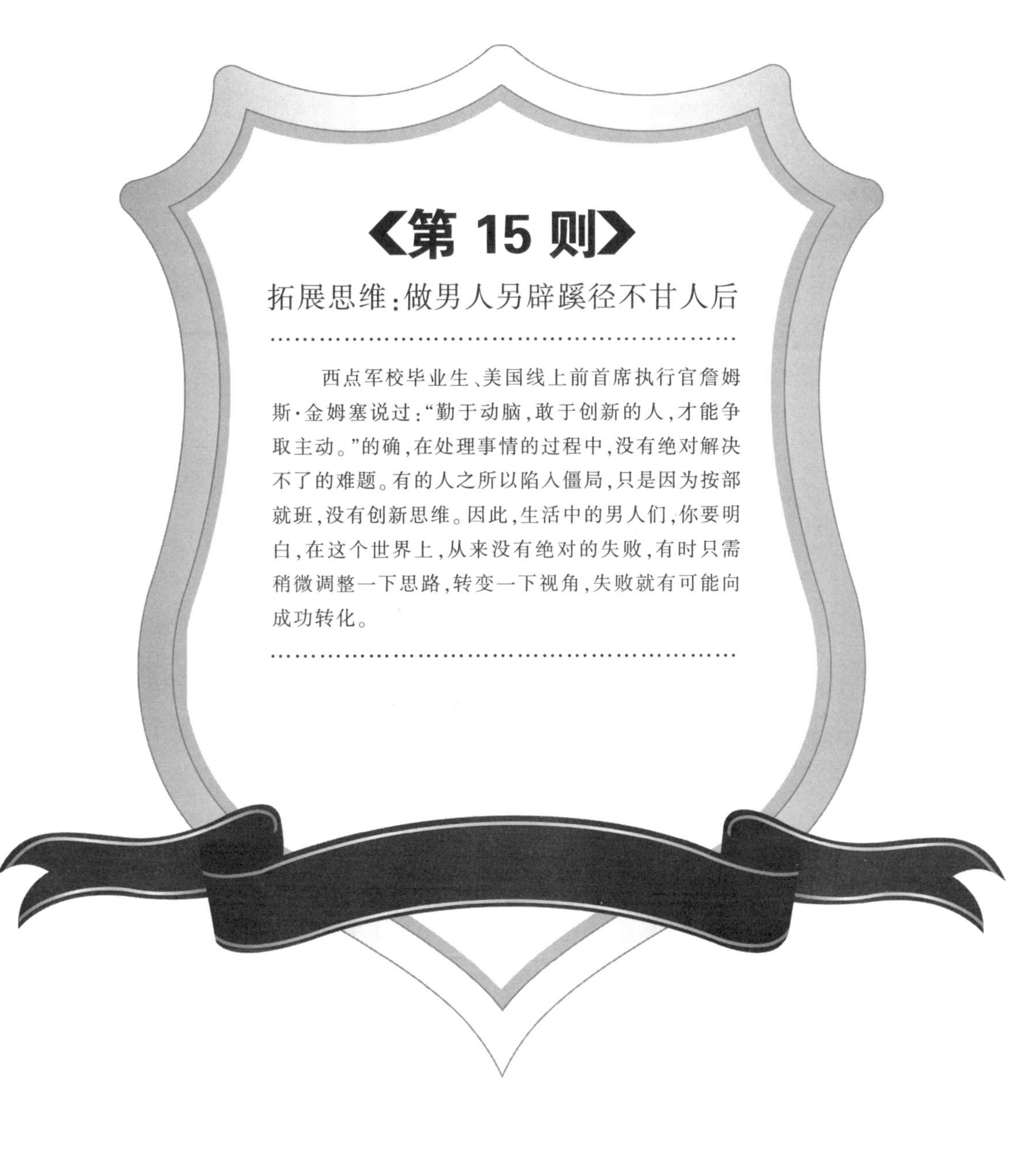

《第 15 则》

拓展思维:做男人另辟蹊径不甘人后

西点军校毕业生、美国线上前首席执行官詹姆斯·金姆塞说过:“勤于动脑,敢于创新的人,才能争取主动。”的确,在处理事情的过程中,没有绝对解决不了的难题。有的人之所以陷入僵局,只是因为按部就班,没有创新思维。因此,生活中的男人们,你要明白,在这个世界上,从来没有绝对的失败,有时只需稍微调整一下思路,转变一下视角,失败就有可能向成功转化。

男人要相信自己,一切皆有可能

当今社会,任何人要想在竞争中脱颖而出,都不能忽视思维的力量,那些头脑灵活、拥有思想的人在这个社会更有打拼的出路。积极思考的力量是强大的。在现实生活中,每个男人也应该用智慧指导人生,只要思路开阔,你也可以创造出辉煌。因为一个人的思路往往决定了他会向哪个方向走,而他又会向前走多远。如果缺乏好的思路,即使他再聪明、再有抱负,也会和成功失之交臂。拥有了好的思路,就能够在迷雾中看清目标,在众多资源中发现自己的独特优势。

西点人知道,成功并不是轻而易举就能获得的,但只要能够保持清醒的头脑和冷静的态度,并积极思考,就能寻找到人生的突破口,开创出事业上的一片新天地。而事实上,西点在教育上的成就正说明了这一点。

男人们,如果你渴望成功,渴望获得荣誉,就不妨从现在起,开始为你的目标积极思考吧,不要认为你办不到,不要存有消极的思想,你潜在的能力足以会帮助你实现它。

埃及人想知道金字塔的高度,但由于金字塔又高又陡,测量困难,为此他们向古希腊著名哲学家泰勒斯求救,泰勒斯愉快地答应了。只见他让助手垂直立下一根标杆,不断地测量标杆影子的长度。开始时,影子很长很长,随着太阳渐渐升高,影子的长度越缩越短,终于与标杆的长度相等了。泰勒斯急忙让助手测出金字塔影子的长度,然后告诉在场的人:这就是金字塔的高度。

那么,生活着的男人们,你们的人生的高度该怎样来测算呢?实际上,

无论现在你处于什么样的境况，只要你不甘于现状，并积极为未来思考，寻找出路，就没有什么达不到的目标。你要相信自己，你有资格获得成功与幸福！

爱因斯坦也曾说："想象力比知识更为重要。"在创新的过程之中，最可怕的是想象力的贫乏。可以这样说，人的一切发明与创造都源于想象力。一个人一生的成就，全归功于他能建设性地、积极地利用想象力。有与众不同的想法，才能有与众不同的收获。

那么，很多人也处于贫贱之中，为什么没能做出什么成就？如果一个人屈服于贫贱，那么贫贱将折磨他一辈子；如果一个人性格刚毅，敢于尝试，不怕冒险，他就能战胜贫贱，改变自己的命运。而在现实生活中，善于思考问题、善于改变思路的人总能给自己赢得机遇，在成功无望的时候创造出柳暗花明的奇迹。

在美国商界，在洛克菲勒家族财富故事后，也出现了一些后起之秀，其中就包括毕业于哈佛大学的史蒂夫·鲍尔默，他是全球领先的个人及商务软件开发商——微软公司的首席执行官。

鲍尔默于1980年加盟微软，他是比尔·盖茨聘用的第一位商务经理。

鲍尔默从小就很聪明，在他读高中的时候，他的母亲带他参加了全国性的数学大赛。在这次大赛中，他拿到了一个前十名的好成绩，并且拿到了去哈佛的奖学金，从此，他顺利实现了他父亲的梦想——考入哈佛。

在哈佛学习期间，鲍尔默拿到了双学士学位——数学和经济学学位。

鲍尔默曾经在一次新生开学典礼上说："打开你的思路，放远你的视线。"他说，"因为永远有想不到的机会你没有想到，你没有看到，可是这个机会会给你带来一生惊喜的突变。"

这是鲍尔默对自己成功人生的精彩诠释。思路开阔、目光远见的人，常常能够想在人先，走在人前。

生活中，失败平庸者多，除是心态问题外，还有思维能力。他们在遇到问题时，总是挑选容易的倒退之路。"我不行了，我还是退缩吧。"结果陷入失败的深渊。成功者遇到困难，他们能心平气和，并告诉自己："我要！我

能!”“一定有办法”。因此,我们的思维也需要做到与时俱进。有时候,可能你觉得你已经进入了死胡同,但事实上,这只是你没有找到出路而已,而改变事物的现状就是运用思维的力量。思路一变方法来,想不到就没办法,想到了又非常简单,人的思维就是这样奇妙。

总之,你若希望自己拥有一个灵活的头脑,就要学会在日常生活中重视训练自己的大脑,因为人的大脑就如同一台机器,长时间不使用,它的工作能力就会下降甚至不适用。

那么,你该如何让自己的思想开阔起来呢?

1. 在心理上超越“不可能”的思想观念

你对“不可能”不妨采取一种新看法,在心理上超越它,这样你就能站在高高的位置上,低头俯视你的问题。任何人想要解决问题,必须在他的思想中超越问题。这样,问题就不会显得如此令人畏惧。而且他会产生更大的信心,深信自己有能力去解决它。

2. 丰富自己的知识结构以开阔视野

视野开阔与否,取决于对知识掌握多少,取决于思想理论水平的高低。常言道,学然后知不足。勤于学习的人,越学越能发现自己的不足,于是想方设法充实自己、提高自己,学到更多的东西,视野会随之越来越开阔,跟上前进的步伐。

西点男人精神

每个男人都渴望成功,但成功者往往是少数。这些少数者,与众不同之处是,他们的思维不受各种条件的限制,他们敢想敢做,在规划后,一鼓作气取得胜利。

另辟蹊径，发掘新思路

我们发现，古今中外，任何一个成功者，都具有一些共同的特质：他们积极主动，富有创造力。每个人都必须重视思维的力量。一个人有没有创造性是他的思维方式所决定的，创造性思维是创造力的核心，是人类智慧的体现。对于男性来说，是不是懂得变通，不仅决定了解决问题的能力如何，更决定了他能否在未来的社会竞争中脱颖而出、担当大任。

西点军校一直鼓励学员要“积极动脑、多方寻找方法”。在课堂上经常给他们提供这样的案例：

一架飞机撞山失事了！成群的记者冲向深山，大家都希望能抢先报道失事现场的新闻。其中有一位广播电台的记者拔得头筹，在电视报纸都没有任何资料的情况下，他却做了连续十几分钟的独家现场报道。为什么这位记者能抢个头条呢？因为他未到现场之前，先请司机占据了附近唯一的电话，并打到公司，假装有事通话的样子。所以当他做好现场报道的录音，跑到电话旁边，虽然已经有好几位记者等着，他却只是将录音机交给司机，就立刻通过电话对全国听众做了报道。

由此，我们不难看出，思路对我们的工作和生活有多么重要。在现实生活中，善于思考问题、善于改变思路的男人，总能在困境中寻找到解决问题的方法，在成功无望的时候创造出奇迹。洛克菲勒说过：“遇到困难和问题，我们应该学会改变思路。思路一转变，原来那些难以解决的困难和问题，就会迎刃而解。”

生活中，我们常听他人说“与时俱进”这一词。也就是说，在做人做事时，我们要懂得变通，不要一根筋，毕竟我们所生活的时代每天都在变换，守旧的思维模式只能让我们被时代抛弃。事实上，自古以来，人类的进步就是因为能做到与时俱进，能做到思维的创新。可以说，人类如果故步自封，就

只会停滞不前。

因此，在生活和学习中，你要做个变通的男人，要学会开发自己的大脑，运用想象力，跳出思维的框框，就能发现思维的另一个高度，就会得出异乎寻常的答案。

“牛仔大王”李维斯年轻的时候，带着梦想前往西部追赶淘金热潮。一日，突然间他发现有一条大河挡住了他往西去的路。苦等数日，被阻隔的行人越来越多，到处是怨声一片。而心情慢慢平静下来的李维斯突然有了一个绝妙的创业主意——摆渡。由于大家急着过河，所以没有人吝啬坐他的船，迅速地，他人生的第一笔财富居然因大河挡道而获得。

渐渐地，摆渡生意开始清淡。李维斯决定继续前往西部淘金。来西部淘黄金的人很多，但卖水的人却没有，所以，水在这个地方成了最珍贵的东西。不久他卖水的生意便红红火火。后来，同行的人已越来越多。终于有一天，在他旁边卖水的一个壮汉对他发出通牒：“小伙子，以后你别来卖水了，从明天早上开始，这儿卖水的地盘归我了。”他以为那人是在开玩笑，第二天仍然来了，没想到那家伙立即走上来，不由分说，便对他一顿暴打，最后还将他的水车也一起拆烂。李维斯不得不再次无奈地接受现实。然而当这家伙扬长而去时，他却立即又有了一个绝妙的好主意——把那些废弃的帐篷收集起来，洗干净后，缝制成衣服，那么一定会有人愿意买。就这样，他缝成了世界上第一条牛仔裤。从此，他一发不可收拾，最终成为举世闻名的“牛仔大王”。

聪明的人总是能做到不断变通，能根据当下情况的变化做出明智的决定，于是，他们能不断找到成功的机遇，即使在困境中亦是如此。因为他们从不会因为眼前的现状而停止思考，李维斯的成功就说明了思维的力量。

的确，这个世界上没有任何事是一成不变的，生命在不断向前，我们的生活也是如此。生活中的男人们，相信你曾经遇到过这样的情况，你遇到了一个难题，你认为自己已经进入了死胡同，但事实上，这只是你没有找到出路而已。当你转换一种思维方式，你会发现，原来答案是那么简单。人的思维就是这样奇妙。有一句话说得好：“横切苹果，你就能够看到美丽的

星星。”

可能你会说,我就是个不聪明的人,不要紧,从日常生活中开始改变自己就可以。当你每天早晨一打开窗户的时候,就会感受到一股新鲜的空气。于是,你感觉自己的身心是多么的轻松。接下来要做的事情就是,投入到每天的学习或生活当中,好像这个世界上的事情永远做不完似的。而最重要的是,你可以每天让自己多出一点新奇的想法,给生活增添一点新奇的意味。如果你这样去做了,那么,你就等于在努力突破自我,虽然现在还没有奇迹发生,但至少你和原来的你是不同的了。

每一个男人,你若想让自己变得灵活机动起来,就需要从以下几个方面努力:

1. 要转变观念,撞了南墙一定要回头

有些男人可能会认为,坚持到底就会胜利,但前提是,你的思路是正确的。对于不适合你的路,不要一成不变,过于死板。当你有既定目标时,一定要坚持不懈,但也不能太强硬,不知变通。如果行不通的话,就要尝试着换一种方式去努力。

坚守的不一定都是正确的,舍弃的未必都是可惜的。适时转变思路,调整方向,也许就会柳暗花明,也许就会天堑变通途,成就你成功的人生。

2. 全面地分析形势,找准自己的出路,最终才能立于不败之地

当你陷入生活和事业的困厄中,找不到路时,便产生了困惑和茫然的感觉。此时,你应该使自己冷静,并保持清醒,全面分析现状,然后转变思路、大胆创新,为自己开辟一条新的出路。

西点男人精神

不寻常的方略引导不寻常的成功,男人们应该学会灵活变通,当大家都朝着一个固定的思维方向思考问题时,你不妨换个方向思索,这实际上就是以“出奇”去达到“制胜。”这种思维方式一旦运用到工作中,工作效率就会大大提高,也会让你事半功倍,甚至会得到不同寻常、出其不意的成功。

男人要善于打破思维定势,引领创新航向

日常生活中,男人们,你是否有这样的体会:你对那些经验丰富和资历老者往往会心生敬意,因为他们代表着权威,他们的经验能为你解决问题提供帮助。然而,在积累经验的过程中,他们也会形成一些固定的思维。因为经验告诉他们:“这样实行成功的概率没有百分百,那么,就不要浪费精力了。”于是,他们最终放弃了自己的想法。而那些敢于坚信自己判断力的“初生牛犊者”则成了第一个吃螃蟹的人。

的确,人的思维方式常常受制于既有的知识和经验,你怎么想问题和看问题是很难从既有的知识和经验中跳出来的。这就是法国心理学家缪勒发现的思维定势。他提出,在人的意识中曾出现过的观念,有不断重复出现的趋势。这正应了生物学家贝尔纳的一句话:“妨碍人们学习的最大障碍,并不是未知的东西,而是已知的东西。”

西点人信奉这样一句话:“知识本身并没有什么不好,在学习一门知识的同时,应保持思想的灵活性,注重学习基本原理而不是死记一些规则,这样知识才会有用。”

那么,什么是思维定势呢?简单地说,思维定势就是反复感知和思考同类或相似问题所形成的定型化的思维模式。思维定势是人类心理活动的普遍现象。一个人如果形成了某种思维定势,就好像在头脑中筑起了一条思考某一类问题的惯性轨道。有了它,再思考同类或相似问题的时候,思考活动就会凭着惯性在轨道上自然而然地往下滑。思维定式是阻碍人前进的一条铁链,它使人的思维进入无法前进的死胡同。

要摆脱和突破一种思维定势的束缚,常常都需要付出极大的努力。西点教官提示学员说,无论是在创新思考的开始,还是在其他某个环节上,当我们的创新思考活动遇到了障碍,陷入了某种困境,难以再继续想下去的时

候,往往都有必要认真检查一下:我们的头脑中是否有了某种思维定势在起束缚作用?我们是否被某种思维定势捆住了手脚?

男人们,可能你也有这样的感受:人们总是很容易陷入到固有的思维模式里去,有时候明明某种想法对解决问题没有很好的效果,却非得按照常规去做,结果白白地耗费了时间和精力。有这样一个故事:

在美国加州,有一家老牌饭店——柯特大饭店。

曾经,这家饭店的老板准备筹建一个新式电梯,他重金聘来世界各地的著名建筑师和工程师,他希望他们能一起解决这个建筑问题。

不得不承认的是,这些建筑师和工程师们的经验是丰富的,他们根据自己的经验提出,要改造电梯,饭店就必须停止营运,而这一点,实在让老板很苦恼,这意味着饭店将要遭受经济上的损失。

他问:“难道就真的没有别的方法了吗?”

“是的,我们一致认为,再也没有比这更好的方法了,饭店要停止营运半年,对于经济上的损失,我们也很难过……”建筑师和工程师们坚持说。

就在老板为此头疼的时候,饭店的一个年轻的清洁工说出了一段惊人的话:“难道非要把电梯安在大楼里吗,外面不可以?”

“多么好的方法啊!我们怎么没有想到呢?”工程师和建筑师听了,顿时诧异得说不出话来。

很快,这家饭店采用了年轻人的计策——屋外装设了一部新电梯,而这就是建筑史上的第一部观光电梯。

这位年轻的清洁工为什么能提出与众不同却又巧妙绝伦的解决难题的方法?因为他能跳出专家们的固定思维。的确,在建筑师、工程师们看来,电梯就应该安装在房间内部,却想不到电梯也可以安装在室外。

事实上,生活中,不少男人在解决问题的时候,都听从了内心所谓的“经验”的摆布。问题不在于他们的技术高低、学识多寡,而在于他们突破不了固有的思维方式。工程师和建筑师被专业常识束缚住了,而清洁工的脑子里没有那么多条条框框,思路很开阔,所以才会想出令专家们大跌眼镜的妙招。

的确,现代社会,我们都强调要创新,任何重大成果的发现,都离不开创新意识的发挥。同样,男人们,你也应该摒除生搬硬套和墨守成规这两点,学会突破,你才能有所收获。

具体来说,你需要做到以下几点:

1. 多动脑

思考是提出质疑、发现新问题的前提,也是帮助我们找到真理的唯一途径。许多非常成功的人,都是善于思考的。牛顿通过对苹果落地现象的质疑产生了关于重力的思想。爱因斯坦通过对太阳的质疑产生了关于相对论的思想。爱迪生因为最爱向老师问"为什么"而成为伟大的发明家。要知道,一个不善思考的人又怎么能否定固有经验和思维从而有所突破呢?

2. 大胆地说出自己的想法

你要敢于说出自己的想法,遇到问题要敢于打破常规,发挥自己的想象力,凡事没有标准答案,敢于提出不同的答案和见解,久而久之,你就能培养出不被经验束缚的判断习惯了。

3. 不要让理论知识束缚手脚,否定自己的能力

比如,在面对一项工作时,一个人如果对有关知识了解不深,他会说:"做做看。"然后着手埋头苦干,拼命地下工夫,结果往往能完成相当困难的工作。但是有知识的人,常会一开头就说:"这是困难的,看起来无法做。"这实在是划地自限,且不能自拔。

4. 多参加社会实践

参加社会实践,对于你来说,也绝对不是什么形式主义,更不是走过场。你会在活动过程中,得到许多的乐趣。真正的知识是对于一种事物发展规律的正确认识和经验。如果你什么社会生活的经验都没有,那所谓的知识只能是书本上的"死"知识,而不是生活中真正的知识。这样的你也决不能自立,更别说经受得住社会的洗礼了。

西点男人精神

经验、资历在具备让你少走很多弯路的这一积极影响的同时,还具有一

定的负面作用,那就是影响你的判断。男人们,如果你想破除经验、资历给你的思维带来的负面作用,就要做到敢于自我否定,摒除观念思维、经验主义等主观定势,不要给自己上思维枷锁。

逆向思维也许会有意想不到的收获

生活中的男人们,可能你都有这样的经历:你已经习惯了从茎窝凹处切分苹果,若不改变切法,不管切多久,都不会有新奇的发现;若横切一刀,你就会发现:苹果核竟显示出清晰的五角星状。的确,很多时候,当我们的思维处于短路的状态时,假如我们换条思路进行逆向思维的话,就会豁然开朗,找到头绪。所谓逆向思维,也叫求异思维,它是对司空见惯的似乎已成定论的事物或观点反过来思考的一种思维方式。敢于"反其道而思之",让思维向对立面的方向发展,从问题的相反面深入地进行探索,树立新思想,创立新形象。当大家都朝着一个固定的思维方向思考问题时,而你却独自朝相反的方向思索,这样的思维方式就叫逆向思维。

生活中,男人们,可能你已经习惯于沿着事物发展的正方向去思考问题并寻求解决办法。其实,对于某些问题,尤其是一些特殊问题,从结论往回推,倒过来思考,从求解回到已知条件,反过去想或许会使问题简单化。

我们先来看一个关于逆向思维的经典小故事:

加里·沙克是一个具有犹太血统的老人,退休后,在学校附近买了一间简陋的房子。住下的前几个星期还很安静,不久有三个年轻人开始在附近踢垃圾桶闹着玩。

老人受不了这些噪音,出去跟年轻人谈判。"你们玩得真开心。"他说,"我喜欢看你们玩得这样高兴。如果你们每天都来踢垃圾桶,我将每天给你们每人一块钱。"

三个年轻人很高兴,更加卖力地表演"足下功夫"。不料三天后,老人忧

愁地说:“通货膨胀减少了我的收入,从明天起,只能给你们每人五毛钱了。”年轻人显得不大开心,但还是接受了老人的条件。他们每天继续去踢垃圾桶。

一周后,老人又对他们说:“最近没有收到养老金支票,对不起,每天只能给两毛了。”“两毛钱?”一个年轻人脸色发青,“我们才不会为了区区两毛钱浪费宝贵的时间在这里表演呢,不干了!”从此以后,老人又过上了安静的日子。

按照一般人的想法,肯定是用强力赶走制造噪音的人,至于是否奏效则没有保障。犹太老人用了一个看起来很傻的办法,却达到最终想要的效果。

我们再来看一个关于逆向思维的经典小故事:

从前,有个理发师傅收了一个徒弟。徒弟学艺 3 个月后出师了,师傅让他正式上岗。他给第一位顾客理完发,顾客照照镜子说:“头发留得太长。”徒弟不语。师傅在一旁笑着解释:“头发长使您显得含蓄,这叫藏而不露,很符合您的身份。”顾客听罢,高兴而去。

徒弟给第二位顾客理完发,顾客照照镜子说:“头发留得太短。”徒弟不语。师傅笑着解释:“头发短使您显得精神、朴实、厚道,让人感到亲切。”顾客听了,欣喜而去。

徒弟给第三位顾客理完发,顾客边交钱边嘟囔:“剪个头花这么长的时间。”徒弟无语。师傅马上笑着解释:“为‘首脑’多花点时间很有必要。您没听说:进门苍头秀士,出门白面书生!”顾客听罢,大笑而去。

徒弟给第四位顾客理完发,顾客边付款边埋怨:“用的时间太短了,20 分钟就完事了。”徒弟心中慌张,不知所措。师傅马上笑着抢答:“如今,时间就是金钱,‘顶上功夫’速战速决,为您赢得了时间,您何乐而不为?”顾客听了,欢笑告辞。

故事中的这个师傅,能说会道,巧妙地运用了逆向思维,在几种截然不同的情况下,都能帮助徒弟转危为安,从而使徒弟摆脱了尴尬,让顾客满意离去。

的确,思路一变天地宽,很多时候,在你看来似乎无路可走的情况下,只要你能转换思考的角度,就能找到出路。

某时装店的经理不小心将一条高档呢裙烧了一个洞,其身价一落千丈。如果用织补法补救,也只是蒙混过关,欺骗顾客。这位经理突发奇想,干脆在小洞的周围又挖了许多小洞,并精于修饰,将其命名为"凤尾裙"。一下子,"凤尾裙"销路顿开,该时装商店也出了名。

逆向思维带来了可观的经济效益。无跟袜的诞生与"凤尾裙"异曲同工。因为袜跟容易破,一破就毁了一双袜子,商家运用逆向思维,试制成功无跟袜,创造了非常良好的商机。

男人们,在日常生活中,在做事时,你习惯先用逆向思维去考虑吗?这个社会大多数人还是选择跟随主流方向走的,那些与人群相逆的人,常被视为不入流的傻帽。然而,正如真理往往掌握在少数人手里一样,财富与成功也往往掌握在少数人手里。那些少数的"笨蛋",那些从来不按套路出牌的"笨蛋",就是他们享受着财富和成功的青睐。

关于运用逆向思维,男人们,你需要掌握以下三大类型:

1. 反转型逆向思维法

这种方法是指从已知事物的相反方向进行思考,产生发明构思的途径。"事物的相反方向"常常从事物的功能、结构、因果关系三个方面作反向思维。比如,市场上出售的无烟煎鱼锅就是把原有煎鱼锅的热源由锅的下面安装到锅的上面。这是利用逆向思维,对结构进行反转型思考的产物。

2. 转换型逆向思维法

这是指在研究一个问题时,由于解决这一问题的手段受阻,而转换成另一种手段,或转换思考角度思考,以使问题顺利解决的思维方法。如历史上被传为佳话的司马光砸缸救落水儿童的故事,实质上就是一个用转换型逆向思维法的例子。由于司马光不能通过爬进缸中救人的手段解决问题,因而他就转换为另一手段,破缸救人,进而顺利地解决了问题。

3. 缺点逆用思维法

这是一种利用事物的缺点,将缺点变为可利用的东西,化被动为主动,

化不利为有利的思维发明方法。这种方法并不以克服事物的缺点为目的,相反,它是将缺点化弊为利,找到解决方法。如金属腐蚀是一种坏事,但人们利用金属腐蚀原理进行金属粉末的生产,或进行电镀等其他用途,无疑是缺点逆用思维法的一种应用。

西点男人精神

换一种思维,就会从另外一个方面判断问题,从而把不利变为有利。换一种思维方式,把问题倒过来看,不但能使你在做事情时找到峰回路转的契机,也能使你找到生活中的快乐。

《第 16 则》

心细如丝:做男人苛求细节追求完美

西点军校前校长潘莫曾说:“最聪明的人设计出来的最伟大的计划，执行的时候还是必须从小处着手,整个计划的成败就取决于这些细节。”同样,生活中的男人,你也应该以这句话为做事信条。如果你想使绩效达到卓越的境界,那么你今天就可以达到。不过你得从这一刻开始，摒弃对小事无所谓的恶习才行。想要成就一番事业,必须从简单的事情做起,从细微之处着手是成功者的共同特点，就是能做小事情,能够抓住生活中的一些细节,踏踏实实地做下去。

男人不要忽视细节，细节往往决定生死

相信在生活和工作中，每个男人都听到身边的人说："细节决定成败"，这绝不是一句空口号，它意在告诉每个男人，将任何有意义的事情做好，是你成功的预示。因为你比别人多付出，你在实际工作中也比别人想得更周到。成就决非朝夕之功，凡事必须从小做起，只要有意义。

男人们敬仰的西点人并不单单是勇气可嘉的、粗犷的战士，他们同样深信细节的力量。西点让所有的学生都明白，战场上，任何一个细微的错误、一个细节的忽略都有可能导致流血牺牲，甚至整个战局的改变。战场上无小事，细节决定成败。西点人除了能深刻明白"罗马并非一天建成的"这个道理，还深知"千里之堤毁于蚁穴"。细节能带来成功，同时也能导致失败。细节就好比是精密仪器上的一个细微的零部件，虽然只是一个细小的组成部分，但是却起着重要的作用，一旦这个"零部件"出错，那就意味着全盘皆输。

古英格兰有一首著名的歌谣："少了一枚铁钉，掉了一只马掌，掉了一只马掌，丢了一匹战马，丢了一匹战马，败了一场战役，败了一场战役，丢了一个国家。"这是发生在英国查理三世的故事。查理准备与里奇蒙德决一死战，查理让一个马夫去给自己的战马钉马掌，铁匠钉到第四个马掌时，差一个钉子，铁匠便偷偷敷衍了事。不久，查理和对方交上了火，大战中忽然一只马掌掉了，国王被掀翻在地，王国随之易主。

百分之一的错误导致了百分之百的失败，一钉损一马，一马失社稷，你是否听到一个远去的王朝风中的悲鸣——细节决定兴亡！

因此,每个男人在日常的思维活动中,都要尽量做到面面俱到,关心细节处,只有这样,才能减少失误。

那么,男人们,你该如何做到细节上的成功呢?

1. 细节上的创新

管理学家杜拉克曾说过:“行之有效的创新,在一开始可能并不起眼。”所以,不要以为创造就得轰轰烈烈、惊天动地,工作中的小改小革,方式方法的调整同样是一种创造。在细节处创新,检验着一个人是否有见微知著的真功夫,是否有明察秋毫的眼光,是否有于细微处洞察事理的头脑。这就需要你自觉地加强学习,求知于书本,问计于群众;创新于实践,不断提高观察细节问题、解决细节问题的能力。

2. 具备吃苦耐劳的精神

不下真功夫、苦功夫,就抓不住细节。只有思想刻苦,才能做到考虑得细、谋划周密。只有工作刻苦,不厌其烦地反复斟酌、推敲,才能找到关键细节,使工作获得突破性进展。

西点男人精神

男人能否充分重视细节,直接关系到你的人生的成败。把握细节就是把握了关键。世界上许多伟大的事业都是由点点滴滴的细节小事汇集而成的。在小节上能够表现好的人,他在成功之路上一定会走得顺畅。

男人要养成专注细节的好习惯

在市场经济的今天,每个男人都必须要参与人际竞争,能否在竞争中脱颖而出,关键在于你是否抓住了一个“小”字。也许有些男人总是粗心大意,对事物的细节不屑一顾,太自信“天生我才必有用,千金散尽还复来”。殊不

知,我们普通人,大量的日子,都是在做一些小事。假如每个人能把自己所在岗位的每一件“小事”做好,做到位,就已经很不简单了。每个人能一心一意地去做事,世上就没有做不到的事,成功和完美并不是遥不可及,而是要在点滴中去积累。你不能一味地去追求成功、追求完美,成功和完美固然重要,但是在追求的同时我们更要把握过程,只有把每个过程中的细节做到完美,把每件小事做到完美,那么最终的结果一定会完美。

细节可以体现一个人在日常生活中的修养,也是评价和衡量一个人的重要因素之一。一个人的修养同时也决定了他在工作和对待事物时的态度,两者是相辅相成的。世界创业实验室报道:沃伦·巴菲特给年轻人的忠告是,我们可以看到,那些做事马虎的年轻人是很难有所作为的。

相对于女性来说,男人要做到细心、专注细节确实不易,但一旦养成这一习惯,它将会使你终生受益。因为细节中往往蕴含着机会,细节往往决定着成败。

西点前校长潘莫将军就说过:“细枝末节最伤脑筋。”他的意思是说,即使是最聪明的人设计出来的最伟大的计划,执行的时候还是必须从小处着手,整个计划的成败就取决于这些细节。

德怀特·D.艾森豪威尔曾经强调“每一个细节背后的伟大力量”。西点也深信细节的力量,因此他们一再强调必须熟知每一个细节,从背诵一些小诗句、擦亮扣环,到 M16 的构造和使用。

而实际上,生活和工作中,想做大事的男人很多,但愿意把小事做细的男人却很少。大而化之、马马虎虎的毛病似乎还是不绝与眼,社会上的“差不多”先生比比皆是。大概、几乎、或许、可能……成了“差不多”先生的常用语。看不到细节,或者不把细节当回事的人,对工作缺乏认真的态度,对事情只能是敷衍了事。这种人无法把工作当做一种乐趣,而只是当做一种不得不受的苦役,因而在工作中缺乏工作热情。他们永远只能做别人分配给他们做的工作,甚至即便这样也不能把事情做好。而考虑到细节、注重细节的人,不仅认真对待工作,将小事做细,而且注重在做事的细节中找到机会,从而使自己走上成功之路。

生活中的男人们，无论你处于什么样的职位，一个有责任心的员工肯定是注重细节的，因此，很多大公司在招聘员工的时候，考察的一个重点——也是比较容易被忽视的一点——就是细节问题。

曾经有一个故事，讲的是一个理工科女孩和十几个男孩一起竞争一名技术主管的职务。面试时，主考官并没有按照正常流程走，而是只让应聘者随便在公司内走上一圈，然后发表个人对公司的看法。这十几个男孩都大谈特谈规模、前景、抱负等。而最终，让他们意想不到的是，这家公司居然录用了这名身材弱小的女生，其实原因很简单，因为她在参观洗手间时将一个正在滴水的龙头牢牢关好了。

这就是重视细节带来的良好效应。的确，在我们的人生中，很多细节都会像我们遇到过的路人一样被我们遗忘。但总有一些细节，会深深地打动我们，甚至在我们的记忆中打上深深的烙印，成为我们留给别人的难以抹去的印象。细节虽小，但它的力量是难以估量的。这就是细节效应，因为细节更能看出一个人的性格、品性、态度等各个方面。

细节之重要，不仅对于企业，对于个人同样如此。男人们，无论你是企业中手握重权的大人物还是从事平凡工作的一般人，无论你所从事的具体工作是什么，注重工作的细节，讲求工作实效都是时代对你的要求，否则你将被快速发展的社会所淘汰。这是为无数事例所印证了的事实。作为这一时代的一分子，忠于职守，敬业爱岗，踏实认真地关注每一个细节，做好每一件小事都是你必须遵循的做事原则。

西点男人精神

认真是一个男人做好一件事情的前提，如果对什么事情都敷衍了事，草草出兵，草草收兵，必然做不好。然而是否重视细节是一种习惯，要形成这种习惯，不能光说不练，要靠平日里的习惯培养，久而久之，你也就有了自我控制的能力，把重视细节当成一种习惯。

男人做事认真观察,从细节上排除问题

天下难事,必做于易;天下大事,必做于细。中国有句俗话:千里之堤,溃于蚁穴。正如汪中求在《细节决定成败》中所说的:“芸芸众生能做大事的实在太少,多数人的多数情况总还只能做一些具体的、琐碎的、单调的事。也许过于平淡,也许鸡毛蒜皮,但这就是工作,是生活,是成就大事不可缺少的基础。”随着经济的发展,专业化程度越来越高,社会分工越来越细,每个男人在做事时都被要求要认真仔细,否则一旦你的环节出现问题,会影响整个团队的运转。

无数前人的经验教训已经让那些粗心大意的男人们明白细节的重要性,但实际上,他们还是无法做到细节上的完善,这是为什么呢?原因很简单,他们在工作和做事的过程中,用心的同时并没有动脑,要知道,细节之所以为细节,是需要我们用敏锐的触角去观察继而排除问题的。

中国古代有这样一个故事:

很久以前,在黄河岸边,有一座村庄,这座村庄的村民经常受到黄河水患的祸害。于是,为了防治水患,农民们筑起了巍峨的长堤。

一天,一个老农在大堤上发现有好几个蚂蚁窝,老农心想,这些蚂蚁窝会不会对黄河大堤产生一些负面影响呢?于是,他把自己的担忧告诉了自己的儿子和村里人,但他们听后不以为然地说:那么坚固的长堤,还害怕几只小小的蚂蚁吗?于是,老农也放心地耕地去了。

谁知道,当天晚上就下起了大雨,黄河水暴涨。咆哮的河水从蚂蚁窝始而渗透,继而喷射,终于冲决长堤,淹没了沿岸的大片村庄和田野。

这就是“千里之堤,溃于蚁穴”这个成语的来历。生活中的男人们,可能你也发现,在你生活的周围,也经常发生因为细节上的欠缺考虑而导致“满盘皆输”的后果。这给你一个警示:无论是学习还是做事,都要做到思虑周

全,忽略细节容易导致功亏一篑。当然,做好生活中的每一件小事也并不容易。

西点军官奥马尔·纳尔逊·布莱德雷就是这样一个具备敏锐的观察力的军事奇才。

1924年,布莱德雷被任命为数学系的副教授。在数学科目之外,他广泛涉猎和研究了大量的军事史著作和军事人物传记,对美国南北战争时期的威廉·谢尔曼将军的才能和军事思想最感兴趣。美国陆军在1920年代盛行第一次世界大战中的战壕争夺战术,很多人将这一战术视为永久不变的经典。布莱德雷却认为,拥有"运动战大师"美誉的谢尔曼将军的战术思想更符合未来的潮流;他坚信在未来战争中,运用大部队迅速穿插敌方腹部才是击败敌人的最佳方式,运动战将成为主宰未来战争的主流战术。此时的西点军校数学系副教授布莱德雷已经初步具备了敏锐的军事观察力和潜在的军事天赋。

再后来,于1924年9月,布莱德雷获准进入本宁堡步兵学校深造一年,着重学习"运动战"战术和陆军武器的使用。事实上,这一战术,为后来他在莱茵河之战和诺曼底登陆等著名战役中埋下了成功的伏笔。

1950年9月15日,麦克阿瑟指挥美军在朝鲜半岛中部西海岸的仁川成功实施了大胆的登陆行动。9月22日,布莱德雷因美军卷入朝鲜战争再次获得晋升,杜鲁门总统亲自将陆军五星上将的徽章钉在他的肩膀上。这样,继马歇尔、阿诺德、麦克阿瑟和艾森豪威尔之后,57岁的布莱德雷成为美军参加过第二次世界大战的最年轻和最后一位陆军五星上将。

现实生活中,我们周围并不缺少雄韬伟略的战略家,而缺少精益求精的执行者。现在很多商业领域已经进入了微利时代,大量人力、财力的投入往往只为了赢取几个百分点的利润。而如果我们不能提高警惕,忽视了某个细节问题,就足以使有限的利润化为乌有。

的确,思维指导行动,如果思虑不周全,那么,就好比一个机器上的关键零件出现故障。任何一个男人,无论是在学习还是做事的过程中,都要做到多思考、勤思考。思维的力量是巨大的,但人的大脑就如同一台机器,长时

间不使用,它的工作能力就会下降甚至不适用。真正的“有头脑”,指的是善思考、勤实践,有思想、智慧、远见、卓识和才干。一个人虽然长着脑袋,但若不善用脑袋,没有思想、智慧、远见、卓识和本领,是不能算是有头脑的。

其实,每个男人都清楚,这是一个靠细节取胜的年代,个人与集体要想有所成就,都离不开细节,细节之中往往潜藏着巨大的机会,但前提是你要善于观察,在细节中便能寻找机遇。

所以,男人们,你要做重视细节特别是生活细节的人,处理好这方面问题,并注重最大限度地利用好能利用的身边资源,在细节中发现新思路,开辟新的领域,充分表现出个人的创新意识与创新能力,出色高效地完成学习、工作任务,提高绩效指数,让自己的发展更上一层楼,取得更大的成就。

西点男人精神

平庸和杰出的差距就在一些细节中,一些看似不起眼的细节,却往往是从平庸到杰出的天堑。点滴的小事蕴藏着丰富的机遇。但前提是,男人们,你要懂得善于观察,开动脑筋,就能减少细节上的失误,赢得细节上的机遇。

让细节发光,男人成大事须从小细节突破

有人问洛克菲勒:“成功的秘诀是什么?”他说:“重视每一件小事。我是从一滴焊接剂做起的,对我来说,点滴就是大海。”的确,不关注小事或者不做小事的人,很难相信他会做出什么大事。做大事的成就感和自信心是由做小事的成就感积累起来的。一切的成功者都是从小事做起,无数的细节就能改变生活。成功者之所以成功,在于他们不因为自己所做的是小事而有所倦怠。

因此,生活中的男人们,你始终要记住的是,无论你的目标有多大,你都需要从小事做起,从手头工作开始。平庸和杰出的差距就在一些细节中,这

是一个细节制胜的时代，对于自己的工作无论大小，都要了解得非常透彻，数据应该非常准确，事实也应该非常真实，这样才能脚踏实地完成宏伟的目标。

西点人非常注重细节。背诵“新生知识”是西点训练中一个行之久远的办法。这套冗长固定的“新生知识”，除了记住会议厅有多少盏灯、蓄水库有多大的蓄水量之外还包括日程和行事历。新生必须背诵出当天相关的讯息：包括日期、重要的运动或电影，一直到距离未来的重大活动还有多少天；最后的高潮是距离应届班的毕业典礼还有多久……

新生都要轮流站在走廊的时钟下面，大声清楚地报时：“距离晚餐集合还有五分钟。穿上课制服。我再重复一次，距离晚餐集合还有五分钟……”

报日程的时候如果有任何错误，学长都会过来质问，甚至导致新生最害怕的处罚……

这样的技能训练乍一看来微不足道，但长期坚持下来的作用却是非常巨大的，它能够使学员练就非凡的记忆力和认真细致关注细节的良好习惯，它能够使学员在繁忙、紧张、急迫、险恶的情况下无意识地、得心应手地应对各种问题。

西点学子非常敬仰的美国第26任总统西奥多·罗斯福，凡是须经他签名的信函，他总要亲笔更动几个字后才发信。起初秘书认为自己撰写得不够好，后来秘书发现他是每封信都改，有一天实在忍不住，问总统是否对所有信都不满意。罗斯福摇头说：“我为了怕收信人误认为信函全由秘书代写代打，我只不过签个名而已，所以我一定要用笔更动一两个字。这么一来，每封信都增加了‘人情味’，不再那么冷冰冰了。”

男人们，你也应该了解到，追求完美并不困难，就像擦鞋一样易如反掌。只要你学会了把鞋擦亮，对于更重大的事情，同样可以做到尽善尽美。

的确，很多小事，你能做，别人也能做，只是做出来的效果不一样。往往是一些细节上的功夫，决定着事情完成的质量。

毫无疑问，每个男人都渴望成功。但成功要靠一步步的积累，一个人能否成就卓越，取决于他是否做什么事都力求做到最好，其中自然也包括那些

再平凡不过的小事。事实上,会利用机会的男人,往往不是那些把机会奉为神明的人,他们从没把希望寄托在机遇上,他们知道,大事业是从小处开始的,他们明白,一砖一木垒起来的楼房才有基础,一步一个脚印才能走出一条成功的道路。

美国福特公司名扬天下,不仅使美国汽车产业在世界占据鳌头,而且改变了整个美国的国民经济状况,谁又能想到该奇迹的创造者福特当初进入公司的敲门砖竟是捡废纸这个简单的动作?

那时候福特刚从大学毕业,他到一家汽车公司应聘,一同应聘的几个人学历都比他高,在其他人面试时,福特感到没有希望了。当他敲门走进董事长办公室时,发现门口地上有一张纸,很自然地弯腰把它捡了起来,看了看,原来是一张废纸,就顺手把它扔进了垃圾篓。董事长对这一切都看在眼里。福特刚说了一句话:我是来应聘的福特。董事长就发出了邀请:很好,很好,福特先生,你已经被我们录用了。这个让福特感到惊异的决定,实际上源于他那个不经意的动作。从此以后,福特开始了他的辉煌之路,直到把公司改名,让福特汽车闻名全世界。

平安保险公司的一个业务员也有与福特相似的惊喜。他多次拜访一家公司的总经理,而最终能够签单的原因,仅仅是他在去总经理办公室的路上,随手捡起了地上的一张废纸并扔进了垃圾桶。总经理对他说:我观察了一个上午,看看哪个员工会把废纸捡起来,没有想到是你。而在这次面见总经理之前,他还被晾了 3 个多小时,并且有多家同行在竞争这个大客户。

可见,对于细节必须精益求精。细节可以体现出一个人的工作、学习态度,行为方式,做人理念,注重细节是一个优秀人才所必备的素质,具备这样素质的人才能创造出色的业绩。

总之,男人们,无论你现在从事什么工作,你的职位如何,那种大事干不了、小事又不愿干的心理都是要不得的。要知道,没有人可以一步登天,当你认真对待每一件小事,你会发现自己的人生之路越来越广,成功的机遇也会接踵而来。

西点男人精神

对于细节给予必要重视的男人，必定是有着敬业精神与较强责任心的人；反之，对细节马马虎虎，不以为然的男人，是不可能在竞争中具有优势的。

《第 17 则》

精于合作:做男人沟通协作追求双赢

西点 82 届学员、西尔斯公司的第三代管理者罗伯特·伍德说:“不论再强大的士兵都无法战胜敌人的围剿,但我们联合起来就可以战胜一切困难,就像行军蚁(美洲的一种食人蚂蚁)一样把阻挡在眼前的一切障碍消灭掉。”这正是合作的力量。中国人也常说:“三个诸葛亮,赛过一个诸葛亮”,这句话很明确地表明了团队合作的意义:团队行动可以达到个人无法独立完成的成就。同样,每个智慧的男人,都要学会借助他人的力量,只有这样,才能让你更高效地工作,更容易在事业上取得突破。

合作能使男人更加强大

我们都知道,21 世纪是一个合作的时代,合作已成为人类生存的手段。因为科学知识向纵深方向发展,社会分工越来越精细,人们不可能再成为百科全书式的人物。每个人都要借助他人的智慧完成自己人生的超越,于是这个世界充满了竞争与挑战,也充满了合作与快乐。

任何一个男人,无论你的能力如何,无论你的知识多么渊博,你都必须要对合作引起重视,并把合作的意识运用到日常的工作中。这正如石油大王洛克菲勒所说的:“合作,可以让我们做到我们原来所做不到的事情。”可以说,合作能使男人更加强大。

西点人十分注重相互合作,他们深知只有合作才能发展,单纯依靠个人自身的力量是不能够真正强大起来的。

在西点,教员们都会对新学员进行这方面的教育,使他们懂得:一个人的能力是有限的,当一项工作或任务远远超出个人能力范围时,进行团队协作就势在必行。西点军人的团队不仅能够完善和扩大个人的能力,还能够帮助成员加强相互理解和沟通,把团队任务内化为自己的任务,真正做团队工作的主人,这样的团队会战胜一切困难,赢得最终的胜利。而作为这样的团队成员也会在团队协作这个过程中迅速地成长起来。

西点军校有个说法叫“你得合作,才能毕业”。比如说,有些学员文化成绩很好,运动成绩却不行,有些人恰好相反。所以他们就把这两种人组合起来,让他们互相帮助,共同毕业。西点在实际的工作环境中,尽量模拟学员将来在战场上可能经历的情境,培养他们的团队精神和默契。在西点军校

巴克纳野战营,有一个活动,是把学员分成每组 35 人左右的几个小组,大约是一排的规模,让各组在几个小时之内完成组合桥梁的任务。这是必须靠团队合作才能完成的任务,这种组合桥,每一块桥面和梁柱都有几百公斤重,光是要抬起一块桥面,就需要一群人的力量。

西点通过训练,让每一位学员在训练中体验到团结的力量有多大。这种在实际行动中所亲自体验到的团队力量,比长篇大论分析团队合作如何增强个人的力量,要管用得多。具有团队精神的集体,可以达到个人无法独立完成的成就。

事实上,很多成功的男人,都不是恃才傲物者,他们深知一个人的能力是有限的,只有善于与人合作的人,才能够弥补自己能力的不足,达到自己原本达不到的目的。

在西点军校的课堂上,为了培养学员们的合作意识,教官们经常讲这样一个故事。

一天夜里,台风来袭,下了很大的雨,不到一会儿的工夫,河堤也决口了,村子很快被洪水淹没了。第二天一大早,人们站在村庄的高处,看着已经被淹没的家园,倍加伤感。

正在这时候,有人看见水面漂了个东西,于是,他大喊:“快看,好像有个人!”于是村长让村里会游泳的人下水去看看,但过了一会儿,此人就游回来了,他对村长说:“是一个蚁球!”

就在他说话时,人们发现,那个黑点又漂了过来,越来越近,人们看清了:这个蚁球居然有足球那么大!这些黑乎乎的蚂蚁们紧紧地抱在一起,洪水迅猛,很多外层的蚂蚁如同被剥去的洋葱皮一样被剥离开,掉进水里,最后漂浮在水上,它们牺牲了。

慢慢的,这个蚁球终于漂到岸上了。此时,蚁球上的蚂蚁很有秩序地逐渐散开,像极了一艘打开的救生艇。随后,它们列成队,逐渐离开了岸堤。在岸边,人们看到了很多牺牲的蚂蚁,但它们仍然紧紧地抱在一起。

面对死亡,蚂蚁仍能团结地抱在一起,彼此依靠,互相信任,冷静地抗击灾难。团结就是力量,如果人心所向,众志成城,就能以最小的代价获取最

大的成功。

哲学家威廉·詹姆士曾经说:“如果你能够使别人乐意和你合作,不论做任何事情,你都可以无往不胜。”俗语说:单丝不成线,独木不成林。任何大事都是由众人合作完成的,不是个人的能力问题。没有桃园三结义,刘备怎么可能三鼎天下;西游记中没有唐僧师徒四人的通力合作,又怎能取得西天真经?没有汉初三杰和豪杰们的合作,刘邦不可能建立汉朝。

同样,现代社会,单打独斗的个人英雄主义已经行不通,任何一项任务的完成,任何一个产品的制作,都要分为好几个步骤和工序,由好几个人来共同完成。比如,一个医术高明的外科医生,必须有几个好助手或技术熟练的护士配合,才能完成高难度的手术。所以,一个男人如果缺乏与他人合作的精神与能力,他不仅在事业上不会有所建树,甚至连适应社会都会感到困难。

生活中的男人,你一定要学会将自己融入团队,并最大限度地发挥自己的潜力,唯有善于与人合作,才能获得更大的力量,争取更大的成功。

西点男人精神

任何一个男人,他的能力都是有限的,只有善于与人合作,才能够弥补自己能力的不足,进而获得更大的力量,争取更大的成功。

男人学会分享,独乐不如众乐

萧伯纳有句名言:“我有一个苹果,你有一个苹果,交换一下每人还是一个苹果;我有一个思想,你有一个思想,交换一下每人至少有两个以上的思想。”这就是分享的快乐。分享,是指将自己喜爱的物品、美好的情感体验及劳动成果与他人共享的过程。“分享”意味着宽容的心,意味着协同能力、交往技巧与合作精神,这些都是任何一个现代男性必须具备的重要素质。人

生在世，每个人都需要和别人分享。分享快乐，分享痛苦，这样对自己有好处的同时，对别人也有好处，就是现在说的“双赢”。

俄国作家西比利亚克曾说：“如果一个人仅仅想到自己，那么他一生里，伤心的事情一定比快乐的事情来得多。”这句话的含义是，自私者无法享受真正的快乐。然而，心理专家认为，自私是人的天性，就像贪吃是人的天性一样。从我们刚出生开始，我们就是自私的，我们不愿把手中的食物和玩具分给其他人。只不过，在逐渐成长的过程中，我们受到了教化，逐渐改正了自私的毛病。而另外一些人，却变本加厉，他们对家人、父母、朋友都很自私，总是一味地索取。实际上，那些自私的人凡事从自己的利益考虑，他们不愿与人合作，他们总会遭到别人的鄙视，也不可能有好的前景。他们鼠目寸光，总是放不开，觉得自己的东西总是来之不易，而且体会不到分享的快乐。别人也会对其渐渐失去兴趣，因为他们在自私者身上得不到快乐的感觉。

然而，不得不承认的是，在现实生活中，自私、不愿意与人分享的男人并不少见。这虽然不是什么大毛病，但如果是一个什么都不愿与他人分享，独占意识很强的人，是很难与他人形成良好的人际关系的。所以，对于男人来说，培养与他人分享的意识很重要。

在男人们曾向往的西点学校，任何学员之间的关系既是合作的，也是竞争的，更是一个相互欣赏的团队。西点人深知，具有独立个性的人，必须融入群体中去，才能促进自身发展。要想具有团队精神，就离不开对团队的归属感。强烈的归属感可以改变一支弱小队伍的气势，并造就出非凡的将军。

在这样一个团队中，他们都是快乐的，因为他们懂得相互分享。在西点的课堂上，为了培养学员们的分享意识，教官们经常讲这样一个故事：

很久以前，在一个小山村里，住着四个兄弟，他们的父母早早就离开人世了，“长兄为父”，最大的那个男孩便承担了照顾弟弟们的重任。

这天，哥哥从城里打完工回来，捎回来三块糖。这对于这个贫苦的家来说，简直是最好吃的食物了。看着弟弟们高兴的样子，哥哥便对他们说：“好吃不？”弟弟们都不停地点头，对哥哥说：“哥哥，你什么时候再给我们买糖

啊?”哥哥说:“如果你们每天都快快乐乐的,哥哥每天都给你们带糖吃。”

可是,这些没爹没妈的孩子怎么才能天天都快乐呢?

哥哥虽然每天进城,但干的都是一些体力活,比如,给人搬砖、打杂等,那些城里人都不给他什么好脸色,但他总是很高兴,因为他一想到家里的三个弟弟很开心,他也就没什么烦恼的了。

三个弟弟在家里,虽然见不到哥哥,但也总是很高兴。他们在河边嬉戏,在树林里玩游戏,他们会想念哥哥,不是因为哥哥会给他们带糖吃,而是担心哥哥在外面的安危。

有一天,哥哥还和往常一样从城里回来,但这次,哥哥并没有给弟弟们带糖,弟弟们看着哥哥的颓丧,仿佛都明白了什么。哥哥的眼睛仿佛也黯淡了很多。

过了会儿,一个弟弟把自己的拳头递给了哥哥,然后打开拳头,哥哥看到里面是六颗保存完好的糖果。接着,一只只小拳头伸向了哥哥,一颗颗糖果轻轻地落在了哥哥手中。哥哥顿时惊呆了,他搂住了三个弟弟,因为感动,哥哥不禁流下了热泪。

此后,哥哥还是和以前一样,每天都会给弟弟带回来三颗糖,但每天都有一个弟弟不吃,而是留给哥哥,因此,哥哥每天都能吃上弟弟给他的一颗糖。三个弟弟虽然每天都有一个没有糖吃,但他们比以前更加快乐。

这是个感人的故事,这些孩子,虽然每天有一个人没有糖吃,但却是快乐的。这就是分享的力量,这就是亲情的作用!相反,自私者是悲哀的,他们总是渴望占有,他们拼命地保护自己的东西,同时又想方设法地掠夺别人的;自私者是眼光短浅的,总是在乎眼前的一点点的利益,总是认为什么东西还是抓在手里比较放心。阿瑟·赫尔普斯曾经说:“许多人知道如何享乐,却不知道自己从何时起已不再向别人提供欢乐。”

因此,生活中的男人们,你若希望成为一个快乐的人,就一定要在生活中控制自私心理。

西点男人精神

男人需要友谊,有了朋友的快乐,才有了分享的快乐,也才是最理想的

快乐。人是社会动物,在分享的过程中,都有一个自己发掘快乐的独特领域,而这很可能是其他人缺乏的。人与人之间是需要沟通的,在不经意之间,你会发现快乐也能碰撞出绚丽的火花。在每一次交流中我们都会收获友情、知识,也收获了快乐。

扬长避短,男人在合作中充分发挥自身优势

每个男人都不得不承认的一点是,每个人都能力有限,而有心与人合作,善假于物,那就有可能避免这个缺陷。如果能取人之长、补己之短,而且能互惠互利,那么合作的双方都能从中受益。通过别人实现自己的愿望这是一种智慧,虽然不可能每个人都达到这一点,但每个人都可以与他人合作,携手做出更大的事业。

然而,要做到这一点,还还需要明白的是,团队是你个人的成功之源,你需要真正融入团队,在团队所有成员的共同协作下,最大限度地发挥自己的智慧和优势。任何一个西点人也是这么做的。

没有哪个组织能比西点军校更加强调队员自力更生的能力,也没有哪个组织比西点军校更加重视团队精神。这种表面上的矛盾很容易理解:每一位西点队员首先必须尽可能的足智多谋,才能为自己的团队出谋划策,而不是依赖团队。西点人从不将自己禁锢于一个狭小的圈子里。

男人们,我们不妨先来看下面这个故事:

一个跳伞运动员在一次跳伞活动中,一不小心被刮在了飞机的起落架上,高空中的冷风嗖嗖地吹着。很快,飞机驾驶员看到了出了意外的运动员,他不能见死不救,可是,他的座位离起落架太远了,他怎么也割不断救生伞,运动员只好一直被悬挂在起落架上。

为了要救这名运动员,驾驶员想方设法也无济于事,最后他决定,还是带运动员回机场。为了保障运动员的安全,他降低了飞行速度——由原来

的时速 80 公里降到现在的时速 60 公里。可是这样做,又会带来另外一个问题,飞机可能因为速度太慢而一头栽下去。当飞机在机场上空盘旋时,由于速度过慢,驾驶员已经感受到了飞机的震荡,稍不注意就可能发生危险。

此时,驾驶员眼前一亮,他发现前方有一片草地,如果能在草地上降落,那么,便能减少与飞机的摩擦,对保护运动员有好处。然而也有不利因素,如果处理不好仍然会造成机毁人亡,他想到了这点,但却不知运动员是怎么想的。要知道,此时配合不好的话,就会导致更为严重的意外。

然而,运动员似乎与飞机驾驶员心有灵犀一样,就在飞机落地的一瞬间,运动员猛地把自己身子缩小,把头勾起来,他这样做的目的就是不让自己在飞机落地时碰到地面,保护自己不受伤,他的冷静给他带来了生还的希望。

很庆幸,飞机成功降落,虽然运动员皮肤擦伤了,但其他一切正常。当他看到救他的车辆驶过来时,他兴奋地对救他的人说:“我太幸运了!”有人告诉他:“不是你幸运,是你们配合得太好了。”

可能你也为运动员捏了一把汗,但正是因为他与驾驶员的巧妙合作,最终化险为夷。这里,假设驾驶员对飞机的操作不够熟练,运动员对自己的身体机能把握不好,那么,他们必当逃不过这一关。类似这样的事生活中极少发生,然而说明了生活中配合与协助的精神是必不可少的。当然,在配合的同时,需要每个人都发挥自己最擅长的力量。

生活中的男人们,如果你现在正效力于一个团队,那么,你需要做到以下几点:

1. 做好自己的事情

团队合作中,最起码的事情就是把自己的事情做好。团队创造力的发挥也是建立在各尽其责上的。

男人绝不是弱者,你也要和其他同事一起按时做好自己的工作,并要做到更好,只有这样,你才能不给别人带来麻烦;也只有在这个前提下,你才能去帮助其他同事,否则你就有些轻重不分了。

2. 信任你的伙伴

既然是团队成员，就要相信自己的伙伴，相信他们能够与你协调一致，相信他们会理解你、支持你。一个团队只有在信任的氛围中才可能高效、有创造力地工作。如果大家相互猜忌、互不信任，那么分工就不可能，因为总有一些任务依赖于别的任务；同时猜忌的气氛让每一个人都不能全心投入到工作中去，也不利于成员们工作能力的发挥。

3. 要努力形成自己的优势

任何一个团队都不可能只要一种人才。各个领域、各种能力的人形成互补的优势越强，团队的竞争力也就越强，成功的希望也越大。因此，团队需要每一个个体都能够有自己的优势，而这种优势最好是团队中其他的个体所不具有的，正好可以弥补团队在某一个领域的不足。

4. 学会有效的沟通

沟通是传达、是倾听、是协调，也是一个团队和谐有序的润滑剂。在营销学里有一个“250 定律”，是美国著名推销员乔·吉拉德总结出来的。他认为每一位顾客身后大约有 250 名亲朋好友，如果你赢得了一位顾客的好感，就意味着赢得了 250 个人的好感；反之，如果你得罪了一名顾客，也就意味着得罪了 250 名顾客。销售人员与顾客的交往如此，人与人之间的沟通也如此。所以，认真对待你身边的每一个人，尤其是团队中的成员，会帮你赢得团队的信任，让生活充满热情，让工作更有效率。

西点男人精神

团队精神更是一种心灵的力量，它来自于团队成员对于肩负的使命的认同。现代社会的男人，必须要放下个人主义的思想，学会与人合作，并充分发挥自己的优势，才会产生奋斗的激情，才会有工作的动力。

缔造合作机会,男人把握合作主动

任何地方,只要存在竞争,谁都不可能孤军奋战,除非他想自寻死路。聪明的男人会与他人包括竞争对手形成合作关系,假借他人之力使自己存在下去或强大起来。然而,生活中的男人们,你会发现,在追求成功的过程中,难免需要与自己不喜欢的人和事打交道,此时,你是怎么做的?意气用事还是放下成见?你要做到的是后者——从大局考虑,要用包容的心去根除个人偏见。也许你是个很容易意气用事的人,但你必须学会接纳自己不喜欢的事物,这也是你修炼个性的重要方面。此时,你必须要把握主动,主动伸出友谊之手,才能缔结成功。

在西点人眼里,股神巴菲特和首富盖茨是他们学习的对象,他们之间有过这样一个故事:

曾经,世界首富比尔·盖茨和世界第二富翁沃伦·巴菲特是两个互不相干的人,并且还存在着一定的偏见。在巴菲特看来,盖茨的成功完全是运气使然;而盖茨也认为巴菲特是一个小气、顽固、靠投机敛财的人。但后来的一次机遇,让他们重新认识了彼此,并建立了深厚的友谊。这件事情发生在 1991 年。

那年的一天,巴菲特给盖茨寄去了一张华尔街 CEO 聚会的请帖,主讲人就是巴菲特。因为对巴菲特心存偏见,盖茨对这次聚会不屑一顾,对于这张请帖,他也随手丢到了一旁。这一幕被盖茨的母亲看到了,她劝解自己的儿子:“我倒是觉得你应该去听听,他或许恰好可以弥补你身上的缺点。”母亲的话对盖茨起到了作用,他决定以全新的态度去认识巴菲特这个商界前辈。

二人见面后,对盖茨同样心存偏见的巴菲特也傲慢地说:“你就是那个传说中非常幸运的年轻人啊?”在听过母亲的劝解后,盖茨是抱着一颗真心来结识巴菲特的,因此,面对巴菲特并不客气的问候,他没有针锋相对,而是

真诚地鞠了一躬，“我很想向前辈学习。”盖茨的这一举动让巴菲特觉得很意外，但也很感动，就是这一举动，让巴菲特对盖茨的印象一下子好了很多。

就在离会议开始还有一段时间时，这两个商界奇才坐到了一起，他们就世界经济这一问题发表了自己的看法。他们发现，原来彼此对于很多问题的见解都如此惊人的一致，除此之外，他们还要很多共同点，都是白手起家、热衷冒险、不怕犯错误。不知不觉中，时间溜过去一个多小时，意犹未尽的巴菲特被催促着来到演讲台上，他的开场白竟然是：“在开始讲话之前，我想说的是，今天我第一次和比尔·盖茨交谈，他是一个比我聪明的人。”

从这次聚会之后，他们之间进行了更为密切的交往，随后，他们都发现原来彼此从前对对方存有很深的偏见。盖茨逐渐认识到，原来巴菲特并不是人们所说的吝啬小人，而是对金钱有着超凡脱俗的深刻见解，他说“财富应该用一种良好的方式反馈给社会，而不是留给子女”。就是在他的影响下，一心忙于工作、对婚姻持怀疑态度的盖茨终于学会了热爱家庭。

而在巴菲特眼里，盖茨也是个年轻有为的“真人”。2006 年 6 月 15 日，盖茨宣布将逐步退出微软，专心从事慈善基金会的事业。紧随其后，6 月 25 日，巴菲特因为妻子过早去世，决定将把 370 亿美元的财产捐给盖茨的慈善基金会。

巴菲特多次公开说，此生最了解他的人就是盖茨；而盖茨尊称巴菲特为自己人生的老师。

可以说，盖茨和巴菲特之间的偏见的解除，是由盖茨这个年轻人的一句“我很想向前辈学习”而逐渐解开的。他曾经给巴菲特的印象就是一个幸运的年轻人，而当他决定用一个真心去结交巴菲特的时候，他已经决定抛开成见，他跨出了交往的第一步，才会有后来两人关系的逐渐好转到成为莫逆之交。

事实上，善于思考与善于行动的人，都知道必须祛除傲慢与偏见，都知道永远不能让自己的个人偏见妨碍自己的成功。任何一个男人，都要成为这样一个人。很多时候，如果你能放下偏见，主动去接纳一件事物，你很可能会有意外的惊喜。

生活中的男人们,可能你也曾蒙羞,遭到他人的质疑和批评,你为此感到很懊恼,你憎恶他们,甚至不愿意与他们多说一句话,但你考虑过原因吗?除去恶意的攻击外,也许你真的能力欠佳,或者做人做事不成熟、太过高调等,事实上,蒙羞不是一件坏事。如果你是一个知道冷静反思的人,或许就会认为侮辱是测量能力的标尺。

西点男人精神

男人应该放宽自己的眼界,不要只与自己喜欢的人交往。因为很多你不喜欢的人,却是能激励你成长的人,也有可能是会为你带来利益或能帮助你成功的人,主动与他们合作,放下成见,你会有所收获。

《第 18 则》

低调法则：做男人大智若愚不炫耀张扬

西点 33 届毕业生、著名的将军威廉·谢尔曼在参加西点校庆的时候说："我们的荣誉来自谦逊，我们看到了每个人身上的优点，去尊崇、超越，从而完善自我。"的确，对于一个男人来说，真正的智慧是低调，是大智若愚，是宽容，是爱，这样的男人也是值得尊敬的。每个西点人是这样做的。生活中的男人也要秉持这样的为人处世原则，说话、做事讲求弹性，把事做得更加灵活、进退得宜，无论在社交还是求取成功的过程中，你都会如虎添翼！

留有余地,大度男人绝不咄咄逼人

有人说,男人的心应该像海洋,宽容大度,可以说,这样的男人才更有魅力。很多男人也都以此为行事准则。然而,生活并不是纯美的,之中隐藏着各种矛盾,矛盾的激化还是平息,宽容之怀是主导。此时,只要你能以谅解的态度,那么,矛盾就能得到缓和。而且,很多时候,给他人留有余地,也是给自己留条退路。

西点人常讲,忍让是人生的一种包容,是一个人心胸开阔的重要表现。没有必要和别人斤斤计较,没有必要和别人争强斗逞。要知道,包容是生活的艺术。看似仅仅对别人做出了善意的举动,而又何尝不是对自己内心的充实和肯定呢?理智地退却,大度地谦让,将会有一片海阔天空的灿烂天地任你驰骋。

实际上,只要你以谅解的态度、宽广的胸怀去对待人待事,就能使矛盾得到缓和。相反,一个人如果心胸狭窄,经常为了自己的一点私利斤斤计较,结果只能使矛盾愈加深化,不仅伤害感情,影响友谊,还会破坏和谐。当你和别人之间发生矛盾的时候,要主动示好,采取寻求和解的行动,这样才能赢得和谐的人际关系,享受幸福的人生。美国第三任总统杰斐逊与第二任总统亚当斯从交恶到宽恕就是一个生动的例子。

杰斐逊在就任前夕,到白宫去想告诉亚当斯说,他希望针锋相对的竞选活动并没有破坏他们之间的友谊。但据说杰斐逊还来不及开口,亚当斯便咆哮起来:“是你把我赶走的!是你把我赶走的!”从此两人没有交谈达数年之久,直到后来杰斐逊的几个邻居去探访亚当斯,这个坚强的老人仍在诉说

那件难堪的事，但接着冲口说出："我一直都喜欢杰斐逊，现在仍然喜欢他。"邻居把这话传给了杰斐逊，杰斐逊便请了一个彼此皆熟悉的朋友传话，让亚当斯也知道他的深重友情。后来，亚当斯回了一封信给他，两人从此开始了美国历史上最伟大的书信往来。这个例子告诉我们，宽容是一种多么可贵的精神，高尚的人格。

其实给别人留余地，事实上也是给自己留余地。不让别人为难，不让自己为难，这就是让三分，留余地的妙处，也是处世交往的良方。陷身于争斗的漩涡后，不必非逼得对方鸣金收兵或竖白旗投降不可。明智的做法就是放对方一条生路，让他有个台阶下，为他留点面子和立足之地。这不太容易做到，但如果能做到，则好处多多。

有这样一则寓言小故事：

远古时候，有群水牛，他们推举某个雄壮、德高望重的公牛为他们的领袖。

这天，在水牛王的带领下，众水牛出来觅食，谁知，途中，他们遇见一只顽猴挑衅，还向水牛王抛掷石块。顽猴的行为激怒了众水牛，正当他们要报复时，水牛王阻止了他们。有水牛问他为什么要这样懦弱，以众水牛的力量，完全可以惩治这只顽猴。水牛王说了一段偈语来回答："彼轻辱贱我，又当加施人；彼人当加报，尔乃得牲患。"过了一会儿，有一伙婆罗门经过这里，那只猴子又故伎重演，打了这伙婆罗门。结果，被人抓住，痛打致死。

这则小故事中，水牛王是有远见的、聪明的，低调一点，换来的是和平。而猴子是无知的，他去招惹婆罗门，无疑是拿石头砸了自己的脚，而这更应验了水牛王的话，"彼轻辱贱我，又当加施人；彼人当加报，尔乃得牲患。"

俗话说得好"物极必反"、"满招损，谦受益，时乃天道。"水缸装满了水，再往里面添水，就会往外溢，这就是物极必反，事物发展到了极端，必然朝着相反的方向发展。任何一个男人，做人都要以宽容大度为准则，为人也不可太狂妄，更不能欺人太甚，以强凌弱，给别人留后路也就是给自己留退路，有时受欺者貌似软弱，实际上是胸怀宽广，不与计较。当你受欺之后，不必愤恨不已，或冲动地做出让自己后悔的憾事。

所以,生活中的男人们,做事时一定要为他人留有余地,这也是给自己留条退路。比如,当你取得的位置非常显赫或者事业取得非常大的成功,你就不能再争强好斗了,而应该与别人分享,与别人合作,同舟共济,采取低调学习的态度,才不至于骄傲自满。再比如,在与人竞争的过程中,在奠定了自己必胜的战局时,要给别人留一条退路,同时也给自己留一条退路。而做得太绝,不留后路,才会急火攻心,一败涂地。说话、做事讲求弹性,把事做得更加灵活、进退得宜,无论在社交还是求取成功的过程中,你都会如虎添翼!

西点男人精神

忍让是人生的一种宽容,是一个男人心胸开阔的重要表现。没有必要和别人争强斗逞,给别人让一条路,就是给自己留一条路。

男人征服人心,不靠武力而是宽容和爱

男人处世,无非是两条:一为说话,二为做事。但无论说话还是做事,都必须既有条又有理。这其中的条理,即为“度”的把握。中国人有句极具哲理的话:“话不说满,事不做绝”。这句话的含义是,为人处世要低调,要把握好分寸。很多时候,一个内心充满宽容和爱的男人才更值得尊敬。

在西点,流传着这样一句格言:天空收容每一片云彩,不论其美丑,故天空广阔无比。西点人认为,宽容是做人的一种风度和境界。

从西点毕业的佼佼者,统帅北方军的尤利塞斯·格兰特将军和领军南方部队的罗伯特·李将军,这两位昔日的同窗校友因各为其主而成为战场上的对手。结果,格兰特技高一筹,最终迫使罗伯特·李俯首称臣。然则,格兰特一生最敬重的人却是他的对手罗伯特·李,并且多次在公开场合称赞罗伯特·李。

诚然,人们常说:“凡事要认真”,这原本没错,但是一个人一旦认真到了较真的地步,眼里丝毫不揉沙子,那就是和自己过不去,到头来终究会自讨苦吃。所以,善良的人们,在与对手交涉的过程中,你也没必要把事做绝。俗话说:“兔子急了也咬人”,你把别人逼得没有丝毫退路,对方除了奋力反击之外还能有什么选择?

有这样一个真实的故事,它发生在“二战”期间。

一支部队在森林中与纳粹军队相遇发生激战,其中两名战士最终与自己的队伍失去了联系,没有人知道他们在哪里,都以为他们牺牲了。

他们来自同一个淳朴的小镇,镇上的人彼此都认识,所以大家都像一家人。他们原来就是很要好的朋友。此次在生死未卜的战斗中,互相照顾、彼此不分。

与队伍失散后,两人在森林中艰难跋涉,互相鼓励、安慰。十多天过去了,他们没有看到一个人影,回到部队的希望越来越渺茫,更严重的是,因为战争的缘故,动物四散奔逃或被杀光,生存都发生了危机。

就在他们奄奄一息之际,他们幸运地打死了一头鹿,看来天无绝人之路,依靠鹿肉又可以艰难度过几日了。这让他们着实兴奋了好长一段时间。但在这以后,他们再也没看到任何动物。仅剩下的一些鹿肉,背在年轻战士的身上。生存又成了问题。

有一天,他们在森林中寻找食物时不幸遇到了敌人,经过再一次激战,两人又一次巧妙地逃脱,就在他们自以为已安全时,只听到一声枪响,背着鹿肉走在前面的年轻战士中了一枪,这一枪打在肩膀上。后面的战友惶恐地跑了过来,他害怕到语无伦次,抱起倒在地上的战友泪流不止,并赶忙把自己的衬衣撕成条来包扎战友的伤口。

夜深了,受伤的战士肩膀上包扎的衣服一片血红,他对于自己的生命并不抱任何希望。而那位未有受伤的战士两眼直勾勾的,嘴里一直叨念着母亲。用来救命的鹿肉谁也没有动,他们都以为自己的生命即将结束。那一夜令两个人都终生难忘。

天知道他们是怎么过的那一夜。第二天,他们被自己的部队发现,当太阳升起的时候,他们获救了。

故事发生到这里,似乎告一个段落,是个喜剧结局。

但事隔30年,那位受伤的战士安德森说:“我知道谁开的那一枪,他就是我的老乡、战友”。这实在是太惊人了。

安德森平静地说:“他去年去世了,否则我永远都不会说,如果我死在他前面,我会让这个故事烂在肚子里带走。那年在森林里,当他抱住我时,他的枪筒还在发热,我顿时明白了,他想独吞我身上带的鹿肉活下来,但当晚我就宽恕了他,因为我知道他活下来是为了照顾他的母亲。此后30年,我装着根本不知道此事,也从不提及。战争太残酷了,没有纳粹的存在,就不会有这样的悲剧。令人难过的是,他的母亲还是没有等到他回来就撒手去了。我和他一起祭奠了老人家。他跪下来,流着泪请求我原谅他。我拥抱着他,不让他说下去。于是,我宽恕了他,我的心没有仇恨,异常的平静。我没有失去什么,我们又做了二十几年朋友。”

故事中主人公安德森是豁达的,面对朋友对自己的伤害,他选择了忘却。忘却就是一种宽容。人人都有痛苦,都有伤疤,动辄去揭,便添新创,旧痕新伤难愈合。忘记昨日的是非,忘记别人先前对自己的指责和谩骂,时间是良好的止痛剂。学会把伤害留给自己,把宽容留给他人,生活才有阳光,才有欢乐。

任何一个男人,要做到真正的成功,就必须有宽容的心,去容纳成功路上的猜疑、嫉妒……拥有一颗宽容之心,你的人生境界将变得更加开阔。

不过,宽容说起来简单,可做起来并不容易。因为任何宽容都是要付出代价的,甚至是痛苦的代价。为了培养和锻炼良好的心理素质,你要勇于接受宽容的考验,即使感情无法控制时,也要管住自己的大脑,忍一忍,就能抵御急躁和鲁莽,控制冲动的行为。

西点男人精神

成大事的男人,无不具有宽容的品质。谁若想在困厄时得到援助,就应在平时待人以宽。征服别人,不能依靠冲动,而是要依靠爱和宽容。爱心永存,宽以待人,就能在人生旅途中顺利地前行。

以退为进，男人要学会在低调中前进

在人生的征途中，每个男人都会遇到竞争和角逐，也有奋斗与拼搏，着实需要男人有百折不挠、矢志不移、永不言败的精神……其实，在必要的时候，也要学会认输。试想，面对不利的现实，深知自己不敌对手，还一味地跟人家拼斗又有何益呢？而懂得认输，避开锋芒，急流勇退，不进行无益的竞争，减少不必要的牺牲，才是智者的风范。

可能在每个男人的心里，都有个宏达的目标，都想轰轰烈烈地干一番事业，然而，拼搏的路上总会遇到很多坎坷，此时，你应采用迂回和缓的方法去战胜和超越；理想者则傲气不敛，锋芒毕露，小觑或无视生活有意无意设置的低矮"门框"，其结果，只能被碰得头破血流，成为一个失败者。适时沉默不是懦弱，忍耐不是麻木，而是一种豁达，一种风度，一种品格。

西点人认为，人生的输赢，不是一时的荣辱所能决定的，今天赢了，不等于永远赢了，今天输了，只是暂时还没赢。任何时候，耐心都是最重要的品质，坚持到底就是胜利！

以退为进，由低到高，这既是自我表现的一种艺术，也是自下而上竞争的一种方式。在双方僵持的时候，智者会先退几步，以求打破僵局，为自己积蓄力量赢得时机。善于把握进退的火候，恰当抉择进退的时机，把自己提高到一个更高的层次。

1076 年，德意志罗马帝国皇帝亨利与教皇格里高利争权夺利，斗争日益激烈，发展到了势不两立的地步。在矛盾激烈的关头，教皇的号召力非常之大，一时间德国内外反抗亨利的力量声势震天。亨利面对危局，被迫妥协，于 1077 年 1 月身穿破衣，只带着两个随从，千里迢迢前往罗马，向教皇认罪忏悔。但格里高利故意不予理睬，在亨利到达之前躲到了远离罗马的卡诺莎行宫。亨利没有办法，只好又前往卡诺莎去拜见教皇。到了卡诺莎后，教

皇紧闭城堡大门,不让亨利进来。亨利忍辱一直在雪地上跪了三天三夜,教皇才开门相迎,饶恕了他。

亨利恢复了教籍,保住王位返回德国后,集中精力整治内部,然后派兵把一个个封建主各个击破,并剥夺了他们的爵位和封邑,把曾一度危及他王位的内部反抗势力逐一消灭。在阵脚稳固之后,他立即发兵进攻罗马。在亨利的强兵面前,格里高利弃城逃跑,最后客死他乡。

这个故事告诉所有男人,在做大事的过程中,不能一味进攻,尤其身处弱势时,一定要巧妙避开对方的锋芒,寻找以退为进的转机。当自己处于弱势时,不妨采取认输方针,保存自己的实力。等到有朝一日羽翼丰满时,再表明自己的主张和态度,这时候,你就是真正的强者了。

美国南北战争中盖茨堡战役爆发后第三天,南方军总司令李将军带着部队向南撤退。他们发现前方的桥梁被洪水淹没,后面还有乘胜追击的北方军队。对此,林肯非常高兴,他认为这正是消灭南方军的大好时机。他下令梅德将军,让他马上进攻李将军的军队。

梅德将军在接到命令以后,并未听从林肯的命令,而是拖延时间不去进攻。时间一拖延,河水自然就退却了,李将军乘机逃回波特麦。

林肯非常气愤,指责梅德说:"你都做了些什么!在那个情况下,任何一个将军都能打败李将军的,若是当时我在场,我一定会亲手用鞭子抽他。"

林肯在悲愤之余,给梅德写了一封措辞严厉的信。"假如你当时按照我的命令把他们给包围起来,李将军和他的部队早就成了瓮中之鳖,我想这场战争就算是结束了。对那一天的情况,你只要用三分之一的力量就可以轻易地拿下他们,而你却不能如期完成,那么,当你在靠近南方且更加恶劣的状况下,你又怎么能够完成我所交给的任务呢?你还指望我相信胜算如往昔一样呢?你的大好机会已经失去,而我对此感到十分痛心。"

林肯的这封严厉的信会使梅德将军感到震惊和懊悔吗?也许。可是梅德将军一直没有看到这封信,因为林肯压根就没把这封信寄出去,这封信是在林肯死后被发现的。由此可见,林肯这一世界伟人具有的忍耐性。

一时的低头是为了长久的抬头,正如暂时的退让是为了更好地前进。

暂时的低头并不意味着卑屈和不顾人格，更不表明失去原则和自尊，而是一种艺术的处世方法和智者的表现。

恰当地以退为进，做出适当的让步，能够掌握竞争的主动权，从而最后取得全局性的胜利。

总之，每个渴望成功的男人，都要有以退为进的智慧，认输不失为一种策略，它使你彻底摆脱不健康的心理羁绊，使你调整好位置，进入最佳的心理状态，它造就的将是一片心灵的净区。善于认输，主动向后退一步，反而会获得更多的利益，拥有更加广阔的发展空间。

西点男人精神

在与别人竞争时，面对自己的缺陷与不足，应该学会低调，学会认输，只有以退为进，才能及时调整人生航向，去争取赢的机遇和时间。

虚怀若谷，男人荣誉来自谦逊

天才作家卡里·纪伯伦在《贪心的紫罗兰》一文中讲了一则故事：玫瑰花和紫罗兰同住在一座花园中，一天，玫瑰花听到紫罗兰在哀叹，便笑着摇了摇头说："在百花群里，当属你最糊涂，你看你，你有其他所有花草都不具有的芬芳、文雅以及美貌。你要知道虚怀若谷的人，永远不会感到贫困和饥荒，且心胸开阔无比高尚。"的确，谦和就是一种虚怀若谷的品德。人类成熟的重要标志之一就是谦逊。生活中的每一个男人，如果你能把谦逊当做美德发扬时，你也必将具有感人的魅力。

人们对于新事物总是有一个从无知到有知、由浅入深逐步认识的过程。人们对世界的认识和所要掌握的知识、技能是无限的，而一个人无论多么聪明，多么有才华，他的知识和本领也是非常有限的。所以，应该谦虚一些，多向别人学习。

真正谦虚谨慎的人,必定会做到虚怀若谷。俗话说:一瓶子不满半瓶子晃。这句话形象地说明了骄傲自满的人,往往是那些肚子里没有多少“货”的人。更可悲的是,这些人往往没有自知之明,总以为别人不如自己,常以“老子天下第一”自居。其实,恰恰是因为这些人的无知,才使他们变得狂妄而可笑。这样的人是不能取得成功的。

西点将军格兰特就是这样一个心胸宽广的人。

开往费城的火车上,中途有一个女人上了车,她径自走进一节车厢,并选了一个座位坐下。这时,她对面的一个男人点燃了一支香烟,深深地吸了几口。女人闻着烟味就难受,她故意扭了扭头,轻咳了几声,想提醒对方不要吸烟。可是那男人完全没有注意到她的举动,还是若无其事地吸着。

女人忍无可忍,生气地对那男人说:“先生,你可能是外地人吧,这列火车专门有一间吸烟室,这里是不允许吸烟的。”听女人这样说,男人完全明白了,他微笑着,歉意地将手里的香烟掐灭,丢到了车窗外。

一会儿,几个穿着制服的男人走了进来,他们来到女人身边,对女人说:“这位女士,很对不起,你走错车厢了,这是格兰特将军的私人车厢,请你马上离开。”

女人惊悚不已,原来坐在她对面的就是大名鼎鼎的格兰特将军,她感到非常害怕。但格兰特将军没有丝毫责怪她的意思,他的脸上依然挂着淡淡的微笑,和蔼可亲地对下属说:“没事,就让这位女士坐在这儿吧。”

格兰特将军的宽容赢得了女人的敬重。

生活中,我们发现,那些越是地位崇高,越是成功的人,越是心胸宽广,越是虚怀若谷。因为虚心的力量是巨大的。它既让我们的头脑保持清醒,品行不入蛮俗,又会为我们创造左右逢源的生存和成长、立业的环境。

生活中的男人们,你要明白,成功是没有止境的,无论是做人还是做事,都不可妄自菲薄,妄自尊大和妄自菲薄都是严重的错误。只有虚化若谷,成功才会不断光顾你。因为谦虚者的进取是永无止境的。他们是伟大的苍鹰,在天空飞翔。谦虚是天堂的钥匙,给谦虚者一条成功的道路。牛顿说过:“如果说我看得远,我就站在巨人的肩膀上。”伟大的居里夫人面对人类的成功只是淡淡一笑。人类历史上的名人伟人都如此谦虚,所以你也要养成一种“虚怀若谷”的胸怀,都要有一种“虚心谨慎、戒骄戒躁”的精神。用有限的生命时间去探求更多的知识空间吧!

当然,谦逊这种品质对男人们来说,意味着你要养成善于正确看待自己优缺点的习惯。中国有句古话,叫做“学海无涯苦作舟”,告诉了我们面对知识的海洋,个人的见识是多么的渺小。无论人家怎样夸奖你,你都要明白,你还远不是个尽善尽美的人。

要做到虚怀若谷,你需要明白以下几点:

1. 无论对错,认真听取别人的意见

若是有人当面对你谈异见、提意见,请你不要不耐烦。请你不要随便打断他们的话头,不要立即驳斥他们的“错误”,不要轻易批评“这家伙是蠢货”,认为他讲的是“废话”,或者以为他是在“故意刁难”、“站在敌对立场”,等等。你若产生了这类念头,请你压抑下去,切记不能将其化作表情形之于外,以免刺激他们,使他们心灰意冷,甚至真的对你转变为敌对立场。

2. 转换立场

看世界,对待问题,有些时候,不妨调换立场、角度。不要总认为只有自己原有的观点才对,要求大家都赞同你,“舆论一律”、“形成一致意见”。而可以学英国哲学家罗素,认识到“参差多态才是幸福之源”;更要体会南非大主教戴斯蒙·图图所说:“很高兴我们不一样”。

3. 既有自己的思想文化“底线”,同时又“海纳百川,有容乃大”

你要做到放低自己、学习他人,但这并不是要求你完全放弃自己成为他人。也就是说,学习他人,应当尽量学习对你的成长有利的部分,修正补充你自己,求大同、存小异,以包容对方。

西点男人精神

男人只有虚怀若谷,才能够正当审视自身的不足和缺陷,虚心接纳不同忠言和劝诫,克服消极和挫折所承受的负面和压力,而以真正坚韧积极和勇于向上之心,以真诚待人接物,脚踏实地做好每一件事情。

《第 19 则》

冷静思考:做男人内心强大从容淡定

在西点的课堂上,学员们经常被教育:“谁若不能主宰自己,谁就永远是一个奴隶。”这里的主宰,指的是自己的思维、心态。同样,生活中的男人们,你若想活得快乐、坦然,也要有这份心态,无论遇到何事,都要静下心来。真正做到内心从容淡定,才是真正强大的男人。

男人要时刻保持理性心态,控制冲动

我们知道,人都是情绪的动物,人的情绪会被周围的人和事所影响。但成功的人能做到自控,做事不冲动;而失败的人则相反,他们性情散漫、毫无节制,总是受自己的情绪摆布,而情绪总是依环境氛围而变幻莫测。于是,他们起伏摇荡于这种恶性失衡之中,做事时陷入自相矛盾的境地。这种过分轻狂不仅毁掉了他们的意志,也殃及他们的判断力,干扰了他们的欲望和理解力。成功需要很强的自律能力。

相对于女性来说,男性似乎更易产生冲动的情绪。但无论引发你情绪的导火索是什么,你都要记住:冲动是魔鬼,会让自己一败涂地。从现在起,一定要做到自制,理智思考并克服自己的情绪。

西点军校,素有“美国将军的摇篮”之称。许多美军名将如格兰特、罗伯特·李、艾森豪威尔、巴顿、麦克阿瑟等均是该校的毕业生。西点之所以培养出如此众多的将军,与其严厉的惩罚制度是分不开的。也正是这一点,让西点的每个学员都保持着清醒的头脑。

处罚是严厉的,强化责任最直接的方式是强化纪律观念,通过对纪律的认识、理解和遵守执行,加深对责任的领悟和明确。西点纪律的严格或严厉人所共知,而且花样甚多,令人回味。正如小心谨慎的学员们必须遵守的规章制度是没完没了的一样,发布处分的特别命令也是没完没了的。警钟长鸣,红灯频闪,每个学员都在紧张的气氛中完成学业。如若不然,想对抗规章的权威,结果便十分不妙。即使不被开除学籍,也要带着许多包袱走向工作和生活。

从一般意义上说，西点的做法未免苛刻，未免不近人情，未免不可理喻，但西点是“金字招牌”，容不得一点污迹。每个西点人都必须以发扬光大西点为己任，如果在军校学习期间不能牢固这种观念，走向军事生活后就缺乏坚定的理性基础，就很难成为对部属、对军队，乃至对国家负责的军人。

任何一个男人，人生漫漫，你都不要让自己输在心态。心态决定人生，也决定了人的生活方式。懂得自制，能控制自己的情绪，就会控制由冲动带来的一系列恶性情绪反应循环。心情好，就什么都能做好。生活中有太多的人，他们把人生看得太累，认为人活着就累，其实，这是因为他们没有调整好心态的原因。其实，生活的状态如何，完全取决于你自己的心态，你完全可以选择和主宰你的心情。同样的处境、同样的事情，你以淡定的态度去对待，就会感到轻松自如；你用烦躁易怒的态度去对待，就如同掉入黑暗的深渊。

曾经有这样一个故事：

曾经，有一个经验丰富的高级间谍被敌军抓住了，他立即想到，要想逃脱，就必须装聋作哑。当然，敌军也怀疑他是否真的不会说话。于是，他们开始运用各种方法盘问他，无论是诱惑还是欺骗，他都不为所动。于是，到最后，敌军审判官只好说：“好吧，看起来我从你这里问不出任何东西，你可以走了。”

这个间谍当然心里明白，这只不过是审判官检验他是否说谎的一个方法而已。因为一个人在获得自由的情况下，内心的喜悦往往是抑制不住的。如果他此时听到审判官的话后立即表现出很愉快或者激动起来，那么，证明他听得到审判官的话，他就不打自招了。因此，他还是站在原地，反复审问还在进行。最后，这名审判官不得不相信，他真的不是间谍。

就这样，有经验的间谍的生命，以他特有的自制力，保存下来了。

看完这个故事，我们不得不惊叹，他是一位多么精明的间谍。俗话说：态度决定一切。这就是说，一个人的情绪糟糕，容易冲动，往往会把一切事情都办糟糕。即使遇到了好事和良机，也会因为不良的情绪，使自己产生出无形的压力，使自己的能力无法充分发挥，错过这些机遇。

对此,你需要掌握这方面的两种训练方法,以此来做到自制:

1. 自我暗示

积极的自我暗示的作用在于使自己获得信心,进而提高自制力。但是,消极的自我暗示却正好相反。自我暗示最好在似睡非睡的状态进行。在你从事紧张活动之前,使自己进入安静舒适、昏昏欲睡的松弛状态,然后反复默念一些建立信心,给人力量的话,是不会没有作用的。

2. 自我激励

无论干什么,全靠自觉。自觉往往指的是自己获得一种动力去积极行动。怎样才能获得一种动力去积极行动呢?就要学会自我激励。自我激励即自己给自己提出任务,自己给自己奖惩,自己命令自己,自己做自己的司令员、指挥员。自我激励的方式有:

①制订切实可行的计划,安排好必须做好与可做可不做的事情,然后给自己做出奖惩规定。

②写出座右铭,时时勉励自己。

③常写日记,在日记中进行自我监督。

④口头命令。每遇困境或身临危急之时,要学会自己指挥自己。通过口头命令,可以组织自身的心理活动,获得精神力量。不妨训练一下,定会有益。

西点男人精神

一个人的意念可以控制调节一个人心理状态。自制力,很大程度上就表现在意念控制上,其中就包括头脑的清醒与理智。时刻保持理智的男人才能掌控自我,掌握人生。

真正的男人要不断想办法

生活中,相信每个男人都遇到过一些难题,有些是生活上的,有些是工作上的,此时,你怎么办?主动寻求方法解决还是逃避?事实上,只有那些内心强大、从容淡定的人才会冷静思考,不断寻找出路。生活中,大部分男人庸庸碌碌一辈子,也多半是因为他们都是被动消极者,而那些主动执行、善于创造机会的人,则能从最平淡无奇的生活中找到一丝微弱的机会,他们用自身的行动改变了他们的处境甚至改变命运。

西点人知道,成功并不是轻而易举就能获得的,艰难和困厄只是生活给予的一次次严峻考验。假如能够保持清醒的头脑和冷静的态度,就可以寻找到人生的突破口,开创出事业上的一片新天地。

因此,生活中的男人们,你需要记住的是,当你陷入生活和事业的困厄中、找不到路时,你就应该想尽一切办法使自己的情绪安定下来,并保持自己的头脑清醒。这样,你才会看清自己周围的环境,丢开自己的思想包袱,大胆革新,为自己开辟一条新路。

有个中国留学生,在快毕业的时候,他带着自己的简历四处找工作。这天,他在唐人街买了一份报纸,报纸上刊登了一条招聘信息:澳洲电讯公司正在招人,年薪5万。这位留学生心动了,并且,他的条件完全符合,因此,很快,他就在众多应聘者中脱颖而出了。

留学生原以为会马上签约,但谁想到,招聘主管居然问了一句:“你有车吗?你会开车吗?我们这份工作时常外出,没有车寸步难行。”这句话把留学生问傻了,因为他既不会开车,也没有车,但他也明白,这名主管提出的问题是很合理的,因为在澳大利亚,公民普遍拥有私家车,无车者寥若晨星。为了争取这个极具诱惑力的工作,他不假思索地回答:

“有!会!”

"4天后,开着你的车来上班。"主管说。

4天?时间也太仓促了,但这名留学生很快想到了办法,他在华人朋友那里借了500澳元,从旧车市场买了一辆外表丑陋的"甲壳虫"。

第一天他跟华人朋友学简单的驾驶技术;第二天在朋友屋后的那块大草坪上模拟练习;第三天歪歪斜斜地开着车上了公路;第四天他居然驾车去公司报了到。时至今日,他已是"澳洲电讯"的业务主管了。

很多男人,遇到留学生的这种情况,可能就会自动放弃应聘机会,因为不会开车。可这位留学生则不同,他的这种思维方式很值得很多男人们学习。

西点军校希望自己的学员都成为一个既随和又文雅高尚的人。这不是要求他们没有个性,没有自己的爱憎,不讲原则,而是希望他们能够控制自己的情绪,更加冷静、艺术、得体地处理生活中的各种矛盾。

在现实生活中,很多时候,人们的痛苦都来源于不知道自己的真正出路在哪里,不知道自己到底适合干什么,从而把自己摆错了位置。此时,你应该冷静下来,积极思考,努力寻找出路。而如果你以相当的精力长期从事一个项目,但仍旧看不到一点进步、一点成功的希望,那么你就应该及早掉头,去寻找适合自己、更有希望的道路。

1916年,位于犹他州的小镇弗纳尔非常渴望修建一座砖砌的银行。这座银行将是小镇上的第一家银行。镇长买好了地,备好了建筑图纸,万事俱备,只差砖还没有着落。就在一切仿佛都进展顺利的时候,障碍出现了。这是一个致命的障碍,由于它,整个工程将毁于一旦:从盐湖城用火车运砖,每磅要2.5美元。这个昂贵的价格将断送掉一切:不会有足够的砖,也不会有银行了。

幸运的是,小镇里的一位商人开始以一个全新的角度来考虑这个问题。他想出了一个近乎愚蠢的主意——邮寄砖!结果是:包裹每磅1.05美元,比用火车运送便宜了一半的价钱。事实上,不仅是价格便宜了一半,所谓邮寄过来的砖和火车货运过来的所用的是同一班列车!而就是这么一个货运和邮递之间的价格差异使情况完全不同了。

几周之内,邮寄的包裹像洪水般涌入小镇。每个包裹7块砖,刚好可以不超重。这样,弗纳尔镇的居民很骄傲地拥有了他们的第一家银行。而且,这家银行全部是用邮寄过来的砖盖起来的。

一个人,在人生的各个阶段,难免会遇到各种不如意的事,而且并不是所有的问题都有好的解决方法,可是人们可以选择不同的方法解决这些事,就会得到不同的结果,这就是思路不同带来的。天无绝人之路。真正聪明的男人会充分开动大脑,顺着好的思维方式,走向成功的快捷之路。

西点男人精神

在现实生活中,善于思考问题、善于改变思路的男人总能给自己赢得机遇,在成功无望的时候创造出柳暗花明的奇迹。在工作中也是如此,你总会遇到各种条件的限制,但你的思路绝不能被钳制住,只要思路是活的,就一定能找到出路。

从容男人不惧失败,爬起来路依然在脚下

生活中,几乎每个人都期望一帆风顺。许多人都说:前进的路上,即使没有莺歌燕舞,没有众人的掌声,那么,最好也不要有风雨和挫折。然而,这是不可能的。人生,是一本包含着酸甜苦辣的词典。人活尘世,既有宽敞的阳关道,也有狭窄的独木桥;既有醉人的幸福,也有恼人的苦难。男人们,你需要承受的太多,尤其是在追逐人生目标的过程中,更是免不了失败。此时,你也许会无比惶惑,你也许会绝望,想到过轻生,想到过放弃,想到过破罐破摔、得过且过……

其实,人的一生正是因为磨难的出现才精彩。百无聊赖的人生,感受不到成功的喜悦,最终得到的是冰冷的失落。不曾遭遇失意和痛苦,欢乐和幸福就只能是表面的,脆弱的;经历磨难,而不能泰然处之,也就永远不会真正

地、深沉地实现辉煌的人生。

因此,任何一个男人,在磨难面前,都应该从容面对。当你困于这种“不如意”之中,终日惴惴不安,那生活就会索然无味。与之相反,如果你能以平和的心态面对,把那些磨难当成人生中的小插曲,那么,灿烂的主旋律必定会为你弹奏。在西点,曾有这样一堂课:

一位很有名气的心理学教师,一天给学生上课时拿出一只十分精美的咖啡杯,当学生们正在赞美这只杯子的独特造型时,教师装出失手的样子,咖啡杯掉在水泥地上成了碎片,学生中发出了惋惜声。教师指着咖啡杯的碎片说:“你们一定对这只杯子感到惋惜,可是这种惋惜也无法使咖啡杯再恢复原形。今后在你们生活中发生了无可挽回的事时,请记住这破碎的咖啡杯。”

这是一堂很成功的素质教育课。它告诉每个男人,困难是无法避免的,任何惋惜与沉沦都改变不了现状,而唯有征服可以。

西点军校前校长伊・L. 班尼迪克说:“遭遇挫折并不可怕,可怕的是因挫折而产生对自己能力的怀疑。只要精神不倒,敢于放手一搏,就有胜利的希望。”的确,一个人最可怕的莫过于心存放弃。这种灵魂的死亡比起躯体的死亡更为可怕。而唯有激励自我,方可以焕发青春,扬起生命的希望之帆。

因此,面对失败,你必须要选择你的态度:是消极被动地害怕和逃避,还是积极主动地面对和接受?如果你希望能够通过自己的努力使自己的能量一点点变得强大,同时让自己变得更完美,就必须选择积极主动的态度,那么,逆境这朵“浮云”自然会被你驱赶出心灵的天空。

从前,有一个农夫,靠驴拉货为生,有头驴跟了他十几年,已经年迈。一天,在运货过程中,这头驴不小心掉进了猎人挖的坑中,农夫想尽办法救驴出来,但都无济于事,最后,农夫不得不放弃,他想他为什么要大费周折地去救这头年迈的驴子呢?农夫便打算用泥土埋了,免除它的痛苦。

后来,那位农夫叫邻居来帮忙,他们就用铁铲挖起泥土扔进枯井里。这头驴似乎很聪明,它把那些将要埋葬它的泥土用身体抖落,然后踩在泥土上。

这样，人们挖土扔在它的身上，它就把泥土抖落下继续踩在脚下，很快，驴子的身体一节节地靠近井口，并到达了井口。人们惊讶地注视着这头驴子，而驴子悄悄地离开了注视它的人群。

这个寓言故事中，如果这头驴听从命运的安排，它可能已经被活埋了。幸好那头驴子聪明地用智慧逃离了厄运。

其实，男人们，在生活中，那些你遇到的困难和挫折就好比压在身上的“泥沙”，只要以锲而不舍的精神将它抖落掉，然后站上去，“泥沙”就变成了成功道路上的垫脚石。巴尔扎克曾说：“挫折和不幸，是天才的晋身之阶；信徒的洗礼之水；能人的无价之宝；弱者的无底深渊。”所以说，没有经历过失败的人生不是完整的人生。敢于把困难踩在脚下的人才是真正的英雄，成功属于他们。

那么，男人们，你该如何面对逆境并走出逆境呢？

1. 坚持自己的目标和理想

人不管在怎样的条件下，都不应放弃对成功的追求。始终坚持你的目标，那么，无论何时，你都一定能保持良好的心态。即使生活给予你挫折，你也能怀着理解的心态给它一个微笑！

2. 学会处变不惊地处世

大喜大悲，都不是可取的处世态度。那些处变不惊的人似乎在逆境面前更能临危不乱。做到这样，无论你遇到什么事，你依然可以拥有一份笑看风轻云淡、处变不惊、健康进取的美丽心情！而反过来，你在经历了逆境的磨练后，也必然能学会如何淡然处之，这两者是相辅相成的！

西点男人精神

决定人心态的是人的理想、人生观、世界观。一个大气的男人应该具有远大的目标，正确的人生观，就是要胸怀宽广，执着进取，挑战自我，不屈命运，坚信自己，积极思想。

从容淡定的男人能做到不以物喜,不以己悲

生活中,世事难料,因为任何事情都有一个变化发展的过程,此刻你不如意并不代表你一生不幸。人生充满得失,此时你满面春风并不代表你一生顺利。虽然我们不能掌握变化无常的事态,但我们可以掌控自己的心态。“不以物喜,不以己悲”这种淡定通达的心态,正是现代社会每个男人要追求的。

在男人们向往的西点军校,本科教育不仅重视知识、学术、能力的传授和品质、德行的培养,更注重好心态的修炼。对于西点来讲,没有知识的人是愚蠢的,没有体魄的人是可怜的,而没有好心态的人是危险的,没有品德的人则是最危险的! 同样,男人们,你也要注重在日常生活中修炼自己的好心态,真正做到从容淡定,不以物喜,不以己悲。

这正如《老子》五十八章:“祸兮福之所倚,福兮祸之所伏。孰知其极,其无正。正复为奇,善复为妖。人之迷,其日固久。”中描述。人活着不容易,而要保持平常的心境则更难。在漫漫的人生旅程中,每个男人都会遇到许许多多的坎坷,遭受方方面面的挫折,迂回曲折地走过无尽的路途。

德国的一位哲学家曾讲过这么一段话:没有什么情感比焦虑更令人苦恼了,它给人们的心理造成巨大的痛苦。而焦虑并非由实际威胁所引起,其紧张惊恐程度与现实情况很不相称。追求快乐是人类的本能。因此,通常来说,焦虑是无谓的担心。可见,你要彻底摆脱使人苦恼的焦虑,就要选择平静身心。

和煦的春风里,师傅带着小和尚来到寺庙的后院,打扫冬日里留下的枯木残叶。小和尚建议说:“师傅,枯叶是养料,快撒点种子吧!”

师傅曰:“不着急,随时。”

种子到手了,师傅对小和尚说:“去种吧。”不料,一阵风起,撒下去不少,

也吹走不少。

小和尚着急地对师傅说:“师傅,好多种子都被吹飞了。”

师傅说:“没关系,吹走的净是空的,撒下去也发不了芽,随性。”

刚撒完种子,这时飞来几只小鸟,在土里一阵刨食。小和尚急着对小鸟连轰带赶,然后向师傅报告说:“糟了,种子都被鸟吃了。”

师傅说:“急什么,种子多着呢,吃不完,随遇。”

半夜,一阵狂风暴雨。小和尚来到师傅房间带着哭腔对师傅说:“这下全完了,种子都被雨水冲走了。”

师傅答:“冲就冲吧,冲到哪儿都是发芽,随缘。”

几天过去了,昔日光秃秃的地上长出了许多新绿,连没有播种到的地方也有小苗探出了头。小和尚高兴地说:“师傅,快来看呐,都长出来了。”

师傅却依然平静如昔地说:“应该是这样吧,随喜。”

这则故事告诉所有的男人们,人生无常,但只要你保持内心平静,那么,无论外在世界怎么变幻莫测,你都能坦然面对,做到不为情感左右,不为名利所牵引,从而洞悉事物本质,完全实事求是。

《孔子家语》里记载:

一天,在众随从的陪同下,楚王出游,半路,他丢了弓,随从说要去找,但楚王却说;“不必了,我掉的弓,我的人民会捡到,反正都是楚国人得到,又何必去找呢?”

后来,孔子听说此事,很感慨地说:“可惜楚王的心还是不够大啊!为什么不讲人掉了弓,自然有人捡得,又何必计较是不是楚国人呢?”

“人遗弓,人得之”应该是对得失最豁达的看法了。就常情而言,人们都是有喜怒哀乐的,在得到一些利益或者遇到愉悦之事时,他们大都会喜不自胜,甚至得意洋洋;而遇到失意之事时,却表现出懊恼、痛苦的情绪。而那些内心豁达的人却能看淡得失、功过荣辱,无论遇到什么,他们都能做到心平气和、冷静对待。

可以说,“宠辱不惊,看庭前花开花落;去留无意,望天空云卷云舒”,这份闲散与安逸,对于现代社会的人们来说,或许真的是一种奢望。然而,要

放下人生路途得失成败的压力,还需要你保持一颗平常心。对“花花绿绿”“流光溢彩”不生非分之心,不做越轨之事,不做虚幻之梦。面对外界种种变化与诱惑,心不痒,嘴不馋,手不伸,脚不动,荣辱不惊,去留淡然,白天知足常乐,夜晚睡眠安宁,走路步步稳健。总之,拥有一颗平常的心,能让我们拿捏好尺寸,把握住幸福。

总之,人生之路,不会总是阳光灿烂,不会总是枝繁叶茂,不会总是掌声不断,也会有阻挡在前的高山和荒凉的沙漠,也会有阴天时的迷雾重重,也会有他人的冷落,任谁也无法轻松地跨越。只要拥有平淡的真实,才会真正懂得品味人生,抒发人生,才会拥有自我,心存淡泊。拥有平淡,那才是人生的至高境界。生活中的点滴愉悦,都是生活中的原汁原味。

西点男人精神

对于得失,男人们,你要学会超越时间和空间的眼光去观察问题,要考虑到事物有可能出现的极端变化。这样,无论福事变祸事,还是祸事变福事,都有足够的心理承受能力。

《第20则》

果断处事：做男人当机立断不拖泥带水

西点人的榜样比尔·盖茨说："你不要认为那些取得辉煌成就的人有什么过人之处，如果说他们与常人有什么不同之处，那就是当机会来到他们身边的时候，立即付诸行动，决不迟疑，这就是他们的成功秘诀。"的确，这是一个快者为王的时代，在同样的机会下，谁快谁就会赢得机会，谁快谁就会赢得财富；在机会不同的条件下，后来者要用速度赢得时间，赶上前面的领先者。任何一个渴望获得一番成就的男人，都要培养自己果断处事的本领，只有如此，才能在机遇来临时轻松抓住。

明智的男人最懂得抓住机遇

生活中,任何一个渴望成功的男人,可能都在等待一个机会。然而,机会无所不在,重要的在于,你是否已准备好了,一旦机会降临,便能牢牢地把握。愚者错失机会,智者善抓机会,成功者创造机会。机会只给准备好的人。

西点人从不会说自己没有机会,就像他们不会为自己寻找借口一样。他们认为:“一个人必须为自己创造机会,就像时常发现它一样。”如果你只会坐井观天,守株待兔,那么你永远只能是井底之蛙,永远逮不着那千万分之一概率的兔子。

纪伯伦说:“除了黑夜的道路,人们不可能到达黎明。”如果我们把黎明比作机遇,那么西点人从来就没有抱怨过黑夜的漫长,也没有抱怨过黑夜的寒冷,而是执着地从那黑压压的云堆里去寻觅一丝希望,一线曙光。西点人的机遇正像他们自己所言:“努力了九十九分,包括去敲总统大门的那最后一分。”

历史上任何一个将帅的成名,都与客观环境、自身素质和机遇这三个因素有关。而机遇条件对于将帅的升迁,更起着举足轻重的作用。

生活中,面对同样的机会,那些积极主动的男人往往会赢得更多。他们正是因为找到了一个合适的机会展示了自己,好业绩、好人缘、上司的重视、晋升的机会就不“争”自来了。而那些没有机会,终日等待机会的男人,终其一生都不会得到机会。如果你认为自己有能力,就应该适时地表现自己的能力。

托·富勒曾说:“一个明智的人总是抓住机遇,把它变成美好的未来。”男人们,可能你也发现,很多企业界的成功人士,他们身上都有一个共同的规律:他们的成功都来自于一个特殊的机缘,但这机缘的出现,似乎又是注定的,因为他们总是用行动说话!

聪明的人善于抓住机遇,更聪明的人善于创造机遇。无论是过去、现在或是将来,最有希望的成功者,并不是天才出众的人,而是那些既善于抓住机遇,又善于创造机遇的人。作为华人首富,李嘉诚的名字可谓家喻户晓。他之所以能成为首富,也并非没有规律可循:从打工的时候起,他就是一个懂得为自己争取机遇的人。

李嘉诚的父亲是位老师,他非常希望李嘉诚能够考个好大学。然而,父亲的突然去世,使得这个梦想破灭了:家庭的重担全部落到了才十多岁的李嘉诚身上,他不得不靠打工来维持整个家庭的生存。他先是在茶楼做跑堂的伙计,后来应聘到一家企业当推销员。干推销员首先要能跑路,这一点难不倒他,以前在茶楼成天跑前跑后,早就练就了一副好脚板,可最重要的,还是怎样千方百计把产品推销出去。

有一次,李嘉诚去推销一种塑料洒水器,连走了好几家都无人问津。一上午过去了,一点收获都没有,如果下午还是毫无进展,回去将无法向老板交代。尽管推销得不顺利,他还是不停地给自己打气,精神抖擞地走进了另一栋办公楼。

他看到楼道上的灰尘很多,突然灵机一动,没有直接去推销产品,而是去洗手间,往洒水器里装了一些水,将水洒在楼道里。十分神奇,经他这样一洒,原来很脏的楼道,一下变得干净起来。这一来,立即引起了主管办公楼的有关人士的兴趣,一下午,他就卖掉了十多台洒水器。

李嘉诚这次推销为什么成功了呢?原因在于他把握了一个推销的诀窍:要让客户动心,就必须掌握他们如何受到影响的规律:“听别人说好,不如看到怎样好;看到怎样好,不如使用起来好。”老讲自己的产品好,哪能比得上亲自示范、让大家看到使用后的效果呢?在做推销员的整个过程中,李嘉诚都注重分析和总结。在干了一段时期的推销员之后,公司的老板发现:

李嘉诚跑的地方比别的推销员都多,成交的也最多。他是如何做到这点的呢? 原来,他将香港分成几片,对各片的人员结构进行分析,了解哪一片的潜在客户最多,有的放矢地去跑,重点攻击,这样一来,他获得的收益自然要比别人多。纵观李嘉诚的奋斗历史,其实就是一个不断用方法来改变命运的历史。

生活中的一些男人,总是抱怨自己怀才不遇、缺少一个机遇,要致富却不知从何处下手,他们忽视了没有人有义务搀扶你成长这一点。要获得机遇的垂青,还需要你自己全身心投入。如果你态度漠然,机遇是不会光顾你的门庭的。

总之,对于每个男人来说,现实生活中的一些机遇,是要用心去发现的。如果忽视了它,这种机遇可能就毫无意义。而那些主动执行、善于创造机会的人,则从最平淡无奇的生活中找到一丝微弱的机会,他们用自身的行动改变了他们的处境。

西点男人精神

在人生的战场上,幸运总是光临到能够努力奋斗抢占先机的人身上。当机会来临的时候,立即行动,决不迟疑,这就是成功的秘诀。

男人要具备狼性般的应变能力

生活中,相信很多男人都遇到过一些令人头疼的意外问题,此时考验的就是你们的应变能力。要解决意外,就必须找到出路,那些聪明人多半都能做到反应灵敏,机智应对。

男人们敬仰的西点人都是有着超强的适应力的。西点人认为,对于困难,不能以一成不变的方法去面对,要尝试着用新的方法去应对。只有勇敢地去创新,才能赢得发展的机会,赢得生存的机会。

我们先来看下面一个管理故事：

英国航空公司也曾遇到过一次危机。有一次，一架由伦敦经纽约、华盛顿的英航班因为机械故障，在纽约被迫降落后禁飞。乘客对此极为不满，对英国航空公司怨声载道。该公司立即调度班机，将63名旅客送到了目的地。当旅客下机时，英航职员向他们呈递了一份言辞恳切的致歉信，并为他们办理退款手续。尽管英航因此损失了一大笔钱，但起了力挽狂澜的功效，大大弱化了乘客的不满情绪。英航的这一举措被人们广为流传，这不仅未损害，反而大大提高了英航的声誉。此后，英航的乘客一直源源不断。

通过自己的高明手段，英航在危机面前得以化被动为主动。这得益于英航面对危机的一种快速反应能力和积极处理问题的能力。“物竞天择，适者生存”这是自然界生物进化的基本规律。

男人们，在这个变化、竞争的时代，如果你能适应这种变局，你就是生活的强者，反之，就会面临巨大的危险。如果不能适应变化、竞争，无论你看起来多么强大，都会有被淘汰的危险。其实谁都明白这个道理，谁都想从残酷的竞争中脱颖而出，成为时代的强者。但真正做起来却很难，需要我们及时调整思维，头脑灵活，积极适应不断变化的外界环境。

2006年2月《环球时报》曾经报道过这样一个故事：

有个小男孩叫萨契利，这天，他的妈妈开车带着他和他仅8个月大的弟弟去另外一个地方，就在某条公路上，不幸的事情发生了。

当时，他的母亲在车上找手机，但因为一时疏忽，车子一下子失控了，汽车的左侧撞到了树上，车窗全都被撞碎，坐在驾驶位置上的妈妈一下子就晕了过去，头上鲜血直流。这时的小萨契利害怕极了，但他还是很快冷静下来，然后爬到车后座，解开弟弟身上的安全带，然后抱起弟弟从车里爬了出来。

后来，他居然一个人步行走了将近1公里，敲了3户人家的门。后来，到第三户人家的时候，有一个叫南希的人给他开了门。当南希打开家门时，她被眼前的景象惊呆了，一个才1米高的小男孩，光着脚，满脸恐惧，手上抱着一个正在哭泣的婴儿。还没等南希反应过来，男孩冲着她大喊：“我妈妈在

公路下面,求您快去救她。”听完男孩的讲述,南希跳上车前去援救。消防人员也随后赶到。男孩妈妈被送往哥伦比亚医疗中心重症监护室。在昏迷了10 天后,她终于睁开眼睛说话了。

这个故事的确令人震撼,一个 5 岁的男孩,还未对社会有全面的认识,竟然能做出如此令人震撼的举动?我们在感叹他勇气可嘉的同时,可能更钦佩他的应变能力。想必,即便是生活中心智成熟的一个男人,也未必能做到如此镇定、毫不畏惧吧?

事实上,我们也不难发现的是,很多男人正是缺少这种反应能力进而使事情陷入更糟糕的状态。如果你希望自己能适应现在的工作、生活乃至整个社会环境,你需要明白“适者生存”这个道理,并要积极思考,随时调整自己。只有这样,你的梦想和目标才会在社会大潮中成活,你才会收获成功和幸福!

可见,男人们,如果你做什么事情只会做“规定动作”,而不能突破自我、超越别人,就难以在激烈的角逐中夺魁。而要摆脱和突破一种思维定势的束缚,常常都需要付出极大的努力。对此,你需要做到以下几点:

1. 培养灵活的个性

善于适应环境表现出了人的灵活的个性,它能调节与环境的关系;优化自己的心境和情绪;促进自己内在的动力。人们常说,性格决定命运,你一旦培养了自己这一方面的性格,也就获得了成功的入场券。

2. 不苛求自己和他人

不苛求,就是要做到情感和生活上的超脱,不为小利小益局限自己的思维。一个人如果能眼光长远,必定能做到思维独到。

总之,从现在起,当你的思维活动遇到障碍,陷入困境,难以再继续下去的时候,往往都有必要认真检查一下:我们的头脑中是否有某种定势思维在起束缚作用?我们是否应该换个角度去看问题了?

西点男人精神

一个成功的男人,之所以能够迈出众人的行列,一半在于他的努力与智

慧,一半在于他恰逢时机地打破了常规。如果你在一个偶然的或者必然的场合,采取某种方法或手段,突然显示出自己的思想、能力和才干,你就会出之于众,你就会赢得别人的注意。

男人当机立断,不怕失败

成功学创始人拿破仑·希尔说:“生活如同一盘棋,你的对手是时间,假如你行动前犹豫不决,或拖延地行动,你将因时间过长而痛失这盘棋,你的对手是不容许你犹豫不决的!”这句话告诉所有男人们,做男人决不能优柔寡断,只有当机立断、果断决定,才能抓住机遇,一举成功。的确,你经常需要做这样的抉择——实行或者不实行,你也可能希望通过最精确的思维来获得最想要的结果。但实际上,你可能没有意识到的是,很多时候,正是因为你太多的思考而导致了你的瞻前顾后,最终,成功的机会也就在“做”与“不做”之间流失了,留下的也只有遗憾。

西点男人认为:“任何事情只要你认为是正确的,事前切勿顾虑过多,最重要的是,拿出勇气全力冲过去。过分的谨慎,反而成不了大事。”

一位西点的空军飞行员说:“第二次世界大战期间,我独自驾驶一架F6战斗机。头一次任务是轰炸东京湾。从航空母舰起飞后,飞机一直保持高空飞行,然后再以俯冲的姿态滑落至目的地约90米的上空执行任务。

“然而,正当我以风驰电掣的姿态俯冲时,飞机左翼被敌军击中,飞机顿时翻转过来,并急速下坠。

“在我接受训练期间,教官一再叮咛说,遇到紧急情况要沉着应对,切勿轻举妄动。飞机下坠时,我就只记得这么一句话,因此,我什么机器都没有乱动,我只是静静地想,静静地等候把飞机拉起来的最佳时机和位置。最后,我果然幸运地脱险了。假如我当时顺着求生的本能,未等到最佳时机就胡乱操作,必定会使飞机更快下坠而葬身大海。一直到现在我还记得教官那句话:

‘不要轻举妄动而自乱阵脚;要冷静地判断,抓住最佳的反应时机。’”

在生活中不论要干什么,都要把握住适当的分寸和尺度,所谓“该出手时就出手”。一旦错过了最好的时机,你可能会一无所得。在两难的抉择中,敢于决断是一个人成功的关键。假如我们面对选择时犹豫不决,无法果断地做出决定,将会一事无成,甚至有可能还会埋下祸根,为自己带来一连串的失败的打击。

因此,任何一个男人,如果要摆正内心的判断力,就必须首先跳过畏惧这一心理陷阱。世界著名的交响乐指挥家小泽征尔就是个坚持自己内心想法的人。

一次,他参加了一次世界优秀指挥家大奖赛的决赛。比赛开始后,他按照评委会给的乐谱指挥演奏,但演奏了一段时间后,他发现,按照乐谱演奏,会出现一些不和谐的声音。起初,他以为是乐队演奏出了错误,就停下来重新演奏,但即使这样,还是不对。他觉得是乐谱有问题。

在他对乐谱产生质疑后,他向评委提出了疑问,但是,在场的作曲家和评委会的权威人士坚持说乐谱绝对没有问题,是他错了。面对一大批音乐大师和权威人士,他思考再三,最后斩钉截铁地大声说:“不!一定是乐谱错了!”话音刚落,评委席上的评委们立即站起来,报以热烈的掌声,祝贺他大赛夺魁。

原来,这是评委们精心设计的考验参赛者们的“圈套”,以此来检验这些参赛者在发现乐谱有问题后是否敢于提出质疑并敢于在权威人士的压力下坚持自己的主张。在小泽征尔前面,有两位指挥家也发现了乐谱的问题,但终因随声附和权威们的意见而被淘汰。小泽征尔却因充满自信而摘取了世界指挥家大赛的桂冠。

从小泽征尔的故事中可以发现,只有排除干扰,放下顾虑,走自己的路,坚定自己的梦想,并大胆实践,才能找到真理的曙光。

对于每一个男人来说,如果没有果断决策的能力,那么他的一生,就像浩瀚大海中的一叶孤舟,只能永远漂流在狂风暴雨的汪洋大海里,永远达不到成功的彼岸。一个人在做事之前,首先应该保持冷静的头脑,对自己所要做的事情有一个正确的判断。盲目行事,是导致许多人失败的一个重要原因。而那些最终能够突破人生的难关，赢得成功的人，大都有着一个共性：能够在正确的决策之下，勇敢果断地行事。

那么，如何克服这种左右迟疑的坏习惯呢？以下几点是卓有成效的方法：

无论做什么事，不妨告诉自己：假如今天是我生命中的最后一天，我该怎么做？当然应该全力以赴。否则，你总觉自己还有充足的时间，总会优柔寡断、抱有幻想，那么，最终便会一事无成。

另外，你还需要做的是，不顾一切、勇往直前。你可以这样勉励自己："豁出去了，大不了重来。""大不了被人笑话一顿。"即使这样，又有什么损失呢？一旦你有了这样一种意识，肯定就会敢做敢当，优柔寡断的现象肯定会在你身上消失得无影无踪。

当然，要摆脱这种苦恼，就要训练自己的判断力，要坚定、勇敢、自信、果断。你若一直朝着目标前进，那么，他人一定会为你让路，而对一个摇摆不定、踌躇不前、走走停停的人，别人一定抢到他前面去，决不会让路给他。

西点男人精神

男人要做大事，就要当机立断，任何事情只要你认为是正确的，事前切勿顾虑过多，最重要的是，拿出勇气全力冲过去。过分的谨慎，反而成不了大事。

立即行动，男人要着力培养自己的判断力和执行力

当今社会，市场竞争异常激烈，市场风云瞬息万变，市场信息流的传播速度大大加快。可以说，谁能抢先一步获得信息、抢先一步做出调整以应对市场变化，谁就能捷足先登，独占商机。每一个渴望在竞争中获胜的男人，都应该明白一点，这是一个"快者为王"的时代，速度已成为一个人生存乃至发展的基本法则。而要做到这点，你就要做到立即行动，毫不犹豫。与此同

时,你还要着力培养自己的判断力和执行力,以提高成功的可能性。

生活中,大部分男人都很希望成功,但只愿意做很少的努力。而那些成功者之所以会成功,是因为他们即使害怕也会行动,而大多数人正是因害怕而没有作为。

任何一个西点人都有着强有力的执行力,西点最大的特征就是服从。西点人认为:扭转人生的第一步,就在于抛却一切负面、消极的想法,放眼于现在,着眼于未来,从迈出一小步开始。

约翰·沃纳梅克——美国出类拔萃的商业家这样说过:“没有什么东西你是想得到就能得到的。”成功的人与那些蹉跎人生的人的最大区别,就是——行动!如果你能追溯那些成功人士的奋斗之路,你就会感叹:“难怪他会做得这么好!”怎么样的行动能获得最大的成功呢?是马上行动!生活中的男人们,你也不要再感叹时光荏苒了,从现在起,立即行动吧,下一刻也许就是成功!成功的西点人正是这么做的。

西点人的楷模洛克菲勒先生曾说过一个抢占石油市场的经历:

在洛克菲勒进军石油界的第三年,炼油商们又在宾州布拉德福德发现了一个新油田,于是,负责标准石油公司输油管业务的丹尼尔·奥戴先生便迅速带领他的团队扑向那个财富之地。

开采石油的那些人已经疯狂了,他们不分昼夜地开采,希望可以带着大把大把地钞票从此离开。也就是说,奥戴先生的管道和工人根本不够用。

此时,洛克菲勒站出来,对奥戴先生提出了建议,希望他能警告那些采油商,因为他们的开采量和开采速度已经远远超过了他们的运输能力,只有减慢开采速度,才不会导致这些黑金变成一文不值的粪土。然而,无论洛克菲勒怎么苦口婆心地劝说,傲慢和争强好胜的奥戴就是不为所动。

就在此时,洛克菲勒的竞争对手波茨动手了,他先在几个重要的炼油基地收购洛克菲勒的炼油厂,接着,他又开始在布拉德福德抢占地盘,铺设输油管道,要将布拉德福德的原油运到自己的炼油厂。

洛克菲勒意识到自己再不出手就晚了,于是,这一天,他来到宾州铁路公司大老板斯科特先生的家里,并直言不讳地把事情的利害告诉了他。但

这位斯科特先生也是个固执的家伙，他对波茨的行为表示置之不理。无奈，洛克菲勒决定亲手向自己的这个敌人宣战。

首先，洛克菲勒解除了与宾州铁路的所有业务往来，而将自己的运输业务转给了另外两家支持他的铁路公司。随后指示所有处于与帝国公司竞争的己方炼油厂，以远远低于对方的价格出售成品油。

在这样的措施下，斯科特不得不臣服，尽管他很不情愿。

洛克菲勒的措施自然会引发对方的反击，为了打击洛克菲勒，他们把业务转手给洛克菲勒的竞争对手，并且，他们还倒贴给对方很多钱，无奈，他们只好裁员、削减公司，这引发的是工人们的极大不满。最终，这些愤怒的工人们一把火烧了几百辆油罐车和一百多辆机车，逼得他们只得向华尔街的银行家们紧急贷款。

就这样，这一年，他们不但没有挣钱，反倒损失惨重。

洛克菲勒的竞争对手波茨先生是个很有魄力的军人，他不愿意妥协，但是，他也是个识时务的人，最终，他决定不再与洛克菲勒决斗，而选择了讲和，停止了炼油业务。几年后，他还成为了洛克菲勒属下一个公司积极勤奋的董事。这个精明又滑得像油一样的油商！

洛克菲勒曾直言不讳地说："成功驯服这些傲慢的强驴，我的心都在跳舞。"而他之所以能做到这点，就是因为他先人一步的魄力，决不让主动权流落在对方手里。

同样，现代社会，几乎所有人都使出浑身解数抓住机遇，因为先机稍纵即逝，速度就成为了获胜的关键因素之一，每一个男人都应该将自己训练成为一个果断的人。要做到这点，你就必须解放思想，具备超前的观念和敏锐的眼光；看准了的事，应该雷厉风行、马上就干，不能患得患失、等待观望，更不能纸上谈兵、只说不干。

西点男人精神

任何一个渴望获得一番成就的男人，都要有强有力的执行力。因为执行是最重要的，执行力就是竞争力。成败的关键在于执行。

《第 21 则》

做事强势：做男人不唯唯诺诺患得患失

在西点，没有哪个学员是弱者，他们都是永争第一的男人，在他们看来，只有竞争才会带来荣誉。同样，现实生活中的男人，也要秉持强势的做事原则，一个唯唯诺诺的男人不是真男人，也无法在社会竞争中担当大任。从现在起，抛弃那些所谓的“不好意思”吧，大胆竞争，才能掌控事态，才能掌控自己的人生。

只要你认为能,就一定能

我们都知道,当今社会,人与人之间的竞争愈发激烈。每个渴望有一番成就的男人,都必须要有竞争意识。而如果你们想提升竞争力,在竞争中脱颖而出并走向成功的话,还必须具备一个前提条件,那就是自信。相信自己能成功,这是让你不断努力、不断进取的动力。石油大王洛克菲勒曾经说过一句话:“对我来说,第二名跟最后一名没有什么两样。”

高尔基有句名言:“只有满怀自信的人,才能在任何地方都把自信沉浸在生活中,并实现自己的意志。”古往今来,成功人士虽然从事不同的职业,具有不同的经历,但有一点是共同的:他们对自己都充满自信,由此激励自己自爱、自强、自主、自立。

任何一个男人,都应该把自己历练成一个做事强势、信心满满的人。你会成为一个什么样的人,取决于你的信念,要想成功,就必须要有强烈的成功愿望。

不得不承认,每个人都是一个独立的个体,都有着与他人不同的命运。现实生活中,有的男人能平步青云、顺风顺水,做什么好像都毫无阻碍;也有一些男人,总是命途多舛,做什么都不顺利。如果你是后者,那么,请不要灰心,因为这并不代表你是个无能的人,在人生的竞技场上,只有笑到最后的人才是成功的。

因此,如果你希望自己能够得到重用,如果你希望自己成为一个成功的人,如果你不甘于平庸,就一定要从内心决定做第一。这样在你的意识中你会有信心做到完美,你的个性也才会真正成熟起来。相反,不想做得更好,就会做得更差。如果你自甘沉沦,不追求卓越,懒得提高自己的能力,那么,

你是不会有所进步的。

西点学子威尔逊有句名言:要有自信,然后全力以赴——假如具有这种观念,任何事情十之八九都能成功。

美国历史上第一位荣获普利策新闻奖的黑人记者伊尔·布拉格,在回忆自己童年经历时说:“我们家很穷,父母都靠卖苦力为生。我一直认为,像我们这样地位卑微的黑人是不可能有什么出息的,也许一生只会像父亲所工作的船只一样,漂泊不定。”

布拉格9岁那年,父亲带他去参观梵高的故居。在那张著名的吱嘎作响的小木床和那双龟裂的皮鞋面前,布拉格好奇地问父亲:“梵高不是世界上最著名的大画家吗? 他难道不是百万富翁?”父亲回答他说:“梵高的确是世界著名的画家,同时,他也是一个和我们一样的穷人,而且是一个连妻子都娶不上的穷人。”

又过了一年,父亲带着布拉格去了丹麦,在童话大师安徒生墙壁斑驳的故居,布拉格又困惑地问父亲:“安徒生不是生活在皇宫里吗? 可是,这里的房子却这样破旧。”父亲答道:“安徒生是个砖匠的儿子,他生前就住在这栋残破的阁楼里。皇宫只在他的童话里才会出现。”

从此,布拉格的人生观完全改变。他不再自卑,不再以为只有那些有钱有地位的人才会出人头地。他说:“我庆幸有位好父亲,他让我认识了梵高和安徒生,而这两位伟大的艺术家又告诉我,人能否成功与贫富毫无关系。”

从现在开始,生活中的男人们,请你不要为错失良机而叹息,不要因为一时的失败而惶恐,更不要失去了追求更高目标的信念和勇气,你应该有“天生我才必有用”的信心和豪情,充满自信地走向生活!

一个男人,无论做什么,有必胜的信念,他就成功了一半。如果你毫无自信,优柔寡断,不敢超越环境和自我,那么你的生活就会一直黯淡无光。越是巴望奇迹来挽救自己的人,越是不会创造奇迹,生活中美好的事物历来只和敢于正视现实、迎接挑战、信心满怀的人结伴同行。

当然,在人生路上,你不可避免地会遭遇困难和挫折,如果面对这些能够从容不迫,沉着冷静,那么在以后的人生道路上就没有什么可以阻止你的了。

男人们,无论任何时候,都要相信自己,大胆地做你害怕的事,现在就去做吧!为此,你需要记住以下两点:

1. 鼓励自己,给自己打气

任何时候,都要自己给自己打气,确信自己的看法。心中默念:我想我可以,我可以坚持下去。冲破一切艰难,不要让你的目标消失在你的信念里,一直打气,把眼前的事情一件一件地做好,那么,你就能一直以良好的状态达到目标。这其中的过程,一直需要有必胜的信念在引领着你前进。

2. 以积极的心态迎接挑战与困难

一个人如果拥有积极的昂扬向上的精神状态,即使身处逆境,也不会感到绝望,不会放弃,能够坦然面对困难,并积极寻找解问题的办法。其实,人世中的许多事,只要想做,并坚信自己能成功,那么你就能做成。

西点男人精神

作为男人,就是要霸气、强势。无论做什么事,你的心态决定了你成功与否。假如能反复想着成功,你自然会全力以赴,直到成功为止。因此,行动伊始,就要自己给自己打气,确信自己的看法。假如具有这种观念,任何事情十之八九都能成功。

做男人不能总不好意思

自古以来,人们似乎对男人和女人的行为要求有不同的划分标准。女人要内敛,甚至有“三寸金莲小碎步”“笑不露齿”之说;而男人就应该个性解放,霸气十足。对于男性的这种要求,即便到了现代社会也未曾改变。的确,身为男人,就必须要大方、自信地面对他人,只有自信的男人才会昂首挺胸地面对任何事,而扭捏推却则是不自信的表现。试想,有谁会让一个不自

信的男人担当重任呢?

在西点军校的课堂上,学员们常常被鼓励要为人自信、大方。西点人认为,内控的人认为自己可以掌握一切,外控的人认为自己事事受制于人。事实上,很多时候,如果你总是考虑自己的脸面,觉得不好意思,那么,很多机遇都会在你面前悄然流逝。我们先来看下面一个故事:

有一个年轻人,长相帅气,为人厚道,但就是有个缺点,做事优柔寡断,就连追女孩子也是如此。

他心里有个喜欢的姑娘。每逢周末,当同事都约女朋友出来时,他的心里也是痒痒的,但他就是没有那个勇气。他总是担心这个担心那个,要么怕对方拒绝,要么怕打扰对方休息。

一个周末的下午,百无聊赖的他终于下定决心要去姑娘家。但是,当他把车开进姑娘家所在的巷子时,他就开始后悔了:既怕这次来了不受欢迎,又怕被爱人拒绝,他甚至希望司机把他现在就拉回去。

他的车开得特别慢,但终于,车子还是停在了姑娘家门口。他想,既然来了,就豁出去吧。他轻轻地按了下门铃,但居然没人回应。他又想,无论谁来开门,如果对方告诉自己姑娘不在家该多好。他等了一会儿,还是没人出来,幸好,他们都不在,不然自己可怎么应付。

于是,他只好既高兴又失望地离开了。不过接下来的一个下午,他又要无聊了。

事实上,他没有想到的是,其实,这个姑娘已经等了他一上午,她多希望他能站在楼下喊一下自己的名字,因为她家的门铃坏了。

故事中,这个年轻人之所以没有约到心爱的姑娘,白白浪费了一个下午,就是因为他太看重自己的脸面,最终,他没有敲开姑娘家的门。

男人自信、大方才阳光,才能彰显魅力。但事实上,我们生活的周围,不少男人有时候会比女性还扭捏。其实,这是因为在他们内心,有种错误的意识,他们会认为男人内敛才显沉稳。而事实情况是,一味地觉得不好意思,便会让你行事唯唯诺诺。对此,你需要改变的是:

1. 改变对自己的看法

那些扭捏的男人,多半都认为周围的人很在意他,其实,这只是一种病态。

有一位 36 岁的男子,别人一天到晚都在问他,为什么还不结婚,他觉得烦死了。他越想就越觉得自己在别人眼中不对劲,一看到别人要问他,就躲了起来。这正好给别人一个说话的机会:你看,这就是为什么娶不到老婆了。其实别人并不是那么关心你的婚姻,只不过是好奇,并且将好奇心用在揭露别人隐私上。

2. 理性地看待别人对你的批评

对待别人的批评,你要采取理性的态度,因为别人批评你是免不了的。如果你对别人的批评很在意,心理上就会很难过,越辩就越黑;如果你以理性的态度、开放的心情去接受批评,心情反而会坦然。

3. 逐渐进入扮演的角色

当你要找工作,面对陌生人,或是要相亲时,你可以事先扮演角色——利用空椅子的方法,和令你害羞的人对质。这种方法可以独自一人扮演两个角色:我和对方,也可以两人扮演。演出的结果是:你有备而去,那时你害羞的程度自然就会减轻。

4. 放松自己

有的男性当众讲话,觉得十分痛苦;自我介绍时,会十分紧张。他不敢去接触别人;如果别人稍稍接近他,他就立即躲避起来。像这种男人,如何才能克服他的扭捏呢? 可以用假按摩、真放松的方法:大家先围成一圈,然后每个人闭起眼睛,把双手放在前面一人的肩上,慢慢地替他按摩,由肩移至腋下,然后再一次由肩按摩起,直到你想象自己的腋下被人搔得想笑,这样因为想笑而放松了自己,你自然就不会再害羞了。

以上几点方法能帮助你克服生活、工作中的扭捏推却,让你昂起身姿大方为事!

西点男人精神

做男人,就要自信满满、处事大方,你只要把潜藏在身上的自信挖掘出来,时刻保持着强烈的自信心,才能由内而外散发出强大的气场。

男人就要强硬起来

生活中,男人们,你可能会遇到这样的情况,在人际交往中或者公共场合,一些人会故意刁难或者冲撞你,并且,他们还会恶语相加,不留一点退路。对于这样的人,你一定不能退让,不要对他们客气,要以“恶”碰恶,否则,你只有“挨打”的份。

在男人们敬重的西点人眼里,他们是不相信眼泪的,也不需要眼泪和抱怨,更不把自己当弱者。他们相信,任何尊严和荣誉都是靠自己的汗水和坚韧才能换来。

诚然,男人应该宽容大度、谦逊谨慎,但不并不代表男人应该懦弱怕事。事实上,男人只有强硬起来,才有更坚实的翅膀,才能保护自己和那些自己爱的人。

我们不能不承认,现代社会存在这样一些人:强者面前,他们卑躬屈膝,使出浑身解数讨好,可谓趋炎附势。而在弱者面前,他们却以强凌弱。总之,他们欺软怕硬。因此,面对这种人,男人们,在与之打交道的时候,一定要表现得强势一点,一定不能妥协退让。你始终要记住,“人善被人欺”,假如你退让的话,只能以失败告终。外交辞令中有句“弱国无外交”就是这个道理,给那些外强中干的、欺软怕硬的人心理上一击,让对方认识到你的决心,然后主动示弱、退让,这样交涉的目的也就达到了。

当然,即便是维护自己的利益,也需要一些技巧。

面对他人的嘲笑时,要想取得论辩的成功,不但要敢辩,还要巧辩,在这里加一点诙谐的风格,会让自己更有气度,同时也可令对方陷入窘境。这

里,我们可以发现,以“恶”碰恶的含义并不是要让你大发雷霆,用恶语回敬或者采用武力回击,而是指的是你应该有自我保护的意识,当受到他人的冲撞时应大胆站出来,而不是忍气吞声。

因此,我们可以说,一个男人,只有表现得强势点,才能展现出自己的风采和自信,也才能让他人信服。可能你经常会产生疑问:“为什么我总被人欺负?”“为什么升职、加薪那些好事总是轮不到我?”你想过没有,你是不是被人忽视了?你主宰了自己的大脑了吗?你是否经常表现得懦弱无能呢?你是不是经常对周围的人唯命是从,毫无主见呢?如果确实如此,那只能是你的错。那么,从现在起,不妨做出一些改变吧,就从让自己变坚强开始,再也不要总在别人面前袒露你的脆弱了。

因此,如果你是个聪明的人,就别认为自己是弱者了,更不要总是表现自己的脆弱。那么,从现在起,你必须做出以下改变:

1. 不要再随波逐流

你要有自己的主见,不能凡事都随大流,碰到挫折便畏缩不前,更不能盲目地听从别人主见,这样就失去了“自我”,失去了个性,成为别人的尾巴,听别人摆布。或者为了满足他人的爱好,而不惜天天戴着精心制作的假面具,违背自己的人格,失去了做人的主体而成为奴隶,这样的活着有什么意义,有何价值呢?

如果你想做出一番成绩,就必须全面、正确地认识客观事物,通过由表及里、由此及彼、去粗取精的加工过程,抓住事物发展的规律,结合自身的条件,制订符合实际的理想和奋斗目标,在实施中根据客观事物的发展变化修正理想和目标,使人生幸福之路永远长青。

2. 有主见并不是固执己见

一个男人要有主见,不是孤家寡人,不是坚持错误,更不是不听别人的意见。恰好相反,坚持主见就是要虚心地听取接受正确的意见,有则改之,无则加勉。善于把个人主见讲给别人听,取得别人的认同支持和帮助。从实践中来再到实践中去,不断地升华个人的主见,使得个人主见不断地完善和发展。

总之，你要做个有自信、有主见的男人，要有自己的思想和决断，不要总是在别人面前表现自己的脆弱。而假如你遇到他人恶意的冲撞、攻击，你都不能胆小怕事，而应该站出来，表现自己的自信和强势，这是一种自我保护，否则，你只能成为别人欺负的软柿子。

西点男人精神

现代社会，身为男人，与人打交道、做事都不能畏首畏尾，相反，你应该表现得强势一点，据理力争。只有这样，你才能防止被人“欺负”。只有这样，你才能获得事业、爱情以及人生的成功。

狭路相逢勇者胜

人类社会，本身就是一个竞争性的社会，知识经济的到来，人们的竞争意识更为强烈，可以说，我们生活的周围，无时无刻不存在着竞争。正是由于竞争的存在，才使我们认识到自己的不足，才使我们认识到要发展自我。

竞争，在字典里是这样解释的：为了自己的利益而跟别人争胜。良性竞争是发展自己、提高自己的动力，所以，对于男人来说，培养自己的竞争意识是很有必要的。尤其在当今竞争如此激烈的社会里，只有学会竞争，才能更好地适应社会。

在男人们敬重的西点人看来，荣誉来自于竞争，不甘当第一，就会落于人后。然而，在生活中，常常有人告诫男人们：“做人要懂得谦让”。诚然，不争不抢是一种处事心态，但一味地谦让只是懦弱的表现，只会白白让机会从身边溜走。要知道，当今社会竞争如此激烈，一个人如果什么都不争取，那么，最终，他只会变成被众人捏来捏去的软柿子。

很多年轻人羡慕的篮球明星姚明就是这样做的：

姚明很小的时候，就对篮球表现出了疯狂的热衷。4 岁的他获得了人生

的第一个篮球。由于从小受到的家庭熏陶,他对篮球的悟性逐渐显露出来。9岁那年,姚明在上海徐汇区少年体校开始接受业余训练。5年后,他进入上海青年队;17岁入选国家青年队;18岁穿上了中国队队服。18岁那年,他进入了中国男篮,并且,他的表现也进一步成熟起来。

2000年奥运会上,姚明平均每场拿下10.5分和球队最高的6个篮板、2.2次盖帽,他平均每场63.9%的投篮命中率也无人能比。

在2001年的亚洲篮球锦标赛上,姚明每场贡献13.4分、10.1个篮板和2.8次盖帽,投篮命中率高达72.4%,帮助中国国家队夺得冠军。

在美国当地时间2002年6月26日的选秀大会上,休斯敦火箭队顺利挑到了中国的中锋姚明,他也成为联盟历史上第一个在首轮第一位被选中的外国球员。被选中的中国小巨人也成为联盟历史上最高而且是第二重的状元秀。在姚明加盟休斯敦火箭队之后,他成为继王治郅和巴特尔之后第三位登陆NBA的中国球员。

在NBA的第一个赛季中,姚明就表现得非常好,入选了NBA全明星首发阵容,成为第一个获此殊荣的亚洲球员。

2004年,他连续两次获得NBA全明星赛的首发位置。他凭借着出色的表现,征服了越来越多的世界篮球球迷。

姚明之所以在体坛能有如此成就,之所以能众望所归,是实力所致,有实力的人不怕竞争,在姚明身上更是一个最好的显现。

然而,我们不难发现,我们的周围确实有这样一些男人,他们总以自己是个"不行"的人为理由,选择逃避,说明自己已无能力解决所面对的问题。对于这样的人,很有必要破除这种无能的心态。你要记住,任何时候,都不要逃避,大胆地争取,相信自己的能力,你就能发现自己非凡的才能。

可见,一个男人,只有相信自己,敢于争取,别人才能相信你。

当然,你还需要注意的是,你需要培养的不仅仅是竞争意识,还有竞争心态,因为竞争意识会随着你的成长而逐步形成,你的心态才是最重要的。只有建立良好的心态,才有正确的竞争意识。面对一个激烈竞争的世界,你在拥有竞争意识的同时,一定要学会用爱去与人相处,否则,你最终会变成

一个冷酷无情的人。

面对能力比你强的竞争对手,你是怎样的心理呢?是嫉妒还是欣赏?是大声叫好还是不屑一顾?尤其是你平日与他相处得很紧张、很不快乐的人成功了,这时候,你为他鼓掌,会化解对方对你的不满和成见,改变他对你的态度,他会觉得你慷慨地付出自己的真诚,从此,他也会给予你支持。人都是这样,死结越拧越紧,活结虽复杂,却容易打开。

事实上,很多人在面对竞争对手的时候,采取的是打击的方法,其实,这样做还不如化敌为友、化干戈为玉帛。想把对手变成朋友,就要舍得为他"付出"。对方陷入困境的时候,你要保持冷静,不能见机踹他一脚;当你成功的时候,不要在对方面前趾高气扬,克制自己不流露出得意。做到这些就是"付出",勇敢的"付出"。

的确,男人们,因为这些竞争对手的存在,你才更具奋斗力和活力,才会有危机感,才会有竞争力。所谓"狭路相逢勇者胜",正是由于他们,才使你认识到自己的不足,才使你认识到要发展自我,才使你认识到社会,乃至整个世界都无时无刻地在进步,在前行。对手就犹如一面铜镜,能照出你自己的特征,也能激励你去不断学习,不断发展。正因为有了对手,你才能享受到真正的快乐。那么为何不道声"感谢对手"呢?

西点男人精神

竞争的力量会让一个人发挥出巨大的潜能,创造出惊人的成绩。每个男人在树立竞争意识的同时,更要有正确的竞争意识。因为对手的存在,并不仅仅是个威胁,在很多时候,它还是激励你进步的"伙伴"。因此,如果你也能以这样的心态对待对手,那么,对手就不是你的敌人,而是你的朋友了。

《第 22 则》

坚持实干：做男人脚踏实地步步为营

西点十分强调行动的作用。停留在想法的阶段永远不可能有所成就，只有立即行动才能获得成功。生活中的每一个男人，也要以西点人为榜样，无论你有什么样的理想，都要付诸行动，如果没有行动，那理想永远只是空想，只是空中楼阁，海市蜃楼，那么遥不可及。所以，男人们，做空想家不如做一个追求实际行动的人，只有脚踏实地、步步为营，才能让你真正触及梦想。

摒弃浮躁,做脚踏实地的男人

现实生活中,相信每个男人都有自己的理想,并渴望成功,而最终能成功的人只不过是极少数,而大多数人只能与成功无缘。他们不能成功是因为他们往往空有大志却不肯低下头、弯下腰,不肯静下心踏踏实实做事、从身边的本职工作开始积聚自己的力量。要知道,只有一步一个脚印,踏实、不浮躁地做事与学习,才能为成功奠定基础。而实际上,这正是生活中的一些男人们所欠缺的。有些时候,他们总是怨天尤人,给自己制订那些虚无缥缈的终极目标。而每一个成功的西点人,他们的成功都不是一蹴而就的,他们成功的不变因素就是努力学习。

西点第一任校长,著名政治家、科学家乔纳森·威廉斯说:"不管你有多么伟大,你依然需要提升自己,如果你停滞在现有的水平上,事实上你是在倒退。"

在哈佛,有一位教授曾经为学生们讲过这样一个故事:

在日本的一家小工厂里,有一位工人,初中学历。

他的上司总是对他说:"这事要这么做"。无论上司说什么,他总是一一记下,生怕漏了什么。每天,他的话都不多,总是埋着头在做自己的事。无论上司布置什么任务,他都日复一日,不厌其烦地认真完成。在工厂里他毫不显眼,一直默默无闻,但从无牢骚,也从无怨言,兢兢业业,孜孜不倦,持续从事着单纯而枯燥的工作。

20 年后,当他已经离职的老上司再看见他时,他吃了一惊。当那么默默无闻、只是踏踏实实从事单纯枯燥工作的人,居然当上了事业部长。关键

是，令他惊奇的不仅是他的职位，而且从言谈中他体会到，这位工人已经是一个颇有人格魅力且很有见识的优秀领导。“取得今天这样的成就，你很棒！”

的确，这位工人看上去毫不起眼，只是认认真真、孜孜不倦、持续努力地工作。但正是这种坚持，使他从平凡变成了非凡，这就坚持的力量，是踏实认真、不骄不躁、不懈努力的结果。

任何一个西点毕业生都懂得，在刚刚步入社会时，让自己沉下心来进入角色是非常重要的，越早进入就意味着越早地步入事业的轨道。每天都让自己成熟一些，浮躁之气自然会少下来。正如托马斯·爱迪生所言，成功中天分所占的比例不过只有1%，剩下的99%都是勤奋和汗水。

同样，对于生活中的男人们来说，对于工作，你一定要树立踏实的态度。要想获得成功，就得付出坚强的心力和耐性。艾森豪威尔说：“在这个世界，没有什么比‘坚持’对成功的意义更大。”的确，世界上的事情就是这样，成功需要坚持。雄伟壮观的金字塔的建成是因为它凝结了无数人汗水的结晶。一个运动员要取得冠军，前提就是必须要坚持到最后，冲刺到最后一瞬。如果有丝毫之松懈，你就会前功尽弃，因为裁判员并不以运动员起跑时的速度来判定他的成绩和名次。

然而，我们不得不否认的是，浮躁的现象在当今社会的男性中普遍存在，具体表现在：事情才刚刚做到一半，他们就觉得已经大功告成了，便开始松懈起来。急功近利，只讲速度，不讲质量，看不起眼前的小事，认为干它没有什么意义。他们的兴趣没有被提升起来，挑战自己和别人的欲望也被压抑着。

总之，生活中的男人们，你一定要明白一点，没有哪个人可以永远独占鳌头，在瞬息万变的世界里头，唯有脚踏实地的人才能够掌握未来。

那么，你该如何克服浮躁心理呢？

1. 比较时要知己知彼

“有比较才有鉴别”，通过比较，人们能看到真实的自己。但即使比较，一定要知己知彼，只有做到从多方面比较，才能看得全面，否则，你得到的结

果就是虚假的。如果人们都能这样比,那么,自然就少了很多不平衡的心理,也不会感到无所适从。

2. 要有务实精神

务实其实就是脚踏实地,不浮躁,只有打好基础,你才能开拓,否则,一切都是花架子。

3. 遇事善于思考

考虑问题应从现实出发,而不能凭意气用事,学会站在全局的角度看问题,你就能看得远,寻找出最好的解决方法。

的确,如果你能够坚持,真正地静下心来,认真地去做事、学习,你能做的会比现在好很多。只有拭去心灵深处的浮躁,才能找到幸福和快乐,那么,幸福和快乐在哪里?幸福和快乐其实就在你的心里。只要你愿意,你随时都可以支取。在很多时候,我们都急需在心中添把火,以燃起某些希望。

西点男人精神

每一个男人都应该学会西点学员们踏实肯干的精神。从现在起,无论是做事还是学习,你都要做到不腻烦、不焦躁,埋头苦干,不屈服于任何困难,坚持不懈;只要你坚持这样做,就能造就优秀的人格,而且会让你的人生开出美丽的鲜花,结出丰硕的果实。

男人要做实干家,而不是空想家

在现实生活中,我们不难发现一个现象,很多成功人士并不是高学历者,那些高学历者也并不一定能成功,这是为什么呢?其实,这与他们对待梦想的态度和行为不无关系。低学历者更注重实践,为了目标,他们一步一个脚印地努力,而一些高学历者则太过注重理论知识,这种现象在开放的社

会已经较为普遍。我们并不是说这是一种必然,但从一个侧面可以看到,光想不做是不会有好结果的。

曾经有哲人说过,“梦想指引我们飞升”。我们都知道梦想的伟大力量,但把梦想变为现实只有一个方法,那就是行动。

活在当下的男人们,如果你希望自己成为一名成功者,那么,从现在开始,你就得放下空想,给自己规划一个详细的人生目标,并按照自己现有的自身条件去为之奋斗。只要你这么想了,也这么做了,那么你的人生最终就是成功的。

西点人的一条行为准则是“一切用行动说话”,这句话告诉每个学员,仅仅只有理想是不够的,理想必须付诸行动,如果没有行动,那理想永远只是空想,只是空中楼阁、海市蜃楼,那么遥不可及。在西点的课堂上,学员们曾听过这样一个故事:

早川德次是日本著名的早川电机公司的董事长,这家公司因为生产著名的夏普电视机而闻名于世,而早川德次却是一个命运坎坷的人。在他读小学二年级时,他的父亲就去世了,他不得不去一家首饰加工店当童工。

早川是个坚强的人,在他很小的时候,他就告诉自己:“即使我没有疼爱我的长辈,但我一定要努力生活,做出一番成绩来。”

童工生活是辛苦的,他在首饰店每天的工作除了烧饭、带孩子,就是干一些体力活。时间过得很快,一晃四年过去了,有一次,小早川终于鼓起勇气向老板提出:“老板,请您教我一些做首饰的手艺好吗?”

老板一听,生气地对他说:“小孩子,你能干什么呢?你喜欢学的话,自己去学好了!”

早川一想,是啊,为什么要靠别人,自己去学吧。于是,从那以后,他开始留心店里的技术活,尤其是当老板找他帮忙时,他都尽量多看、多想,这样,他终于靠自己的努力学到了一些关于工作上的知识和技能。

功夫不负有心人,他成为了一个耳聪目明的人,18 岁他就发明了裤带用的金属夹子,22 岁时发明了自动笔。他有了发明,老板便资助他开了一家小工厂。

这种自动笔很受大众喜爱,风行一时。世界没有给他任何东西,但他却给世界很多。30 岁时,在他赚到 1000 万日元以后,就把目标转向收音机界,设立平川电机公司。

早川德次为什么能够成功?因为他能够从零学起,能把梦想归于实践。生活中的男人们,也许现在的你也有很多梦想,你可能希望自己能成为著名企业家、人民教师、歌唱家等,但无论如何,你要知道,理想不同于妄想和幻想,目标要切实可行,行动要脚踏实地。这样,你离你的梦想就不远了。

的确,"空谈误国,实干兴邦"。大到国家,小到个人,万事万物都得由小到大。或许你现在做着看似不着边、没有前景的工作,但你要坚信,事物发展的道路是迂回曲折的,巴纳德说过:"机会只偏爱那些有准备的人"。成功的秘诀在于开始着手。现在就采取行动,决不拖延,行动高于一切!把握现在的瞬间,从现在开始做,心动不如行动。愚公正是因为没有空想,才用行动移开了大山。

愚公的屋前有一座大山,他每天都要绕过大山,走到山的另一面。他觉得这样下去,会给他带来很多麻烦,因此就想把山移走。于是,他每天就用一点的时间去"移山",直到他死了,"移山"的工作始终没有停止,他的子子孙孙锲而不舍。最终,大山终于被移到他的屋后了。愚公付出了行动,默默地耕耘,经过那么多的风雨,终于看见了阳光,这是因为他少空想,多行动。

在很多男人的心中,可能也和愚公一样,都有一个远大的理想。然而他们往往缺乏坚定的信念、顽强的拼搏精神与必胜的信念,因此他们的目标只停留在口头上。难道这种"说话的巨人"也能轻易取得成功吗?这些人经常"三天打鱼,两天晒网",根本就不付诸行动,试问这样怎能实现远大的理想呢?

因此,男人们,不管你的梦想多么高远,先做触手可及的小事。梦想是一个大目标,你需要做的是完成每天的小目标,这样,你朝大目标就进了一步,每进一步,你就会增加一份快乐、热忱与自信,你就会消除一份恐惧,你就会更踏实,就会从积极的思考进展成为积极的领悟,那么,就没有一件事情可以阻挡得了你。

西点男人精神

只有行动才会带来成功。每个男人都不要害怕实践自己的梦想，不要因为恐惧而裹足不前，不要当生命走到尽头时，才恍然大悟原来你可能有机会实现梦想，只是，你放弃了。有了梦想就不要空想，不要在意别人的嘲笑，如果没有勇气去大胆地尝试，你永远都不会知道自己的潜力有多大！

实干的男人从不拖延，落实有力

一只鸟的翅膀再大，如果不努力振动，又怎能展翅高飞呢？一个人的才能再高，如果不努力拼搏，又怎能走向成功呢？一个国家的物产再丰富，如果不努力发展，又怎能屹立于世界民族之林呢？这一切都说明：行动胜于空想。说一尺不如行一寸，只有行动才能缩短自己与目标之间的距离，只有行动才能把理想变为现实。行动是治愈恐惧的良药，而犹豫、拖延将不断滋养恐惧。成功的人都把少说话、多做事奉为行动的准则，通过脚踏实地的行动，达成内心的愿望。

因此，生活中的男人们，如果你是个爱拖延的人，那么，你必须学会挑战并克服它。对于男人们敬重的西点人来说，他们之所以能做到立即执行，就是因为他们能克服拖延心理，绝不把任何事情拖到第二天。他们必须在规定的时间里尽最大努力干完规定的事。事实上，生活中，每个男人都有懒惰的心理，这是人类的天性。只是有些人能克服自己的惰性，并能以勤奋代之，最终取得成功；而有些人则任由懒惰这条又粗又长的枯藤来缠着自己，阻挡着自己的前进。

曾经有一个关于寒号鸟的传说。

这种鸟很特别，它长着四只脚，两只光秃秃的肉翅膀，不像一般的鸟那样拥有轻盈的翅膀，不会在天空飞行。其实，寒号鸟原本不是这样的。

很久以前的一个夏天,寒号鸟比其他鸟类更漂亮,它全身长满了洁白的、美丽的羽毛,因此,他很骄傲,认为自己已经是最漂亮的鸟了,甚至不把鸟类之王——凤凰放在眼里。他每天也不干活,只是炫耀自己的美貌。

很快,秋天来了,所有的鸟类都各自忙开了,有的开始飞向南方避寒,也有的在准备过冬的食物。而只有寒号鸟,既没有飞到南方去的本领,又不愿辛勤劳动,仍然整日东游西荡的,还在一个劲地到处炫耀自己身上漂亮的羽毛。

一眨眼,冬天终于来了,大雪纷飞,所有的鸟类都躲起来过冬了,但寒号鸟,却饥寒难耐,而且,它身上的美丽的羽毛也都掉光了,它更冷了,只有躲在石缝中避寒。它不停地叫着:“好冷啊,好冷啊,等到天亮了就造个窝啊!”等到天亮后,太阳出来了,温暖的阳光一照,寒号鸟又忘记了夜晚的寒冷,于是它又不停地唱着:“得过且过!得过且过!太阳下面暖和!太阳下面暖和!”

整个冬天,寒号鸟都这样凄惨地过着。等到春天来的时候,其他鸟类飞来石缝旁边时,寒号鸟已经冻死了。

这个寓言故事同样说明了拖延就是对我们宝贵生命的一种无端浪费。鲁迅说过:“伟大的事业同辛勤的劳动成正比,有一份劳动就有一分收获,日积月累,从少到多,奇迹就会出现”。勤奋源于执着,永不放弃,永不松懈。假如你渴望成功,那就抓住今天,立即行动!

那么,活在当下的男人们,你是甘愿做一个事业有成的成功人士呢,还是只愿做个一点人生意味都没有的普通人呢?如果你选择前者,那么,从现在开始,你就得给自己规划一个详细的人生目标,并按照自己现有的自身条件去为之奋斗。只要你这么想了,也这么做了,那么你的人生最终就是成功的。

以下几点是帮助我们克服拖延心理的方法:

1. 认识到拖延心理的负面效应

你需要明白,拖延并不能帮助你解决问题,也不会让问题凭空消失,拖延只是一种逃避,甚至会让问题变得更严重。那么,你为什么还要逃避呢?

那些成功者从不拖延。

2. 及早行动

等待是等不来机遇的,行动才能为成功创造有利条件。你可以为自己制订一个行动计划,然后将这个计划细化,列出你需要做的每一步。刚开始,你的行动带来的效果可能是微不足道的,但这就是很好的开端,只要你愿意并且坚持做下去,你就能收到成效。

3. 避免疲劳

很多时候,人们之所以拖延,多半他们都会以疲劳为借口。但实际上,真正令人们疲劳的还是无休止地拖延一件事。一定程度上来说,疲劳是可以控制的。如果我们早点休息,按部就班地完成任务,坚持做一件事,就能减少疲劳,增强自信心,逐渐克服拖延心理。

4. 自我奖励

任何习惯的养成,都是需要一个过程的,都需要我们不断强化,并最终形成一个自觉的做事习惯。为此,你需要给自己及时的奖励,当你坚持做事、完成一件任务时,你都及时肯定自己,然后记录进步,在获得某种成就感之后,你会找到继续努力的动力。

5. 克服惰性

惰性总是与拖延相伴相生的。你会发现,那些你不愿意做的工作,往往是你不喜欢做的事或者是难做的。因此,要克服拖延心理,你首先要克服惰性。万事开头难,要把不愿做但又必须做的事情放在首位,而对于难做的事可以试着把困难分解开,各个击破。对于那些难做决定的事,则要当机立断,因为最坏的决定是没有决定。

6. 合理安排

要善于利用每天的不同时间段。一般来说,上午头脑清醒,特别是第一个小时是效率最高的时候,可以将一些难度大而重要的工作放在此时进行。下午大脑反应一般比较迟钝,可以做一些活动量大又不需太动脑筋的工作。这将有助你提高工作效率,使得工作早日完成。

西点男人精神

如果你是个习惯性拖延的男人，那么，你必须克服它，想方设法将其从你的个性中除掉。如果不下决心现在就采取行动，那事情永远不会完成。当然，如果你不打算成功，不打算超越他人和自己，不打算改变现状的话，可以放任自己的拖延陋习。

实干的男人务实高效，工作有序

生活中，相信每个男人都会羡慕那种做起事从容不迫、有条不紊的人，他们总是能将工作和生活权衡得井井有条。他们之所以能做到这一点，是因为他们懂得务实高效，懂得合理安排时间。

的确，社会发展到现在，闲暇在每个人的生命中，已经成为举足轻重、仅次于生活必需时间的第二大时间段。一个人要想有所成就，就应当合理地安排时间，最大限度地提高时间的利用率。在成功的诸多因素中，天资、机遇、健康等都重要，但把所有有利条件发挥出来的决定性因素，是利用好每一分每一秒的时间。

事实上，每个从西点走出来的成功人士之所以能高效地学习和做事，都是因为他们有很强的执行力，这一点，他们已经在学校时就养成习惯。

西点每年录取1400多名新学员，在报到之后，他们对自己的时间就完全失去支配的权利了。高年级的学员在作过简短的说明之后，立即分配一连串的任务，而且必须在规定的时间内完成。要完成这些任务，新学员根本就没有喘息的机会，没有任何时间思考他们身在何处，要到哪里去。毕业于西点军校的艾森豪威尔将军，在回忆起他刚入学时的情景说："我想如果容许我们有时间可以坐下来想一想，大部分的学员可能都会搭下一班的火车离开这里！"

西点军官不论其级别高低，都要服从上级的命令，因此管理艺术是发出命令与执行命令的一个奇妙的混合物。“在你能够管理之前，你应该学会怎样去服从”，西点基地士官学院院长理查德·A.霍金斯上校（西点第59届学员）解释说，“这听起来可能有些奇怪，但是一名忠实的服从者会成为一名出色的管理者。”

这种高效的服从执行力，正是每个西点军人日后从事各行各业都能一展实力的原因。

生活中的男人们，如果细心一点，你会发现，大凡成功的人，都有个共同的特点，那就是他们总是少说话、多做事，做事效率很高，也就是他们具有很强的执行力。一个人缺乏服从执行力，就不会有高效率，就赶不上竞争对手，将会被淘汰出局。

当然，你要做到高效执行，还需要做好时间规划。具体来说，你可以掌握以下几条法则：

1. 明确目标

目标能最大限度地聚集你的资源，包括时间。因此，只有目标明确，才能最大限度地节约时间。

2. 分清轻重缓急

始终做最重要的事情。时间管理的精髓即在于分清轻重缓急，设定优先顺序。

3. 制订计划，写成清单

相信笔记，不要相信记忆。养成“凡事预则立”的习惯。不要只打进度表，要列学习和工作表；任务要明确具体，比较大或长期的任务要拆散开来，分成几个小事项。

4. 要马上做，现在就做

养成遇事马上做，现在就做的习惯，不仅可以克服拖延，而且能占“笨鸟先飞”的先机。久而久之，必然培育出当机立断的大智大勇。

5. 第一次做好,次次做好

要 100% 认真,第一次没做好,同时也就浪费了一次做好事情的时间。

6. 专心致志,不要有头无尾

7. 珍惜今天,今日事今日毕

制订每日的学习时间进度表。天天都有目标,有结果,日清日新。日不清,必然积累,积累就拖延时间。延必坠落、颓废。

8. 养成整洁和条理的习惯

要用精力最好的时间来做最重要的事情,而用精力不好的时间来做较不重要的事情,这样才能体现真正的品质和高效,保持能量,节省体力,节约时间。

9. 快速的节奏感

养成快速的节奏,不仅提高效率,给人以良好的作风印象,也是健康的表现。

10. 设定完成期限

有期限才有紧迫感,也才能珍惜时间。设定期限,是时间管理的重要标志。

11. 零碎时间

争取时间的唯一方法是善用时间。充分利用零碎时间,短期内没有什么明显感觉,但一段时间后,将会有惊人的成效。

12. 分秒不浪费,成功日记法

用日记来记录当天的重要的事情和心得,用日记来总结经验、反省过失,用日记来规划明天、明确目标,用日记来管理时间、集中精力抓住大事。

记录每天每月每年所花金钱的人不在少数,很多人一直以来都有记录,然后根据所花钱的地方和数目来调整以后的开支,但是记录每天所花时间的人,恐怕就很少很少了。但无论如何,只要你善于规划,制订良好的时间安排计划,那么,长久下来,你的做事效率就会明显提高。

西点男人精神

很多男人之所以忙乱,是因为他们不懂得合理安排时间,做事效率低下的缘故。如果你在做事之前先静下心来,理清思绪,合理安排,列出事务处理的先后顺序,那么,事情往往会达到事半功倍的效果。

《第 23 则》

倾心敬业：做男人锐意进取建功立业

西点军校前校长道格拉斯·麦克阿瑟曾说："你有信仰就年轻，疑惑就年老。有自信就年轻，畏惧就年老。有希望就年轻，绝望就年老。岁月刻蚀的不过是你的皮肤，但如果失去了热忱，你的灵魂就不再年轻。"生活中的任何一个男人，无论你的目标是什么，无论你现在从事什么工作，你都要专注于手头事，都要倾心敬业、珍惜时间、勤奋向上，只有做到这几点，你才能真正实现突破，最终建功立业。

业精于勤,男人做事绝不偷懒

生活中,每个人都有懒惰的心理,这是人类的天性。只是有些人能克服自己的惰性,并能以勤奋代之,最终取得成功;而有些人则任由懒惰这条又粗又长的枯藤来缠着自己,阻挡着自己的前进。前者就是那些有自控能力的人。从古至今,我们发现,任何一个能做到99%勤奋的人都能最终取得成功。因此,每个渴望建功立业的男人,也都应该勤奋做事,对自己的工作尽职尽责,绝不偷懒。每一个成功的西点人无不在向你展示这个道理。无论是在西点学校还是参与社会工作,他们都会把时间看成生命,都会抓住一分一秒努力工作。

格兰特是美国历史上第一位从西点军校毕业的总统。他在美国南北战争中屡建奇功,有“常胜将军”之称。格兰特勤奋好学,惜时如命,有时到图书馆只带上两个面包,中午饭都舍不得离开。他对古典文学兴趣很浓,曾广泛阅读了古今中外所有的名著。

时间给懒惰者留下空虚和懊悔,给勤奋者留下智慧和力量。世界上那些最成功的人事实上就是那些最善于利用零星时间的人。他们有各种各样的方法来使其多余的时间具有意义和富有成效。

古人云:“业精于勤,荒于嬉;行成于思,毁于随。”这句话告诉我们:学业由于勤奋而精通,但它却荒废在嬉笑声中;事情由于反复思考而成功,但它却能毁灭于随随便便。任何人,即使是天才,如果不克服懒惰,也会变成一个懒汉。王安石笔下的仲永最终沦为众人就证明了这一点。

爱迪生一生只上过三个月的小学,他的学问是靠母亲的教导和自修得

来的。他的成功,应该归功于母亲自小对他的谅解与耐心的教导,才使原来被人认为是低能儿的爱迪生,长大后成为举世闻名的“发明大王”。

爱迪生从小就对很多事物感到好奇,而且喜欢亲自去试验一下,直到明白了其中的道理为止。长大以后,他就根据自己这方面的兴趣,一心一意做研究和发明的工作。他在新泽西州建立了一个实验室,一生共发明了电灯、电报机、留声机、电影机、磁力析矿机、压碎机等总计两千余种东西。爱迪生的强烈研究精神,使他对改进人类的生活方式,做出了重大的贡献。

“浪费,最大的浪费莫过于浪费时间了。”爱迪生常对助手说。“人生太短暂了,要多想办法,用极少的时间办更多的事情。”

一天,爱迪生在实验室里工作,他递给助手一个没上灯口的空玻璃灯泡,说:“你量量灯泡的容量。”他又低头工作了。

过了好半天,他问:“容量多少?”他没听见回答,转头看见助手拿着软尺在测量灯泡的周长、斜度,并拿了测得的数字伏在桌上计算。他说:“时间,时间,怎么费那么多的时间呢?”爱迪生走过来,拿起那个空灯泡,向里面斟满了水,交给助手,说:“里面的水倒在量杯里,马上告诉我它的容量。”

助手立刻读出了数字。

爱迪生说:“这是多么容易的测量方法啊,它又准确,又节省时间,你怎么想不到呢?还去算,那岂不是白白地浪费时间吗?”

助手的脸红了。

爱迪生喃喃地说:“人生太短暂了,太短暂了,要节省时间,多做事情啊!”

历数古今中外一切有大建树者,无一不是勤奋努力者,他们都惜时如金。而现代社会,无论是个人,还是企业,“效率就是金钱”,绝对不是一句空话。可以说,追求成功,必须追求效率。

当代社会中的男人们,可能你们大多数都很赞叹美国和日本在电气、汽车行业的成绩。然而,你知道他们是多么珍惜时间吗?早在200多年前美国还没独立的时候,美国启蒙运动的开创者、科学家、实业家和独立运动的领导人之一富兰克林就在他编撰的《致富之路》一书中收入了两句在美国流传

甚广、掷地有声的格言:“时间就是生命”,“时间就是金钱”。

总之,任何一个男人,要想成功,就必须勤奋惜时。因为时间是生命的构成部分,任何一个人都没有太多的时间挥霍。那么,从现在起,男人们,你就要懂得时间的宝贵,从现在开始好好珍惜青春的大好年华,努力奋斗,就能让时间在拼搏中升值,让生命在勤劳中闪光。而珍惜时间,就要想办法提高做事的效率。培根说得好:“时间和做事的关系,就像金钱和货物的关系一样;一件事做得太慢,费时太多,就像是为一件物品支付了过高的价格。”因此,你还应经常动脑思考,寻找可以改进的地方。这样,你的效率通常总是可以提高的。

西点男人精神

只争朝夕,永不止步。男人要想建功立业,获得人生的成功,就必须保持百倍的警惕,随时保持高昂的斗志工作,珍惜时间,绝不偷懒。

向上司学习,迅速进步

在任何一家企业,身为领导者,都青睐那些做事效率高的下属,也反感那些做事总出错的员工。不知你发现没,总有这样一些人,他们认为要独立完成工作,他们宁肯自己啃硬骨头,也羞于向上级请教。一件很小的任务,他们常常花费别人几倍的时间,而最终成果未必完美。也有一些人,他们为人谦虚,在接到工作任务时,只要有不懂的问题,就会以请教的姿态与领导沟通。在工作的过程中,他不仅获得了领导的赏识,更重要的是,他少走了很多弯路,工作起来比他人更有效率。

的确,古人云:“三人行必有我师”。生活中的任何一个男人,都应该向领导学习,他可能存在某些不足,但他的成功,一定是他具备你还没有的特质、工作经验,这就是他能成为领导的原因。作为下属的你,要学会借用领

导的智慧来做事。另外,与领导多沟通,也是防止工作目标偏离的一个重要方面,只顾埋头工作,到头来你的工作成果未必是领导想要的。

事实上,那些男人们敬仰的西点人之所以能快速成长,就是因为他们对上级绝对服从,并以他们为行为的榜样。

在西点,领导力就是品格魅力,包括勇气、决策能力、诚信、坚忍不拔的意志、换位思维、专家知识等,是西点军人4年中必须坚持的理念和行为。但在西点,更重要的品格是榜样的力量,领导必须身体力行。

1966年,西点军校的四年级学员杜尼嵩自愿申请上了战场,他当然也可以和其他大多数的同学一样选择其他地方,以暂时避开那场正在进行之中的"灾难性"的战争。但是,他却这样描述自己当时的心情:"我心里想:'我在西点花了四年的时间学习,还有什么地方比战场更能让我学以致用呢?'"

于是,杜尼嵩被派去负责修筑沿海地区的公路。修筑公路要和泥巴打交道,是一项又脏又苦的工作。以杜尼嵩当时工兵团少尉的身份,他完全可以站在一边远远地监督工程的进度,但他却要求自己,时刻都要跟全排的弟兄一起同甘共苦,"只要他们的双脚踩在泥水里,我就决不让自己的双膝干着。"他在心里这样暗下决心。

同时,杜尼嵩又对自己提出另外一个要求:要学会操作排里所有的各种车辆,其中包括很多建筑工程专用的特种车辆。28年后,杜尼嵩在其《西点军校领导魂》一书中这样写道:"只有这样我才能够制订出对他们具有挑战性却又实际可行的目标。西点的训练让我相信,领导者必须跟部属一样熟悉部属分内的工作,这点极其重要。做到了这一点,我的部队对我也就会更加信任。"

西点有一句很经典的话就是"上司即是老师"。西点第48届学员、阿拉斯考格ITT公司总裁说:"我们所要学习的对象就在我们眼前,指挥官绝对是我们的榜样,我们严格遵守上级给我们的一切命令,绝对服从,这是一个合格军人的天职。"上司之所以成为你的上司,自然有他的高明之处和值得你学习的地方。

俗话说,"强将手下无弱兵"。一个追求成功的上司,往往进取心和责任

心都很强,进取心使他不断取得新成就,责任心使他不断激发你的积极性,挖掘你的潜力,培养你承担越来越重要的工作。在上司成功后,你距离成功也将为期不远了。

的确,不懂就问,这不仅是一种良好的工作态度,更是帮助你提高工作效率的一把利器。那么,向上级请教,你该注意什么呢?

1. 始终相信上级正确

向上级学习,不是因为他是上级,而是因为他优秀。上级之所以能成为上级,一定有他的过人之处。在一个单位中,上级往往是最大的风险承担者,除了要应对外界的竞争,他们还要打理方方面面的关系。可以说,身为领导所面临的压力是普通员工所无法想象的,从这个角度上说,领导都是最优秀的。单凭这一点,就值得每个人去学习和效仿。

而学习,就需要你主动与上级沟通,身处繁忙事务中的上级不可能做到关注每个下属的工作情况;而同时,你主动沟通,也体现了你积极上进的工作和学习态度。一般情况下,上级都乐于向你传授经验和教训。

2. 多倾听

在对方倾诉的时候,尽量不要打断对方说话,大脑思维紧紧跟着他的诉说走,要用脑而不是用耳听。

3. 不要漠视领导对你的期望

如果你还没有得到晋升,那要么就是上司想继续考察你,要么就是你做得还不够,尽一切可能把自己的本职工作做好,不要找任何原因推托、抱怨。

现在,生活中的男人们,你不妨来反省一下,为什么你不是领导? 为什么你的上级总是能在单位时间内处理更多的事情? 因为他比你更优秀,因此,多向他请教吧!

西点男人精神

每个男人都应在合适的范围内,寻找能弥补自己弱点及不足地方的老师。老师的经验及智慧是你赶超别人、实现自我的捷径。

男人要带着感恩的心工作

“不要抱怨玫瑰有刺，要为荆棘中有玫瑰而感恩。”这句话成功地道出了一个深刻的人生哲理——不管遇到什么事情，你都要学会感恩，那样，你内心的个人偏见自然会慢慢减少，烦恼也就会慢慢降低了。同样，任何一个正在为工作忙碌的男人，也要带着感恩的心工作，只有这样，你才能找到工作热情和源源不断的工作动力。任何一个西点人都是这么做的。

西点学员最尊敬的人就是自己的上级，他们也有感谢上级的传统。在西点，真正的感恩并不是阿谀奉承，它没有丝毫的目的，它是发自内心的感激，它是情感的自然流露，没有任何的做作，同样没有任何的伪饰。西点学员时时刻刻怀有一颗感恩的心，这不仅净化他们的心灵，而且让他们变得更加谦逊，成为一个受人尊敬和爱戴的军人。

“谢谢你的帮助，长官”，“感谢你的支持，长官”，西点学员经常把这些话记在心上，并说出来。西点学员内心里是真正感激自己的学长的，他们勇敢地把自己对学长的感激表达出来，他们从不害怕别人说他们这是给学长说好话，是在拍学长的马屁，想讨学长的欢心，或者说是有私人目的的。西点学员很清楚，正是因为学长的苦心经营，他们才能成为一个合格的军人；他们之所以有今天的进步，也是因为学长对他们的正确批评和指导。问心无愧的西点学员，从不害怕别人的无谓指责和猜测。正是这种感恩的心，使他们光荣地肩负起“职责、荣誉、国家”的使命。

任何一个男人，你都应该向西点人学习，感谢企业，感谢领导。感恩既是一种良好的心态，又是一种奉献精神。

有一块石头被刻成了神像，抬到庙里去供奉，受到人们的跪拜。后来，人们把庙宇改成了别的用场，这个神像也就用来垫墙脚了。

“我真不幸，怎么会碰上这么倒霉的事！”石像抱怨着，“让我来垫墙角，

真是大材小用!”

而另一块垫墙脚的石头却说:“我很感激能有这样一个位置。要知道,能够踏踏实实地做一些对人们有益的事,比起做一个高高在上、光摆架子,却没有一点用场的偶像来,要有意义得多!”

从这个寓言故事中,生活中的男人们,你可以得出启示,只有心怀感恩的人,才能视万物皆为恩赐;也只有当你心中充满了感恩之情时,压力才会变得不再是压力,世界也才会变得美好无比。而此时无论是怎样的困难,我们都可以满怀激情地去面对。

的确,在人与人之间的交往中,多一些感谢,就多一份温馨。人与人之间的关系会在相互的感激中更加亲密。千万不要忘了你身边的人,你的朋友,你的老板,你的同事,你的家人,他们是关心你、支持你的,说出你对他们的谢意,并用良好的心态回报他们,这样就能得到他们更多的信任、支持和帮助。

可以这样说,在家里,你最应该感恩的人是父母;在学校里,你最应该感恩的人是老师;但步入社会,你最应该感恩的人是你的上司。千万不要忘了你的上司,他们是了解你的,他们也支持你。你要大声对他们说出你的谢意,感谢他们对你的鼓励和支持。这样不仅能得到他们更多的信任和支持,还能给公司带来更强的凝聚力。

真正帮助你走上社会的人是上司,真正让你走向成熟的人是上司,真正令你成功的人也是上司。没有上司的提点与提携,你永远都只是停留在某一个阶段,感恩于能遇到这样的上司,他的人格魅力赐予你的又岂止是一份工作,有可能一生的命运都因为上司而改变。

感恩于上司吧!他不是你的对手,不是你的敌人,他是良师益友,是你通向成功的阶梯。随时随地对上司做出承诺“您交代的任务,我保证完成”,这是你最好的感恩方式。在执行任务的过程中,只要你用心去做,不光是帮助上司完成任务,实际上也是在完成自己通向未来的一个个目标。感恩于上司能把这样重要的任务交给你,对你寄予厚望,你的回应是什么呢?当然是尽心尽力地去做,回报上司的知遇之恩。

如果你每天都带着一颗感恩的心去工作,相信工作时的心情自然是愉快而积极的。只要我们健康地活着,就应该感谢现在拥有的一切。感恩于他人,感恩于生活,人生就会无怨无悔。

西点男人精神

一味抱怨的男人,即使遇上了福也会变成祸;感恩者即使遇上祸也能变成福。感恩于他人,感恩于生活,人生就会无怨无悔。

男人要与对工作竭尽全力的人相交

有人说,人就像一个磁场,无论什么样的人都会像磁场一样影响别人,就像积极阳光的人会让你豁然开朗,开心豁达的人让你心情舒畅,积极的人给予你积极的影响,消极的人给你消极的影响。有句谚语叫做:跟着好人学好人,跟着司娘跳假神。西方有句名言:“与优秀者为伍。”日本有位教授手岛佑郎,研究犹太人的财商,得出的结论是:“穷,也要站在富人堆里。”人的情绪和心态都是能相互影响的。因此,任何一个男人,如果你想成为一个热爱工作、积极向上的人,你也就必须要和积极的人为伍。

哲学家尼采曾说:“对自己的本职工作竭尽全力,并获得足够成果的人,对同行和竞争对手比较宽容,以宽阔的胸怀待人。”心理学家研究认为:“人是唯一能接受暗示的动物。”积极的暗示,会对人的情绪和生理状态产生良好的影响,激发人的内在潜能,发挥人的超常水平,使人进取,催人奋进。

因此,生活中的男人们,现实的工作中,如果你想提高自己的工作能力,学到更多的知识,有一番作为,就远离消极的人,而与积极上进的人为伍吧!否则,消极者会在不知不觉中偷走你的梦想,使你渐渐颓废,变得平庸。生活中最不幸的是:由于你身边缺乏积极进取的人,缺少远见卓识的人,使你的人生变得平平庸庸,黯然失色。

其实,任何一个男人都明白,西点人成功的一个主要因素就是因为西点创造了一个积极向上的学校氛围,任何一个学员,要是稍微放松自己,就有可能被其他学员迎头赶上。在你追我赶的环境里,每个人就成了优秀者。我们再来看下面一个故事:

有一天,一个生物学家经过一个农场,看见鸡舍里的鸡群中有一只老鹰,于是就问农场的主人,为什么鸟中之王会落魄到这般与鸡为伍的地步。农场主说:"因为我一直喂它鸡饲料,把它训练成了一只鸡,所以它一直都不想飞,它的一举一动根本就是只鸡,而且根本不以为自己是一只老鹰了。"

生物学家说:"不过,它到底还是一只老鹰,应该一教就会的。"

经过一番讨论后,两个人终于同意试试看是否可行。生物学家轻轻地把老鹰放在手臂上,然后说:"你属于蓝天而不是大地,张开翅膀飞翔吧!"可是,那只老鹰有些疑惑,因为它不知道自己是谁?然后,它看到鸡群在地上啄食,于是又跳下去与它们做伴了。

生物学家不死心,又把老鹰放到屋顶上怂恿它飞,他说:"你是一只老鹰,张开翅膀飞翔吧!"可是老鹰对自己的不明身份和这个陌生的世界感到恐惧,于是又跳到地上觅食去了。

我们不得不为故事中的老鹰感到悲哀,原本他有着鹰的特质,却因为长期和温顺的小鸡们待在一起,而失去了飞翔的本领。其实,现实生活中的人们何尝不是如此呢?原本他们很优秀,由于周围那些消极的人影响了他,使他缺乏向上的压力、丧失前进的动力而变得俗不可耐,最终变得如此平庸。

然而,我们生活的周围,却到处充斥着这样一些人:他们只会责怪别人不好,只会责怪社会,他们中从来没有人会真正实现自己的梦想,因为这些人只顾着挑剔别人的缺点,却从来不关心、检讨自身的不足。对社会有诸多不满的人,不仅自己的人生前途黯淡,而且也会把这种不满的情绪传染给其他身边的朋友。

相对而言,男人们,你有必要有意识地尽量远离这些人,就算他们有别的长处,但毫无疑问,他们还是会成为你人生经历中的毒药。事实上,对世界充满抱怨的人,几乎无法在社会上立足,就连有没有其他"长处"也值得怀疑。

当然，积极优秀者很多，你不可能人人结识，因此，你要学会有目标地结识。比如，那些同专业里的专家、权威人士，与他们结识，把他们当老师，你不仅能学到最精尖的专业知识，还可能得到他们的帮助、提携、提拔，让你飞黄腾达，甚至能在行为得失上给你以指点，扶持你一步步成长、成功！

总之，男人们，如果你也想做一个成功者，就要时刻向成功者靠近，与成功者为伍，哪怕并不是同一领域的人，他们也可以与你交流他们的经验和教训。你可以从强者身上学习如何变得更强。哪怕这样会让你自惭形秽，但是你得到更多的，则是来自成功者的宝贵经验，来自榜样的无穷激励。近朱者赤，只有时刻学习一流人物的品质精神，才能让你也逐渐成为一流人物！

西点男人精神

“与优秀者为伍。”人的情绪和心态都是能相互影响的，任何一个男人，如果你想成为一个成功的人，你就必须要与优秀的人为伍。

参考文献

[1]杨立军. 西点军校的经典法则[M]. 上海:学林出版社,2009.

[2]余林. 西点军校的男人精神[M]. 北京:中国画报出版社,2012.

[3]张永生. 西点军校情商训练课[M]. 北京:印刷工业出版社,2013.

[4]格雷. 西点军校男孩性格书[M]. 北京:朝华出版社,2012.

[5]牧诚. 西点军校自控课:培养男人意志力的 12 堂课[M]. 北京:中国法制出版社,2014.